Georg Jocham

Schneller Entscheidungen bekommen

Die besten Strategien und effektivsten Methoden

REDLINE | VERLAG

Bibliografische Information der Deutschen Nationalbibliothek:
Die Deutsche Nationalbibliothek verzeichnet diese Publikation in der Deutschen Nationalbibliografie; detaillierte bibliografische Daten sind im Internet über **http://d-nb.de** abrufbar.

Für Fragen und Anregungen:
info@redline-verlag.de

1. Auflage 2019

© 2019 by Redline Verlag, ein Imprint der Münchner Verlagsgruppe GmbH,
Nymphenburger Straße 86
D-80636 München
Tel.: 089 651285-0
Fax: 089 652096

Alle Rechte, insbesondere das Recht der Vervielfältigung und Verbreitung sowie der Übersetzung, vorbehalten. Kein Teil des Werkes darf in irgendeiner Form (durch Fotokopie, Mikrofilm oder ein anderes Verfahren) ohne schriftliche Genehmigung des Verlages reproduziert oder unter Verwendung elektronischer Systeme gespeichert, verarbeitet, vervielfältigt oder verbreitet werden.

Redaktion: Bärbel Knill, Landsberg am Lech
Umschlaggestaltung: Marc Fischer, München
Umschlagabbildung: shutterstock.com/Myvector
Satz: Zerosoft, Timisoara
Druck: GGP Media GmbH, Pößneck
Printed in Germany

ISBN Print 978-3-86881-757-7
ISBN E-Book (PDF) 978-3-96267-136-5
ISBN E-Book (EPUB, Mobi) 978-3-96267-137-2

Weitere Informationen zum Verlag finden Sie unter

www.redline-verlag.de

Beachten Sie auch unsere weiteren Imprints unter
www.m-vg.de

Inhalt

Wer entscheidet? 9

Max und Julia 13
Was haben Sie davon, wenn Sie wissen, wie Entscheidungen bekommen geht? 16
    Sie erhalten Entscheidungen 17
    Sie reduzieren Ihren Aufwand 18
    Sie bekommen Anerkennung und Wertschätzung 19
    Sie erarbeiten sich einen Wettbewerbsvorteil 22
    Sie betreiben Burn-out-Prävention 29
Auch Ihr Arbeitgeber oder Kunde profitiert 32
Ihre Entscheidung 36
Jetzt geht's los! 37
Was Sie heute vielleicht noch glauben … 39

Ergebnis = Qualität × Akzeptanz 55
Die Qualität der Entscheidung – so bekommen Sie eine gute Entscheidung 59
    Welches Problem soll mit der Entscheidung gelöst werden? . 59
    Schaffen Sie sich einen Überblick über die Entscheidungsoptionen 60
    Möglichst unverzerrte Bewertung der Optionen 61
    Was ist mit der Intuition? Wo bleibt das Bauchgefühl? . 61
Die Akzeptanz einer Entscheidung – so bekommen Sie Ihre Entscheidung 64
Das Verhältnis von Entscheidungswerber und Entscheider 65
    Mit dem richtigen Verhalten Entscheidungen bekommen .. 67
Das Entscheidungsumfeld 73

Inhalt

Qualität	**75**
Was ist hier eigentlich das Problem?	75
Wie unser Gehirn uns daran hindert, gute Entscheidungen zu treffen	79
What You See Is All There Is	80
Alle Optionen auf den Tisch	81
Brainwriting	83
Das Brainwriting bewerten	85
Optionen dort suchen, wo bereits jemand eine Lösung gefunden hat	87
Der Mensch ist eine Urteilsmaschine	89
Advocatus Diaboli	93
Akzeptanz	**97**
Instant Influence	97
Niemand muss irgendetwas tun	99
Jeder ist motiviert	100
Andere motivieren geht – mit den drei Prinzipien von Michael Pantalon	101
Perspektivwechsel	109
Wessen Perspektive zählt?	110
Der E-Test	113
Machen Sie es dem Entscheider einfach	116
Mutmacher statt Miesmacher	116
Lassen Sie es leicht aussehen	120
Sprechen Sie die Sprache der Entscheider	122
Vermeiden Sie Expertensprache	123
Kompliziert mag niemand	126
Zahlen, Daten und Fakten sind wichtig – und zu wenig	129
Sagen Sie weniger, fragen Sie mehr	136
Fragen im Problemraum oder im Lösungsraum?	139
Entscheider-Ergründung	146
Entscheidungen richtig strukturieren	**153**
Wie viele Optionen vorlegen?	155
Welche Optionen vorlegen?	156

Wenn die wahrscheinlichste Entscheidung ist, erst mal keine Entscheidung zu treffen ... 158
Wie viele Argumente? ... 159

Alles steht kopf ... 163
Die Schatzsuche ... *163*
   Trichterförmiger Aufbau ... 165
   Den Trichter auf den Kopf stellen – das Pyramidenprinzip ... 169
   Pyramidal kommunizieren heißt zum Punkt kommen ... 177
Der Pitch ... *179*
   Situation, Komplikation, Lösung, Punkt! ... 180
   Die Bedeutung im Mittelpunkt – Lust und Schmerz ... 183
Das Entscheidungsumfeld ... *186*
   Ein Entscheidungsgremium überzeugen ... 187
   Entscheidungen über mehrere Ebenen ... 190
   Wiedervorlage von Entscheidungen ... 193
   Wie erkennen Sie, ob es politisch wird? ... 195
   Entscheidungen in der VUKA-Welt ... 197
Die Entscheidungsunterlage ... *201*
   Das Management-Summary ... 203
   Die Struktur einer Entscheidungsunterlage ... 209
Der Griff in die Trickkiste: Die Psychologie des Überzeugens nutzen ... *216*
   Kontrastprinzip ... 218
   Reziprozität ... 220
   Commitment und Konsistenz ... 221
   Social Proof ... 223
   Die Tricks der Populisten nutzen ... 226

Ihr ganz persönlicher Weg ... 237

Über den Autor ... 239

Literaturverzeichnis ... 241

Anmerkungen ... 249

Stichwortverzeichnis ... 253

Wer das Ziel kennt, kann entscheiden.
Wer entscheidet, findet Ruhe. Wer Ruhe findet, ist sicher.
Wer sicher ist, kann überlegen. Wer überlegt, kann verbessern.

Konfuzius

Wer anderen die Schuld gibt, gibt ihnen die Macht.

Wayne Dyer

Intelligence is something we are born with. Thinking is a skill that must be learned.

Edward de Bono

Wer entscheidet?

Mit schweren Schritten stapfe ich bergauf durch das dichte Schneetreiben. An meinen Füßen habe ich Tourenski und auf dem Rücken einen Rucksack. Auf dem Parkplatz unten in Zell am See war es an diesem Februarmorgen bitterkalt gewesen, aber Skitourengehen ist Sport und lässt den Körper in kürzester Zeit warmlaufen. Kaum zehn Minuten später haben Rebekka und ich unsere Jacken ausgezogen und sind nur mehr in unseren Funktionsshirts unterwegs. Wir lieben diese Anstiege, und es ist kein Zufall, dass ich mir eine Skitour für mein großes Vorhaben ausgesucht habe. Nach eineinhalb Stunden machen wir bei einer Almhütte Rast. Wir hocken unter einem Vordach, wo wir vor dem Schneefall geschützt sind, trinken Tee und lassen unsere Blicke über den Zeller See unter uns gleiten. Ich sehe Rebekka lange an. So habe ich mir das vorgestellt. Das ist genau der richtige Moment. Ich nestle in der Seitentasche meines Rucksacks herum und hole ein kleines Etwas heraus. »Mein Schatz«, beginne ich. »Mein Schatz, ich möchte dich etwas fragen.« Dann sinke ich im weichen Schnee auf die Knie, ziehe den Ring hervor und frage mit leicht zitternder Stimme: »Rebekka, willst du meine Frau werden?«

Es gibt Situationen im Leben, in denen andere Menschen entscheiden, wie es weitergeht. In denen es egal ist, was ich will und wie ich es mir wünsche. Ich bin gerade nicht an der Reihe, jemand anderer ist mit dem Entscheiden dran, auch wenn es für mich noch so wichtig sein mag. Rebekka hätte an diesem Morgen im Februar 2010 sagen können: »Das muss ich mir noch überlegen«, so wie es einem guten Freund passiert ist. Übrigens ohne Happy End. Hat sie aber nicht. Sie hat »Ja« gesagt. Eine der wichtigsten Entscheidungen, die ein anderer Mensch für mich und mein Leben zu treffen hatte, hat er in meinem Sinne getroffen.

Wer entscheidet?

Dass wir von den Entscheidungen anderer Menschen abhängig sind, ist weder neu noch überraschend. Als Student wollte ich den begehrten Studienplatz, war aber von der Entscheidung meiner Universität abhängig, ob sie mich nimmt. Nach der Uni wollte ich erst einen Job. Später, im Job, wollte ich eine Gehaltserhöhung. In beiden Fällen war ich von der Entscheidung meines Arbeitgebers abhängig. Und heute möchte ich morgens pünktlich aus dem Haus kommen und bin dabei von der Entscheidung unserer Kinder abhängig, mitzuspielen, rasch zu frühstücken und sich anzuziehen. Schließlich bin ich auch in meiner Selbstständigkeit von den Entscheidungen anderer abhängig. Ob ich erfolgreich bin, hängt vor allem davon ab, ob Kunden mich beauftragen.

So offensichtlich es ist, dass wir häufig die Zustimmung anderer Menschen benötigen, so wenig beschäftigen sich die meisten Menschen mit der Frage, was sie selbst tun können, um die Entscheidungen zu bekommen, die sie brauchen. Viele Bücher stellen die Frage, wie wir besser entscheiden können. Wie wir wichtige Entscheidungen erkennen, wie wir sie analysieren, wen wir zurate ziehen sollen und wie wir letztlich Entscheidungen treffen sollen.[1] Wieder andere zeigen auf, welche Stolpersteine uns die Psychologie auf dem Weg zu einer guten Entscheidung in den Weg legt.[2] Gut und richtig zu entscheiden ist ein wichtiges Thema, ganz klar. Was aber, wenn es nicht an uns ist zu entscheiden? Was, wenn gerade jemand anderer am Zug ist? Wenn wir zwar einen schlauen Vorschlag machen können, die Entscheidung aber nicht bei uns liegt? Solche Situationen begegnen uns häufiger, als uns lieb sein mag.

In der Mittelschule wollte ich zu den coolen Jungs gehören. Die Entscheidung aber, ob ich dazugehöre, haben andere getroffen. Später, nach dem Studium, war mir klar: Ich will bei einer der großen Strategieberatungen einsteigen. Meine Entscheidung war klar: Ich wollte. Aber ob und bei welchem meiner Wunschunternehmen ich letztlich anheuern würde, dabei hatten diese Unternehmen ein gehöriges Wörtchen mitzureden. Und schließlich mein Heiratsantrag an die zauberhafte Rebekka: Ich hatte mich entschieden. Ich wollte. Ohne die Zustimmung meiner heutigen Frau wäre meine Entscheidung aber nutzlos gewesen.

Die Fähigkeit, gute Entscheidungen zu treffen, ist zweifelsohne wichtig. Häufig aber reicht sie nicht aus, und eine andere Fähigkeit tritt in den Vordergrund. Und das ist die Kompetenz, Menschen zu überzeugen, um die Entscheidungen zu erhalten, die wir brauchen. Allerdings sind sich nur wenige dessen bewusst, dass man diese Fähigkeit erlernen kann, so wie man Fahrradfahren, Englisch oder Karate erlernen kann. Das ist erstaunlich, denn die Karriere und das Lebensglück vieler Menschen hängen davon ab, ob man diese Fähigkeit besitzt. Beispiel gefällig?

Max und Julia

Max ist Projektleiter bei einer Beratungsfirma. Seine Aufgabe ist es, große Projekte zu konzipieren und umzusetzen. Ein Projekt geht über mehrere Monate, manchmal werden es sogar Jahre, und er hat dabei ein Team aus Beratern und Mitarbeitern des Kunden zu managen und zu orchestrieren. So weit, so normal. Erfolgreich ist Max, wenn er das Projekt zur Zufriedenheit des Kunden fertigstellen kann, möglichst rechtzeitig, und ohne das Budget zu überziehen. Leider ist Max nicht besonders häufig erfolgreich. Es beginnt damit, dass der Kunde eine wichtige Richtungsentscheidung im Projekt einfach nicht treffen will. Max akzeptiert das nicht. Er und seine Leute können schließlich nicht weiterarbeiten, wenn die Entscheidung nicht vorliegt. Also macht er Druck. Die Stimmung im Projekt und die Beziehung zum Kunden leiden. Schließlich wird doch eine Entscheidung getroffen, aber kurze Zeit später wiederholt sich das Muster. Das Projekt braucht eine Entscheidung, aber das Management entscheidet nicht. Max macht wieder Druck. Stimmung und Beziehung leiden noch mehr. Schließlich gibt es doch eine Entscheidung. Zwei Wochen später rudert das Management zurück. Die Entscheidung wird zurückgenommen. Max verweist auf die Klausel in der Beauftragung: verspätete oder revidierte Entscheidungen gehen zulasten des Kunden. Der Geschäftsführer des Kunden telefoniert mit dem Geschäftsführer von Max. Die Klausel wird gestrichen. Gute Geschäfte sind eben wichtiger als Klauseln. Max ist frustriert. Muss er hier gegen alle ankämpfen? Zum Ende hin ist das Projekt zeitlich und budgetär überzogen. Das ganze Team arbeitet Nachtschichten. Schließlich wird das Projekt doch noch fertig. Nüchtern betrachtet ist das Ergebnis ganz gut, aber nüchterne Betrachter gibt es auf beiden Seiten schon lange nicht mehr.

 Max und Julia

Der Kunde ist sauer, Max auch. Das Team ist ausgebrannt, und auch Max braucht jetzt erst mal Urlaub.

Kommt Ihnen das bekannt vor? Ärgern Sie sich auch immer wieder über Vorgesetzte, Topmanager oder Auftraggeber, die nicht rasch und verlässlich entscheiden und die Ihnen das Leben schwer machen? Damit sind Sie nicht allein. Vielen Kolleginnen und Kollegen in Ihrem Unternehmen und in den meisten anderen Unternehmen geht es ähnlich.

Die gute Nachricht ist: Es gibt nicht nur Max in seiner beklagenswerten Situation, es gibt auch noch Julia. Bei Julia sieht das alles ganz anders aus. So wie Max ist auch Julia Projektmanagerin. Sie arbeitet in einer ähnlichen Firma, hat ähnliche Kunden und führt ähnliche Projekte durch. Und damit Sie gar nicht erst einen falschen Eindruck bekommen: Julia kann nicht zaubern, und auch bei Julias Projekten knirscht es regelmäßig. Allerdings fühlen sich Julias Projekte ganz anders an als die von Max. Die Stimmung ist gut, das Team mag Julias unaufgeregte Art. Auch das Management des Kunden schätzt Julia, es fühlt sich verstanden. Nach außen sichtbar ist vor allem ein wesentlicher Unterschied: Julia bekommt die Entscheidungen, die sie für ihre Projekte braucht, und zwar rasch und verlässlich. Natürlich kann es auch mal zwei Wochen dauern. Spätestens dann aber bekommt sie die gewünschte Entscheidung, und in den allermeisten Fällen hält die dann auch. Die Konsequenz: Die Projekte werden rechtzeitig fertig. Julia kann ihre Budgets einhalten. Was aber das Bemerkenswerteste ist: Obwohl sich die Ergebnisse bei Julia nicht groß von Max' Projektergebnissen unterscheiden, sind Julias Kunden deutlich zufriedener als die von Max. Häufig kommt es zu Folgeprojekten. Man hat fast den Eindruck, die werden auch deshalb in Auftrag gegeben, damit Julia noch ein wenig länger bleibt. Und nicht nur das. Immer öfter kommt es vor, dass Projekte angefragt werden, bei denen Julia ausdrücklich als Projektmanagerin gefordert wird. Und bei Kunden, für die sie noch gar nicht gearbeitet hat. Wie schafft sie das nur?

Gibt es Julia und Max wirklich? Ja und nein. So wie Max war ich in meinen ersten Berufsjahren. Ich habe ordentlich Gas gegeben und gute Arbeit abgeliefert. Allerdings wollte ich oft mit dem Kopf durch die Wand. Mir ging es vor allem um die Inhalte und um die beste Lösung. Wenn die anderen nicht genau so wollten, wie ich es wollte, dann wurde es schwierig. Oft war ich dann gekränkt und habe es mit Druck versucht. Geklappt hat das selten. Am Ende war das Ergebnis meist ganz okay, aber kaum jemand war damit zufrieden. Ich hatte Teammitglieder und Kunden verärgert und auf dem Weg verloren. Die letzten Jahre als Projektmanager und Führungskraft dagegen war ich so wie Julia. Ich war viel entspannter als früher und ich habe weniger gearbeitet. Die Ergebnisse waren ähnlich, vielleicht eine Spur besser. Vor allem aber waren alle zufrieden. Das war nicht nur für mich persönlich besser, sondern auch für mein Team, meinen Vorgesetzten und meine Auftraggeber. Letztlich hat das alles dann wieder mir geholfen. Ich konnte mir meine Teams und Projekte aussuchen und war gefragt.

Max und Julia begegnen mir nicht nur, wenn ich an meine eigene Vergangenheit denke. In meiner täglichen Arbeit begegne ich vielen Menschen, die Max ähneln, und deutlich weniger Menschen, die so sind wie Julia. Ich werde Max in diesem Buch als Prototypen für den kompetenten Experten verwenden, der auf sich und seine Inhalte fokussiert ist und oft Mühe hat, die Entscheidungen zu erhalten, die er für seine Themen und Projekte braucht. Julia dagegen ist die gleichermaßen kompetente Expertin am Ende eines Entwicklungsprozesses, durch den Sie dieses Buch begleiten soll. Sie ist fachlich so gut wie Max, hat aber etwas dazugelernt, das sie einerseits entlastet und das ihr andererseits hilft und sie glänzen lässt.

In diesem Buch soll es darum gehen, was Julia anders macht als Max, und damit auch ein wenig darum, was ich selbst gelernt und wie ich mich entwickelt habe. Und es soll darum gehen, was Sie davon haben, wenn Sie Julias Strategien und Methoden anwenden.

Und was alle anderen davon haben. Denn Sie sind bei Weitem nicht der einzige Nutznießer. *Schneller Entscheidungen bekommen* hört sich zunächst vielleicht etwas unspektakulär an. Allerdings ist es eine echte Win-win-Kompetenz. Die lässt sich nämlich nicht nur in Projekten einsetzen. Die Strategien und Methoden funktionieren in der Linie und im Projekt, in allen Funktionen und Branchen und über alle Hierarchieebenen hinweg. Und natürlich funktionieren sie auch im Privaten, bei Kindern wie bei Erwachsenen, beim Partner, in der Familie und bei Freunden.

Was haben Sie davon, wenn Sie wissen, wie *Entscheidungen bekommen* geht?

Sie sind Mitarbeiter, Führungskraft oder Projektmanager und die Qualität Ihrer Arbeit und Ihre Leistung sind Ihnen wichtig? Aber egal, wie gut Sie oder Ihr Team arbeiten, Sie dringen bei Ihren Kollegen oder Vorgesetzten einfach nicht durch? Sie werden nicht verstanden und Sie erhalten nicht die Entscheidungen, die Sie für sich und Ihre Arbeit benötigen? Wunderbar, denn dieses Buch habe ich für Sie geschrieben. Sie werden Schritt für Schritt besser verstehen, woran Sie bisher gescheitert sind. Vor allem aber werden Sie sehen, was Sie ganz konkret tun können, damit Sie künftig Entscheidungen erhalten, wo Sie bisher vertröstet oder weggeschickt wurden, mit dem Auftrag, noch eine weitere Analyse zu machen. Ihr Ansehen bei Ihren Vorgesetzten wird steigen. Sie werden Anerkennung und Wertschätzung für Ihre Leistung erhalten. Und in Summe werden Sie dafür weniger Aufwand haben als bisher. Ob Sie in einem großen oder kleinen Unternehmen arbeiten, ob Sie jahrzehntelange Erfahrung im Job haben oder gerade eingestiegen sind und ob Sie Controllerin, Projektmanager, Ingenieurin, Sachbearbeiter, in leitender Position angestellt oder als Dienstleister tätig sind, spielt keine Rolle. Die gezeigten Strategien und Methoden funktionieren nach meiner Erfahrung fast immer und fast überall.

Was aber ist Ihr persönlicher Antrieb, sich die Kompetenz *schneller Entscheidungen bekommen* anzueignen? Was bringt es Ihnen persönlich, dieses Buch zu lesen? Was nützt es Ihnen, wenn Sie Entscheidungen vorbereiten und erwirken können? Ohne diese Fragen für sich selbst zu beantworten, sollten Sie nicht weiterlesen. Denken Sie kurz darüber nach und nehmen Sie sich dafür gerne ein Blatt Papier und ein paar Minuten Zeit.

Fertig? Dann lassen Sie mich Ihnen kurz zeigen, was Sie aus meiner ganz persönlichen Erfahrung davon haben. Vielleicht gibt es ja die eine oder andere Überschneidung mit Ihren Antworten.

Sie erhalten Entscheidungen

Gut, das ist der offensichtlichste Punkt. Wenn Sie Entscheidungen vorbereiten und erwirken können, dann bekommen Sie Entscheidungen. Das mag offensichtlich sein, ist aber keine Kleinigkeit. Ganz ehrlich: Für die meisten Menschen, mit denen ich arbeite, reicht dieser eine Grund bereits vollkommen aus. Denn Entscheidungen nur nach langem Kampf oder gar nicht zu bekommen, gehört zu ihrem Berufsalltag.

Am häufigsten begegnet mir das in großen Unternehmen, in denen Entscheidungen in den unterschiedlichsten Gremien und auf den verschiedensten Hierarchiestufen totdiskutiert, totgeschwiegen oder totpolitisiert werden. In denen die häufigste Entscheidung am Ende eines Meetings darin besteht, erst mal nicht zu entscheiden. Routinierte Nicht-Entscheider bewerkstelligen das, indem sie am Ende des Termins einfach aufstehen und gehen, schließlich ist die Zeit um, und das nächste Meeting wartet bereits. Oder aber sie stellen ein paar kluge Fragen und fordern noch eine weitere Analyse oder Option. Auf der Basis könne man dann entscheiden.

Für die Mitarbeiter bedeutet das meist Frust und spaßbefreite Mehrarbeit. Denken Sie einfach mal daran, wie viel Zeit Sie schon damit verbracht haben, Dinge zu analysieren, die in irgendwelchen Meetings gefragt worden sind, und Unterlagen für Folgetermine vorzubereiten. Immer in der Hoffnung, dass es beim nächsten Meeting eine verbindliche Budget- oder Richtungsentscheidung gibt, mit der man hoffentlich – endlich – vernünftig weiterarbeiten kann. Kommt Ihnen das bekannt vor? Sehr gut, denn das, was ich gerade beschrieben habe, wird künftig der Vergangenheit angehören. Mit den Strategien und Methoden dieses Buches werden Sie innerhalb weniger Minuten Entscheidungen erhalten, für die Sie früher eine Reihe von Meetings gebraucht haben. Wo es früher geknirscht hat, wird es bald flutschen. Sie bekommen Entscheidungen. Das ist aber noch nicht alles.

Sie reduzieren Ihren Aufwand

Spreche ich mit Mitarbeitern großer Unternehmen, dann höre ich häufig: Das Vorbereiten von Entscheidungen, die Erstellung der Unterlagen ist sehr aufwendig und verschlingt viel zu viel Zeit. Das geht in manchen Fällen so weit, dass die inhaltliche Arbeit zwei Wochen vor dem Termin mit dem Management zum Erliegen kommt, weil an der Präsentation für Lenkungsgremium oder Vorstand herumgeschraubt wird. Die Mitarbeiter machen einen ersten Vorschlag, der Chef wirft ihn zurück. Das geht ein paarmal hin und her, anschließend geht es in die Detailarbeit. Slides werden gestrichen oder ergänzt, Grafiken eingefügt und die Darstellung aufgehübscht. Das alles macht richtig Arbeit. Der Spaß bleibt meist auf der Strecke, weil man dabei nur in Form bringt, was bereits alle wissen und kennen. Schließlich kommt der Termin, die Mitarbeiter warten gespannt auf die Ergebnisse. Der Chef kommt aus dem Termin mit dem Management zurück und vergibt gleich wieder neue Arbeit. Denn meist gibt es keine Entscheidung, es fehlt noch eine Variante, eine Auswertung oder eine Darstellung. Damit beginnt das Spiel von vorne, bis zum nächsten Termin.

Der große Aufwand hat zwei Gründe. Zum einen ist die Vorbereitung auf den einen Termin aufwendig. Zum anderen entsteht dieser Aufwand mehrfach, da die Arbeit mit dem einen Termin nicht endet – es wird ja keine Entscheidung getroffen –, sondern aus dem einen und jedem weiteren Termin neue Arbeit auf das Team zukommt. Mit den Methoden hier im Buch lässt sich an beiden Hebeln drehen. Einerseits wird der Aufwand zur Vorbereitung auf ein Meeting geringer. Zum anderen entfällt das Nacharbeiten und Immer-wieder-Vorlegen, weil die Entscheidung oft bereits im ersten Termin getroffen wird. Für Sie bedeutet das, dass Sie künftig weniger Zeit für Tätigkeiten aufwenden, die Sie in Ihrem Thema oder Projekt nicht voranbringen. Sie können sich mehr auf das eigentliche Thema und das Ziel des Projekts konzentrieren. Damit wird Ihre Arbeit besser, obwohl Sie keine Überstunden schieben, vielleicht sogar früher nach Hause kommen als bisher. Und Ihre Arbeit macht mehr Spaß, weil Sie sich mit sinnvollen Themen beschäftigen.

Sie bekommen Anerkennung und Wertschätzung

Damit es Ihnen bei der Arbeit gut geht, müssen einige Faktoren erfüllt sein: Der Arbeitsplatz sollte sicher sein, Arbeit und Privatleben sollten sich gut vereinbaren lassen, Sie sollten die Möglichkeit haben, das zu tun, was Sie richtig gut können, und vieles andere mehr.[3] Das ist das Ergebnis der seit mehr als 20 Jahren durchgeführten Befragungen zum Engagement-Index, mit dem die Motivation von Angestellten ermittelt wird. Ein Faktor fehlt dabei allerdings, nämlich Anerkennung und Wertschätzung durch den Vorgesetzten und die Kollegen. Natürlich ist es wichtig, dass wir ausreichend Freiheitsgrade haben, um uns zu entwickeln, dass wir in dem, was wir gerne tun, immer besser werden und dass das Ganze möglichst mit einem großen Warum, also mit einem Sinn verbunden ist.[4] Es gibt aber noch einen Punkt, den Mitarbeiter bei Zufriedenheitsmessungen und Mitarbeiterbefragungen immer wieder beklagen:[5] mangelnde Anerkennung und Wertschätzung durch die Vorgesetzten. Viele Mitarbeiter wünschen sich, dass Manager und Kollegen ihnen regelmäßig Wertschätzung vermitteln und Anerkennung für ihre Arbeit schenken. Nur gesprochen wird darüber selten. Kaum ein Kollege sagt in der Pause: »Mehr Wertschätzung von der Chefin, das wäre klasse!« Mehr Anerkennung für ihre Arbeit hätten dennoch die meisten gerne. Geht es Ihnen auch so? Fein, denn künftig bekommen Sie nicht nur mehr Entscheidungen mit weniger Aufwand, sondern auch mehr Anerkennung und mehr Wertschätzung von Ihren Kollegen, von Ihren Vorgesetzten, vom Topmanagement und von allen anderen Entscheidern, seien sie bei Ihnen im Haus oder beim Kunden.

Manager sind es gewohnt, dass Mitarbeiter weit ausholen und nicht zum Punkt kommen. Dass sie dicke Unterlagen produzieren, in denen sich viele Details finden, aber nicht unbedingt das, was die Manager zum Entscheiden brauchen. Dass die Mitarbeiterinnen und Mitarbeiter in Wort und Schrift alles aus ihrer eigenen Sicht betrachten, aber nicht unbedingt aus der Sicht des Entscheiders. Mit anderen Worten: Die meisten Mitarbeiter machen es ihren Vorgesetzten schwer. Die meisten Menschen, und dazu gehören auch Manager, schätzen und anerkennen es, wenn man ihnen das Leben, das Arbeiten und das Entscheiden einfach macht. Mit den Strategien und Methoden aus diesem Buch tun Sie künftig genau das und erhalten Anerkennung und Wertschätzung ganz automatisch.

Sie sind noch nicht vollständig überzeugt? Dann zeige ich Ihnen mal exemplarisch, wie viele Projektmanager versuchen, Wertschätzung und Anerkennung zu bekommen, meist ohne Erfolg. Die meisten Projektmanager arbeiten lange Zeit an einem Projekt und identifizieren sich auch damit. Daher wünschen sie sich, dass all das, was sie in das Projekt investieren, auch gesehen und geschätzt wird, sei es ihr Einsatz, ihre Arbeit oder ihre Fachkompetenz. Denn genau dafür schätzen sie andere und zollen ihnen Respekt. Und weil sie ihren eigenen Kopf auf den Schultern tragen und ihre eigene Sicht auf die Welt haben, machen sie in erster Linie das, was sie selbst bei anderen anerkennen und schätzen würden: Sie graben sich immer noch tiefer in das Projekt ein, bis ins letzte Detail. Und das ist gut so, denn auch Details sind wichtig. Die Steuerung eines modernen Dieselmotors etwa muss nicht nur ziemlich richtig sein, sie muss bis ins letzte Detail richtig sein. Und sie arbeiten hart, viele, viele Stunden. Als Zeichen ihrer harten Arbeit beklagen sie sich regelmäßig darüber, wie aufwendig und schwierig das Projekt ist, manche tragen ihre Augenringe demonstrativ durch die Gänge. Auf Nachfrage der mitfühlenden Kollegen erzählen sie gerne, wie anstrengend und schwierig alles doch sei, begleitet von großem Wehklagen. Häufig ist das nichts anderes als ein ungeschicktes *fishing for compliments*. Was sie gerne hören würden, wäre: »Danke, Herr Schmidt, dass Sie sich für dieses wichtige Thema so reinhängen. Sie sind unser Experte zum Thema. Ganz großartig, wie Sie das machen. Erzählen Sie doch am besten mal, wie lange Sie in den letzten Wochen gearbeitet haben!« So oder so ähnlich wünschen sich das viele Projektmanager. Aber hat das schon jemals ein Topmanager gesagt? Wohl kaum. Denn was schätzen Entscheider? Schätzen sie Fachkompetenz, Detailverliebtheit und lange Stunden im Büro? Nein, denn den meisten Managern ist es schlicht egal, welche Ausbildung Sie haben und wie viele Nächte Sie durcharbeiten, wenn nur das Ergebnis stimmt. Die Frage nach Kompetenz und Arbeitseinsatz stellen sie nur dann, wenn das Ergebnis nicht passt. Häufig führt das zu einem Missverständnis. Weil das Ergebnis nicht ausreichend klar kommuniziert wird, kommen die Fragen nach Kompetenz und Einsatz. Also glauben viele, dass Know-how und Einsatz entscheidend sind. Sind sie aber nicht beziehungsweise sie wurden es erst, als das Ergebnis nicht gepasst hat.

Vielleicht erkennen Sie bereits den Fehler. Viele Projektmanager erwarten Anerkennung für etwas, das ihnen selbst am Herzen liegt, das dem Entscheider aber egal ist. Kann das funktionieren? Natürlich nicht. Das wäre etwa so, wie wenn Helene Fischer sich die Anerkennung der Fans von Metallica erhofft und glaubt, das mit mehr und härterer Arbeit, mit noch mehr Tanztraining und noch besserem Gesangsunterricht zu erreichen. Man muss gar nicht selbst Fan von Metallica (oder Helene Fischer) sein, um zu verstehen, dass das nicht funktionieren kann. Wenn ich Anerkennung bekommen möchte, dann muss ich das tun, was mein Gegenüber bereit ist anzuerkennen. Das zu tun, was ich selbst anerkenne und schätze, bringt hingegen nur etwas, wenn mein Gegenüber ähnlich gestrickt ist wie ich selbst. Wenn Sie Anerkennung und Wertschätzung von Ihren Kolleginnen und Kollegen, von Ihrem Vorgesetzten, von Ihrem Vorstand oder von Ihrem Kunden haben möchten, dann sollten Sie nicht mehr von dem machen, was schon bisher nicht für Anerkennung gesorgt hat, sondern etwas anderes. Sie sollten die Erwartungen dieser Menschen erfüllen.[6] Wie genau Sie das am besten machen, und zwar ohne sich dabei zu verbiegen, und wie Sie dadurch Wertschätzung und Anerkennung erhalten, zeige ich Ihnen in diesem Buch.

Sie erarbeiten sich einen Wettbewerbsvorteil

Sie kennen das sicher: Wenn Sie seit zehn Jahren Fußball spielen, dann sollten Sie regelmäßig trainieren, wenn Sie besser werden wollen. Aber ob Sie nächste Woche ins Training gehen oder nicht, das macht nicht den großen Unterschied. Wenn Sie seit Ihrer Kindheit Klavier spielen, ist das ähnlich. Ob Sie diese Woche fleißig üben oder nicht, wird niemand bemerken.

Das geht uns mit allen Fähigkeiten so, in denen wir eine gewisse Grundfertigkeit erworben haben. Wenn wir etwas schon ganz gut können, dann macht das einzelne Training, die einzelne Übung nicht den großen Unterschied. Je besser man wird, desto größer ist der relative Aufwand, um den nächsten Schritt zu tun. Ist ja auch klar. Einen so großen Sprung, wie Sie ihn zum Beispiel im ersten Jahr Grundschule in Mathe gemacht haben, haben Sie später nie wieder gemacht. Davor konnten Sie nicht rechnen. Danach konnten Sie es. Ähnlich verhält es sich, wenn Sie ein neues Hobby beginnen oder eine Sportart erlernen. Ganz zu Beginn geht es am besten voran. Spätere Fortschritte werden kleiner und sind für den Laien kaum noch wahrnehmbar. Ökonomen nennen das »abnehmenden Grenznutzen«, aber eigentlich versteht das jedes Kind: 100 Euro geschenkt zu bekommen ist schön, 200 Euro geschenkt zu bekommen ist schöner, aber nicht doppelt so schön.

Für Sie ist das eine gute Nachricht. Denn was das Vorbereiten und Erwirken von Entscheidungen betrifft, stehen die meisten von uns ganz am Anfang. Zwar haben wir in der Schule gelernt, wie man argumentiert, vielleicht sogar den sokratischen Dreischritt aus These, Synthese, Antithese geübt (keine Sorge, wir vertiefen das hier nicht weiter). Allerdings sind diese Methoden für das Überzeugen in der Praxis nicht besonders gut geeignet. Was noch dazukommt: Das Vorbereiten und Erwirken von Entscheidungen wird in Unternehmen kaum irgendwo geschult. Woher ich das weiß? Ganz einfach, ich frage regelmäßig danach. Meine Kunden sind große Unternehmen, häufig Konzerne. Denen stelle ich immer zwei Fragen.

Erstens: Gibt es den Schmerz? Konkret: Klagen die Mitarbeiter über die Entscheidungsträgheit des Managements? Bereiten Projektmanager Entscheidungen vor, bekommen diese aber nicht oder nicht rechtzeitig? Gehen Führungskräfte regelmäßig aus Terminen mit dem Topmanagement mit der Aufforderung, doch noch eine weitere Analyse zu machen oder eine weitere Option auszuarbeiten? Beschweren sich Topmanager immer wieder darüber, dass die Mitarbeiter nicht zum Punkt kommen und dass man ihnen mit unwichtigen Details die Zeit stiehlt? Zweitens, wenn die Antwort »Ja« ist, wenn es also den Schmerz gibt: Haben Sie für dieses Problem schon eine Lösung, die funktioniert? Die Antworten sind fast immer die gleichen: Ja, den Schmerz haben wir. Und nein, dafür haben wir nichts im Programm. Gibt's denn da was? Können Sie das denn? Kurze Zeit später sind wir meist im Geschäft.

Fast überall gibt es also den Schmerz, dass Entscheidungen nicht rasch getroffen werden und dass es stattdessen nur Meeting-Schleifen gibt. Aber keiner hat dafür eine praktikable Lösung. Das hat einen einfachen Grund: Es gibt nur wenige Menschen, die sich überhaupt der Tatsache bewusst sind, dass es hier einen Schmerz gibt, den man heilen kann. Wir haben es mit einem richtig schönen blinden Fleck zu tun. Solche blinden Flecke gibt es öfter, wenn es um Kompetenzen geht.

Am besten lassen sie sich mit dem von Martin M. Broadwell erstmals in den Sechzigerjahren beschriebenen Kompetenzstufenmodell erklären:[7] Wenn wir eine neue Fähigkeit erwerben, durchlaufen wir vier Phasen. Die erste Stufe ist die unbewusste Inkompetenz. In unserem Fall: Wir wissen nicht, wie man Entscheidungen bekommt, und uns ist auch nicht bekannt, dass es da eine Fähigkeit gibt und dass man sie lernen kann. Vielleicht glauben wir auch gar nicht, dass man eine solche Fähigkeit braucht. Die zweite Stufe ist die bewusste Inkompetenz. Wir wissen zwar, dass man lernen kann, wie man Entscheidungen bekommt, und verstehen auch den Nutzen, allerdings haben wir keine Ahnung, wie das geht. Wahrscheinlich befinden Sie sich jetzt gerade auf dieser Stufe. Die dritte Stufe ist die der bewussten Kompetenz. Wir wissen, wie man Entscheidungen so vor- und aufbereitet, dass Entscheider rasch und verlässlich entscheiden. Bei der Anwendung dieses Wissens müssen wir uns aber die einzelnen Schritte bewusst machen und uns konzentrieren. Wir können es, es kostet uns aber Anstrengung. Ehrlich gesagt hätte ich Sie gerne am Ende des Buches auf dieser Stufe. Die vierte und letzte Stufe ist die unbewusste Kompetenz. Wir tun das Richtige, um Entscheidungen zu bekommen, und machen das vollkommen unbewusst, ohne viel darüber nachzudenken.

Blinde Flecken in der Kompetenzlandschaft gibt es immer wieder, und sie sind dadurch gekennzeichnet, dass die beiden Stufen der bewussten Inkompetenz und der bewussten Kompetenz fehlen. Auf der einen Seite gibt es dann ein paar wenige Menschen auf der Stufe der unbewussten Kompetenz. Die verfügen über die Fähigkeit, sind sich dessen aber nicht so recht bewusst und nutzen sie einfach. Über ihren Erfolg denken sie oft nicht groß nach. Und wenn doch, dann machen sie häufig andere Faktoren verantwortlich. Auf der anderen Seite gibt es ganz viele Menschen auf der Stufe der unbewussten Inkompetenz. Die verfügen nicht über die Fähigkeit, wissen aber auch nicht, dass es sie gibt und dass man sie erlernen kann. Dazwischen gibt es wenig bis nichts, und genau das macht den blinden Fleck aus. Für Sie ist das eine riesige Chance.

Denn immer dort, wo es einen solchen blinden Fleck gibt, können Sie sich mit sehr wenig Aufwand einen echten Wettbewerbsvorteil sichern. Sehr wenig Aufwand ist es deshalb, weil Sie fast bei null starten und hier die Fortschritte am größten sind. Es ist ein wenig wie bei Mathe in der Grundschule. Die ersten Schritte mögen ein wenig holprig sein und sich ein wenig eigenartig anfühlen. Wenn Sie diese paar Schritte aber erst mal gemacht haben, dann können Sie es. In unserem Fall: Dann können Sie etwas, das kaum jemand kann. Nämlich Entscheidungen so vorbereiten, dass Entscheider rasch und verlässlich entscheiden. Damit haben Sie eine Fähigkeit, die die meisten Manager ganz außerordentlich schätzen.

Dieser Gedanke folgt dem Geist der Engpasskonzentrierten Strategie, kurz EKS, die vor allem unter den führenden deutschen Mittelständlern, den sogenannten Hidden Champions[8], sehr verbreitet ist. Um erfolgreich zu sein, geht es nicht so sehr darum, etwas besser zu können als andere. Vielmehr liegt der Schlüssel zum Erfolg in der Lösung für die größten Engpässe einer bestimmten

Zielgruppe.[9] Wir erreichen am meisten Akzeptanz und Nachfrage für unsere Leistung, wenn sie dort wirkt, wo das Problem des Kunden am größten ist, das heißt, wo er einen Engpass hat. Ein Engpass ist der eine Grund, warum der Kunde gerade nicht vorankommt. Wenn es diesen Engpass nicht mehr gibt, dann nimmt das Geschäft wieder Fahrt auf und alles geht leichter von der Hand. Diese Sicht ist auf der einen Seite etwas überraschend, auf der anderen Seite vollkommen logisch. Überraschend ist sie, weil wir immer wieder gesagt bekommen, es gehe für Unternehmen wie auch für Menschen vor allem darum, Spitzenleistungen zu erbringen, wenn sie Erfolg haben wollen. Sehen wir uns das im echten Leben an, dann begegnet uns aber etwas vollkommen anderes. Einem Kunden ist es herzlich egal, ob ein Unternehmen Spitzenleistungen erbringt, wenn es nur sein dringendstes Problem löst, seinen Engpass. Ähnlich ist es bei Mitarbeitern in Unternehmen. Ob Sie an Schule oder Universität gut waren oder sogar Spitzenleistungen erbracht haben, ist bei der Einstellung noch wichtig. Sobald Sie aber im Unternehmen sind, zählt etwas anderes. Dann entscheidet über Ihren Erfolg, ob Sie einen Engpass einer bestimmten Zielgruppe lösen können, die für Sie, Ihre Arbeit und Ihre Karriere wichtig ist.

Wer für Sie, Ihre Arbeit und Ihre Karriere besonders wichtig ist, das liegt auf der Hand. Das sind natürlich Ihre Vorgesetzten und deren Vorgesetzte, bis hinauf zum Topmanagement. Was aber ist einer der größten, wenn nicht der größte Engpass für Manager, umso mehr, je weiter es an die Unternehmensspitze geht? Der größte Engpassfaktor für Topmanager ist Zeit. Die meisten Manager arbeiten deutlich mehr als 40 Stunden pro Woche. Auch 60 oder sogar 80 Stunden sind keine Ausnahme. Wenn man sich den typischen Tagesablauf dieser Menschen ansieht, dann ist das auch kein Wunder. Sechs und mehr Stunden Meetings pro Tag, irgendwann braucht man auch Zeit, sich vorzubereiten oder nachzuarbeiten. Damit ihnen die Arbeit nicht vollends über den Kopf wächst, sind Topmanager oft besonders penible Manager ihrer

Zeit. Sie priorisieren klar und delegieren, was sie nur delegieren können. Viele erlernen Schnelllesetechniken, um der Unterlagenberge Herr zu werden. Sie legen Telefonate auf Zeiten im Auto und lesen auf Dienstreisen, um ihre Zeit möglichst effizient zu nutzen. Die meisten Mitarbeiter unterstützen ihre Vorgesetzten bei deren Zeit-Engpass allerdings nicht. Oft machen sie das genaue Gegenteil. Sie erstellen dicke Unterlagen, die oft mehr Arbeitsnachweis als Entscheidungsvorlage sind, gespickt mit Fachausdrücken und Details. Für Nicht-Experten mit knappem Zeitbudget sind diese Unterlagen die reinste Folter. Entstanden sind sie meist in dem falschen Glauben, man müsse den Entscheider erst umfassend informieren, wenn nicht gar in einem Fachgebiet ausbilden, damit er entscheiden kann.

Unterlagen, die sich an den Bedürfnissen von Entscheidern orientieren, sehen ganz anders aus. Sie sind klar in ihrer Sprache und leicht verständlich. Sie enthalten auch Details, überlassen aber dem Leser die Entscheidung, wie tief er in die Materie eintauchen will. Sie beschränken sich nicht auf Zahlen, Daten und Fakten, sondern interpretieren diese und enthalten konkrete Entscheidungsalternativen und Vorschläge. Mit dieser Art von Unterlagen heben Sie sich ab und werden von Entscheidern geschätzt. Und nachdem die meisten Mitarbeiter keine Ahnung davon haben, wie am Entscheider orientierte Kommunikation aussieht, schaffen Sie sich durch die Einhaltung von ein paar einfachen Regeln bereits einen großen Wettbewerbsvorteil. Meine eigene Karriere ist dafür ein gutes Beispiel. Eingestellt jeweils als einfacher Projektmanager, ist es mir in zwei Konzernen nacheinander gelungen, innerhalb weniger Monate sichtbar zu werden, und zwar bis hinauf zum Vorstand. Wie mir das gelungen ist? Ich habe einfach einige der Strategien und Methoden aus diesem Buch auf die Erstellung meiner Unterlagen angewendet. Diese Unterlagen hatten immer eine sehr klare Botschaft, waren im Hauptteil kurz und einfach zu lesen und sie waren streng pyramidal aufgebaut, das heißt, das Wichtigste stand gleich am Beginn.

Meine Vorgesetzten haben meine Unterlagen sehr geschätzt und sie auch in Terminen beim Vorstand verwendet. Der Vorstand war ebenfalls angetan, was wiederum meinen Vorgesetzten gefallen hat. Sie konnten mit meinen Unterlagen glänzen. Von da an war es nur mehr ein kurzer Weg bis zur Forderung des Vorstands, ich möge doch bitte schön dieses Thema aufbereiten oder jene Unterlage erstellen. Und spätestens wenn der Vorstand das erste Mal sagte: »Das Thema lassen Sie bitte von Herrn Jocham aufbereiten«, wusste ich, dass ich es geschafft hatte. Waren meine Unterlagen immer die allerschönsten? Habe ich sie besonders gekonnt präsentiert? Beides kann ich guten Gewissens verneinen. Meine Unterlagen waren einfach nur die klarsten, und in Meetings mit dem Topmanagement bin ich rasch zum Punkt gekommen. Daher kannte man mich, und ich war fast automatisch mit auf dem Zettel, wenn es um die Frage ging, wer für mehr Verantwortung, eine Gehaltserhöhung oder sogar eine Führungsposition infrage kam. Erreicht habe ich das, weil meine Unterlagen einen zentralen Engpass bei vielen Entscheidern adressiert haben, nämlich Zeit. Mit meinen Unterlagen konnten genau die Menschen im Unternehmen Zeit sparen, deren Zeit am knappsten und auch am teuersten ist. Sie wussten, wem sie das zu verdanken hatten, und sie wussten sich auch zu bedanken.

So kann es auch Ihnen gehen. Mein Versprechen an Sie: Mit den Methoden und Techniken dieses Buches kommen Sie quasi von null auf hundert. Sie werden innerhalb kurzer Zeit zu den top zehn Prozent in Ihrem Unternehmen gehören, wenn es darum geht, Entscheidungen so vorzubereiten, dass Manager dann auch entscheiden. Damit adressieren Sie einen wichtigen Engpass vieler Führungskräfte und Topmanager, denn auch die haben keine Zeit und keine Lust auf Entscheidungen, die sich im Kreis drehen, und Folgetermine, die ihre ohnehin prall gefüllten Terminkalender zum Platzen bringen. Das bringt Ihnen im Gegenzug Anerkennung und Wertschätzung und häufig noch sehr viel mehr. Nämlich Aufmerksamkeit und Zeit bei den wichtigsten Entscheidungsträgern.

Sie verfügen über eine wertvolle Fähigkeit, die geschätzt wird und die andere nicht haben. Damit heben Sie sich ab und werden sichtbar. Und sichtbar sollten Sie sein, denn mehr Verantwortung, eine Gehaltserhöhung oder eine Beförderung erhält nur, wer den Entscheidern bekannt ist, wer Eindruck hinterlassen hat. Und auch, wenn Sie nicht Karriere machen oder viel Geld verdienen wollen, sondern als Experte intensiv an einem Thema – Ihrem Thema – arbeiten und das auch weiterhin tun wollen: Auch in dieser Rolle sollten Sie sichtbar und bekannt sein. Nur dann nämlich bekommen Sie für Ihr Thema ausreichend Ressourcen und die notwendige Unterstützung des Managements.

Sie betreiben Burn-out-Prävention

In einem berühmt gewordenen Experiment sitzen zwei Ratten in verschiedenen Käfigen.[10] Der Boden jedes Käfigs besteht aus einer leitenden Platte. Was als Nächstes passiert, ist wenig erfreulich für die beiden Nager. Der Leiter des Experiments schickt einen kurzen Stromstoß in einen der beiden Käfige, und nachdem die beiden Käfige mit einem Kabel verbunden sind, auch in den zweiten. Es ist ein schwacher Stromstoß. Haben Sie schon mal einen Weidezaun berührt? Das ist nicht besonders schmerzhaft, aber Sie spüren den Stromschlag. So etwas Ähnliches spüren auch die Ratten. Sie leiden keine großen Schmerzen, aber sie zucken kurz und sehen sich um. Angenehm ist das nicht. Nach ein paar Wiederholungen zeigen die Ratten Anzeichen von Stress. Alle paar Minuten, in unregelmäßigen Abständen, gibt es einen kurzen Stromstoß. Nach dieser ersten Phase geben die Forscher ein weiteres Element dazu. In jedem der Käfige ist ein Lämpchen befestigt. Wieder gibt es Stromschläge, nur leuchtet jetzt zehn Sekunden davor das Lämpchen auf. Es dauert nicht lange, und die Ratten haben gelernt. Leuchtet das Lämpchen auf, dann kommt kurze Zeit später der Stromschlag. Sobald sie das verstanden haben, setzt die Stressreaktion nicht erst ein, wenn Strom durch den Boden geleitet wird, sondern schon früher, nämlich sobald die Ratten das Leuchten des Lämpchens sehen.

Diesen Effekt kennen Sie vielleicht vom Pawlow'schen Hund, einem berühmten Experiment zur klassischen Konditionierung. Gewöhnt man einen Hund daran, dass immer wieder kurz vor der Fütterung eine Glocke läutet, dann reagiert der Hund nicht erst auf das Futter selbst mit Speichelfluss, sondern bereits auf das Läuten der Glocke. Wirklich spannend wird es bei unserem Rattenexperiment aber erst jetzt. Wir erinnern uns: Die beiden Käfige sind mit einem Kabel verbunden, sodass der Stromschlag im ersten Käfig, nennen wir ihn Käfig A, auch im anderen Käfig B zu spüren ist. Nun bekommt die Ratte in Käfig A einen Hebel, den sie bedienen kann. Wieder leuchtet das Lämpchen, zehn Sekunden später folgt der Stromschlag. Doch nun kann die Ratte in Käfig A den Stromschlag verhindern, indem sie rechtzeitig den Hebel betätigt. Es dauert nicht lange, bis die Ratte das gelernt hat. Ab sofort hat sie ordentlich zu tun. Wann immer das Lämpchen leuchtet, springt sie auf, läuft zum Hebel und drückt ihn nach unten. Der Aufwand zahlt sich aus. Bald schafft sie es fast immer, noch vor dem drohenden Stromschlag den Hebel zu betätigen. Das ist anstrengend für sie, doch dafür erhält sie deutlich weniger Stromschläge. Die Ratte in Käfig B ist davon recht unbeeindruckt. Für sie sind die Stromschläge einfach weniger geworden. Nun verkürzt der Versuchsleiter den Zeitraum zwischen Lämpchen und Stromschlag. Der Druck steigt. Die Ratte in Käfig A muss nun ständig in Alarmbereitschaft sein und schnell reagieren, wenn sie den Hebel rechtzeitig betätigen möchte. Die Ratte in Käfig B bekommt von alledem nichts mit. Sie sieht ein Lämpchen blinken, manchmal folgt ein Stromschlag, meist aber nicht. Denn die Ratte in Käfig A ist auf Alarm programmiert und betätigt den Hebel meist rasch genug. Die entscheidende Frage aber ist: Welche der beiden Ratten hat mehr Stress? Ratte A, die im Käfig hin und her wieselt, immer auf Alarm, um drohende Stromschläge zu verhindern? Oder Ratte B, die von all dem nichts mitbekommt, oft ein Lämpchen blinken sieht und manchmal einen Stromschlag abbekommt? Das erstaunliche Ergebnis: Die Ratte in Käfig B, die Ratte im Käfig ohne Hebel, hat mehr Stress.

Dieses Ergebnis ist für viele Menschen überraschend. Sie tippen auf die Ratte in Käfig A, ist sie es doch, die sich körperlich anstrengen muss, während der Ratte in Käfig B diese Anstrengung erspart bleibt. Was aber ist der Grund? Der Antwort kommen wir näher, wenn wir uns in die Situation der Ratte in Käfig B versetzen. Zu Beginn des Experiments erhält sie regelmäßige Stromschläge, später dann mit Ankündigung ein paar Sekunden davor. Dann beginnt sich das Muster zu ändern. Manchmal folgt auf das Aufleuchten des Lämpchens ein Stromschlag, manchmal nicht. Irgendwann beginnt sich auch noch der zeitliche Abstand zwischen Lämpchen und möglichem Stromschlag zu verändern. Das Entscheidende aber ist: Die Ratte in Käfig B hat keinerlei Einfluss auf das, was passiert, nicht den geringsten. Sie muss sich darauf beschränken zu ertragen, was immer auch geschieht, während Ratte A immer noch die Einflussnahme mit dem Hebel bleibt. Das führt bei der Ratte in Käfig B zu einem Zustand, den Psychologen »*erlernte Hilflosigkeit*«[11] nennen. Erlernte Hilflosigkeit macht nicht nur Tiere krank, sie hat bei uns Menschen eine ganz ähnliche Wirkung. Man geht heute davon aus, dass Diagnosen wie Burnout weniger mit hoher Arbeitsbelastung einhergehen, sondern vor allem mit Kontrollverlust und dem Gefühl, nichts bewirken und an der eigenen Situation nichts ändern zu können.[12]

Genau hier setzt dieses Buch an. Wenn Sie heute als Mitarbeiter, als Führungskraft oder als Projektmanager den Eindruck haben, »nach oben« nicht gestalten zu können. Wenn Sie nicht die Entscheidungen erhalten, die sie brauchen, oder wenn alles zu lange dauert. Wenn Sie nicht verstehen, wie »die da oben« ticken, dann können die Strategien und Methoden, die ich Ihnen in diesem Buch vorstelle, der Hebel sein, der Ihnen Kontrolle und Wirksamkeit zurückgibt und von dem Sie gar nicht wussten, dass es ihn gibt. Oder, wie kürzlich ein Manager gemeint hat, dem ich von dem Rattenexperiment erzählt hatte: »Herr Jocham, ich hab's verstanden. In Zukunft achte ich immer darauf, die Ratte im Käfig mit dem Hebel zu sein. Und wenn ich mal das Gefühl habe, dass ich nichts machen kann, dann erinnere ich mich daran, dass ich mich gerade selbst in den falschen Käfig gesetzt habe.« Ich musste schmunzeln. Das Bild ist möglicherweise etwas drastisch, schließlich sind wir keine Ratten. Aber ja, grundsätzlich sehe ich das auch so. Wenn ich in jeder Situation den Fokus darauf lenke, was ich bewirken und gestalten kann, dann steigere ich damit meine Wirksamkeit und ich lasse das Gefühl, keinen Einfluss zu haben und die Kontrolle zu verlieren, erst gar nicht aufkommen. Damit wirke ich einem möglichen Burn-out entgegen.

Auch Ihr Arbeitgeber oder Kunde profitiert

Entscheidungen zu treffen ist eine Kernaufgabe für ein erfolgreiches Unternehmen. In welche Märkte wollen wir expandieren und mit welchen Produkten? Mit wem wollen wir kooperieren? Wie wollen wir unsere Mitarbeiter entwickeln? Welche technologische Plattform wollen wir nutzen? Welchen Nutzen wollen wir unseren Kunden bieten? Mit welchen Preisen gehen wir in den Markt? Aber auch: Wann wollen wir das Meeting machen und wen laden wir ein, damit wir das beste Ergebnis erzielen? Jeden Tag werden in einem Unternehmen einige große und Hunderte kleinere Entscheidungen getroffen. Eine aktuelle Studie der Strategieberatung McKinsey zeigt: Der Erfolg eines Unternehmens hängt davon ab, wie gut diese Entscheidungen sind und wie schnell sie getroffen werden.[13] Man könnte meinen, dass es hier einen Widerspruch gibt, weil gute Entscheidungen Zeit brauchen und eine Organisation die Wahl hat, ob sie bessere Entscheidungen um den Preis geringerer Geschwindigkeit treffen möchte oder ob sie schnellere Entscheidungen um den Preis einer geringeren Entscheidungsqualität treffen möchte. Die Studie zeigt jedoch, dass die besten

Unternehmen schnelle Entscheidungen mit doppelt so hoher Qualität treffen, als dies andere Unternehmen tun, die sich für ihre Entscheidungen Zeit nehmen.

Oft ist das auch gar keine Frage des Wollens. Das Leben in vielen Unternehmen und Branchen hat sich in den letzten Jahrzehnten grundlegend geändert. Die Megatrends Globalisierung und Digitalisierung lassen kaum ein Unternehmen unberührt. Ich vermute, das gilt auch für Sie und für das Unternehmen, in dem Sie tätig sind; wenn noch nicht heute, dann wahrscheinlich bald. Denn die Folgen von Globalisierung und Digitalisierung sind vor allem in Bezug auf einen Aspekt überall zu spüren: Alles muss schneller gehen! Auf der einen Seite ist das überall dort, wo es um technologischen Fortschritt geht, offensichtlich. War noch bis in die Achtzigerjahre des letzten Jahrhunderts die eherne Regel, dass Größe alles ist, so gilt in der Welt der Start-ups und bei Tech-Konzernen »Schnell ist das neue Groß![14]«. Das hat einerseits damit zu tun, dass die technische Entwicklung in Bereichen wie IT, Robotik und Künstlicher Intelligenz rasend schnell voranschreitet. Den Beweis dafür tragen wir in Form unserer Mobiltelefone mit uns herum, die alle paar Jahre neue Wunderdinge vollbringen, die bis vor Kurzem noch undenkbar waren. Andererseits haben viele Tech-Firmen Geschäftsmodelle, die auf Netzwerken basieren, etwa Facebook, Instagram oder andere soziale Medien, aber auch Google oder Amazon. Wer das größte Netzwerk, wer die meisten User und die meisten Partner hat, kann mehr Kontakte, mehr Inhalte oder mehr Produkte bieten und liefert damit jedem Einzelnen in diesem Netzwerk einen größeren Mehrwert. Das befruchtet eine *Winner-takes-it-all*-Entwicklung in diesen Bereichen.[15] Um dieser Gewinner zu sein und um auf dem Weg dorthin nicht überholt zu werden, gilt es, schnell zu sein.

Der andere Treiber für die Dynamisierung ist auf den ersten Blick weniger offensichtlich. Durch die immer stärkere Nutzung von Smartphones haben wir uns in recht kurzer Zeit daran gewöhnt beziehungsweise daran gewöhnen lassen, dass wir alles (Informationen, Aufmerksamkeit, Rückmeldung) unmittelbar und ohne jede Wartezeit bekommen können. Wir suchen nach einer Information? Google hat die Antwort! Wir haben einen schönen Sonnenuntergang erlebt oder sind auf einen hohen Berg gestiegen? Gleich werden Fotos auf Facebook und Instagram geteilt, um die verdiente Anerkennung dafür einzusammeln. Das wirkt sich auch auf unser Konsumverhalten aus.[16] Kunden sind nicht mehr bereit zu warten, wenn ein Unternehmen nicht rasch liefern kann. Dynamischer und agiler zu werden ist daher eine zentrale Anforderung an viele Unternehmen, unabhängig von Größe oder Branche. Wie aber wird ein Unternehmen agiler? Ein agiles Unternehmen ist in der Lage, rasch auf Impulse von außen, vom Markt zu reagieren. In diesem Sinne verstehe ich ein agiles Unternehmen als eines, das seine Ohren am Markt hat und auf Kundenanforderungen rasch reagiert. Dazu aber braucht es Entscheidungen, im Großen wie im Kleinen. Ein agiles Unternehmen, das in der modernen Welt bestehen will, ist daher ein Unternehmen, das in erster Linie rasch die richtigen Entscheidungen trifft. Wie das zu bewerkstelligen ist, daran scheiden sich die Geister. Zwei grundsätzliche Wege bieten sich an. Der erste ist jener, der zum Beispiel durch die Unternehmensphilosophie »Holocracy«[17] vertreten wird: mehr Entscheidungs- und Handlungskompetenz an dezentrale Teams, die Kundenanforderungen selbstständig abarbeiten, und zwar ohne lange Befehlsketten und ohne erst um Erlaubnis fragen zu müssen. Dieser zusätzliche Handlungsspielraum bringt für die Mitarbeiter ein Mehr an Verantwortung und zusätzliche Motivation. Sosehr mir persönlich dieser Zugang gefällt, so skeptisch bin ich, was die Umsetzbarkeit betrifft.

Dezentrale Entscheidungs- und Handlungskompetenz kann nämlich zwei Dinge nicht: Erstens schafft sie nicht den übergreifenden Blick über das gesamte Unternehmen oder relevante Teilbereiche. Zweitens gibt es auch bei bereits heute sehr agil organisierten Unternehmen einen Eigentümer, häufig in Form von Aktionären, der sich einen Ansprechpartner wünscht. Dieser Ansprechpartner ist meist die Geschäftsführung oder der Vorstand. Damit der aber die Rolle als Ansprechpartner überhaupt wahrnehmen kann, muss er steuernd eingreifen und entscheiden können. Und damit er das kann, braucht er Informationen und Entscheidungsvorlagen aus dem Bauch der Organisation. Es reicht daher nicht, als Organisation »agil« zu werden, Teams aufzubrechen, Prozesse end-to-end zu denken und überhaupt total kundenorientiert zu sein. Damit eine agile Organisation ihre PS auch auf die Straße bringt, müssen die Menschen in dieser Organisation in der Lage sein, von ihrem Topmanagement und von ihren Eigentümern rasch die Entscheidungen einzuwerben, die sie brauchen und die weiter unten in der Organisation nicht angemessen getroffen werden können.

In diesem Sinne ist dieses Buch auch ein Angebot an New Worker und Agilitäts-Fans. Betrachten Sie die vorgestellten Methoden und Strategien als ergänzende Werkzeuge, die in Ihrem Werkzeugkasten noch Platz finden sollten. Darüber hinaus können Sie die Methoden auch ganz konkret in Ihrem Sinne nutzen. Wenn Sie möchten, dass Ihre Organisation das neue Arbeiten ermöglicht und insgesamt agiler wird, und Sie heute mit dem Finger auf das Topmanagement, die Politik oder den lieben Gott zeigen, verbunden mit dem Wunsch »Lasst uns endlich agil machen!«, dann habe ich ein alternatives Angebot für Sie, das über das Prinzip Hoffnung hinausgeht: Nutzen Sie die Strategien aus diesem Buch dazu, Ihre Vorgesetzten davon zu überzeugen, dass New Work und agil tatsächlich besser sind, und zwar auch für Ihre Vorgesetzten und für das Topmanagement. Denn nur wenn Ihnen das gelingt, kommen Sie aus der Rolle des Bittstellers (»Lasst uns doch endlich so arbeiten, wie wir es wollen!«) in die Rolle des Gestalters. Die Methoden in diesem Buch unterstützen Sie dabei.

 Max und Julia

Ihre Entscheidung

Kennen Sie die Schlüsselszene aus dem Film Matrix, in der der junge Hacker Neo, gespielt von Keanu Reeves, erstmals auf sein großes Vorbild Morpheus trifft? Morpheus erklärt Neo, dass man das große Geheimnis – die Matrix – nicht erklären kann. Es ist so ähnlich wie beim Kaninchenbau aus Alice im Wunderland. Auch hier reichen Erklärungen nicht aus, um den Umfang und die Tiefe zu ergründen. Für beide gilt: Man muss sie mit eigenen Augen sehen.

> »Dies ist deine letzte Chance, Neo. Danach gibt es kein Zurück. Schluckst du die blaue Pille, dann endet die Geschichte hier. Du wachst in deinem Bett auf und glaubst, was du glauben willst. Schluckst du die rote Pille, bleibst du im Wunderland, und ich zeige dir, was es in den Tiefen des Kaninchenbaus zu entdecken gibt.« [18]

Nach kurzem Nachdenken greift Neo nach der roten Pille, und seine Reise in die Geheimnisse und Abgründe der Matrix beginnt. Morpheus hat die Wahrheit gesagt. Es gibt kein Zurück. Eine ähnliche Entscheidung steht auch Ihnen nun bevor. Hier Ihre zwei Optionen:

Option 1 (blaue Pille): Legen Sie das Buch zur Seite, dann endet die Geschichte hier. Am besten, Sie schenken es jemandem, der in seinem Leben etwas bewegen will und bereit dazu ist, die volle Verantwortung für die Ergebnisse zu übernehmen. Sie wachen in Ihrem Bett auf und glauben, was Sie glauben wollen ... Dass Ihr Chef Ihnen nicht zuhört und Sie nicht versteht. Dass das Topmanagement aus abgehobenen Idioten besteht, die ja doch keine Entscheidungen treffen, und wenn doch, dann die falschen. Dass das halt so ist und dass man nichts daran ändern kann, Sie am allerwenigsten. Schließlich können Sie ja doch nur tun, was »die da oben« bestimmen. Das Leben ist ungerecht, und das ist gemein. Willkommen in der Opferrolle!

Option 2 (rote Pille): Schlucken Sie die rote Pille, dann bleiben Sie im Wunderland und ich zeige Ihnen, was es in den Tiefen des Kaninchenbaus zu entdecken gibt. Sie werden verstehen, warum das, was alle anderen in der Entscheidungsvorbereitung machen, nicht funktioniert, weil es bei näherer Betrachtung gar nicht funktionieren kann. Und Sie werden Strategien und Methoden kennenlernen, mit denen es für Sie in Zukunft ganz leicht und einfach wird. Nicht immer, aber immer öfter. Der Weg in die Opferrolle ist damit versperrt. Sie können sich natürlich weiterhin einreden, dass Sie keinen Einfluss haben, aber so richtig können und wollen Sie das nicht mehr glauben. Denn tief im Inneren wissen Sie: Das stimmt nicht. Sie wissen, wie es geht, also sollten Sie es nun auch tun. Aber sagen Sie nicht, ich hätte Sie nicht gewarnt!

Jetzt geht's los!

Herzlichen Glückwunsch zu Ihrer Entscheidung weiterzulesen und willkommen auf der anderen Seite! In den folgenden Kapiteln werden wir uns gemeinsam ansehen, an welchen Schrauben Sie drehen können, wenn Sie schnellere Entscheidungen bekommen wollen. Wir beginnen bei Ihrer Erfahrung und Ihren Einstellungen. Wir sehen uns an, was Sie heute glauben und warum Sie es glauben. Sie werden sehen: Dafür haben Sie sehr gute Gründe, wenn nicht die allerbesten. Allerdings belassen wir es nicht dabei. Wir werden uns auch gemeinsam fragen, ob es denn günstig ist, all das zu glauben. Und wir werden uns ansehen, ob es nicht andere Gedanken gibt, die Sie stattdessen glauben könnten und die die besseren Ergebnisse liefern. Bessere Ergebnisse für Sie, versteht sich!

Als Nächstes sehen wir uns an, was eine gute Entscheidung ausmacht und wie Sie gute Entscheidungsoptionen entwickeln. Denn die Strategien, mit denen Sie Unterstützung für Ihre Vorschläge einwerben, funktionieren am besten, wenn die Qualität und damit die Basis stimmt. Schließlich wollen Sie – so nehme ich an – nicht als die Mitarbeiterin im Unternehmen gelten, die regelmäßig halbgare und nicht zu Ende gedachte Ideen beim Management durchbringt. Denn natürlich können Sie meine Methoden auch nutzen, um schlechte Entscheidungen voranzubringen. Allerdings empfehle ich es ausdrücklich nicht. Damit hätten Sie zwar Entscheidungen erreicht, aber nicht zum Wohl des Unternehmens, Ihrer Vorgesetzten oder auch nur zu Ihrem eigenen Vorteil. Mangelnde Qualität mag eine Zeit lang unentdeckt bleiben. Auf lange Sicht lohnt es sich aber, in Qualität zu investieren. Ich habe in meinem Berufsleben auch Menschen kennengelernt, die sich darauf beschränkt haben, zu wirken und zu überzeugen, dabei aber auf Sorgfalt und Qualität verzichtet haben. Jede Einzelne und jeden Einzelnen von ihnen habe ich nach ein paar Monaten oder Jahren wie eine Sternschnuppe verglühen sehen. Qualität reicht nicht aus, damit in Ihrem Sinne entschieden wird. Dennoch sollten Sie nicht darauf verzichten. Wir werden uns gemeinsam ansehen, wie Sie künftig die Qualität der Entscheidungen, die Sie vorbereiten, sicherstellen können.

Schließlich tauchen wir tief in das zentrale Thema dieses Buches ein: schnellere Entscheidungen bekommen. Wir wechseln die Perspektive und sehen uns an, wie das Leben von Entscheidern eigentlich aussieht und wie sie ticken. Wir stellen uns die Frage, wie Sie herausfinden können, worauf Ihr Entscheider in der aktuellen, ganz spezifischen Situation Wert legt. Wir sehen uns an, welche Sprache bei Entscheidern funktioniert und welche nicht. Wir ergründen, warum es oft besser ist, Fragen zu stellen, als zu vermuten. Wir sehen uns an, warum es besser ist, nach Problemen zu fragen als nach Lösungen. Wir nähern uns gemeinsam dem Pyramidenprinzip und dem idealtypischen Aufbau von Argumenten und Entscheidungsunterlagen. Schließlich zeige ich Ihnen, wie Sie in kurzer Zeit einen Pitch gestalten, der bei Ihrem Gegenüber das auslöst, was Sie sich erhoffen, nämlich Zustimmung. Und ganz zum Schluss machen wir auch noch einen Abstecher in die Psychologie des Überzeugens, mit der Sie die gezeigten Strategien und Methoden noch weiter zuspitzen und anreichern können.

Was Sie heute vielleicht noch glauben ...

Ihr größter Feind auf dem Weg, rasche und verbindliche Entscheidungen zu bekommen, ist mit allergrößter Wahrscheinlichkeit nicht Ihr Vorgesetzter oder Ihr Kunde. Er sitzt an einer Stelle, an der Sie ihn wahrscheinlich nicht vermuten: zwischen Ihren Ohren. Ihr größter Feind sind Ihre eigenen Annahmen und Erwartungen über sich selbst, andere Menschen und die Welt im Allgemeinen. Es sind Ihre Glaubenssätze. Denn Methoden und Techniken lassen sich lernen, wenn ihnen aber Glaubenssätze entgegenstehen, wird es schwierig. Was ein Glaubenssatz ist? Ein Glaubenssatz ist das, was Sie über die Welt zu wissen glauben. Wobei, eigentlich glauben Sie es ja nicht nur. Sie sind so davon überzeugt, dass Sie es wissen, ganz tief im Inneren und mit allergrößter Gewissheit. Daher wäre »Wissenssatz« eigentlich der bessere Begriff. Sie erkennen einen Glaubenssatz daran, dass Sie fest davon überzeugt sind, dass er stimmt. Dafür haben Sie viele konkrete Beispiele, nämlich Ihre eigenen Erfahrungen. Das macht es auch so schwierig, einen Glaubenssatz zu erkennen. Allerdings lässt er sich nicht mit Zahlen, Daten und Fakten beweisen. Denn Glaubenssätze sind nicht empirisch zu beweisen, sie stimmen nämlich gar nicht. Die berechtigte Frage lautet nun, warum wir so viele davon haben, wenn sie doch gar nicht stimmen. Wir haben sie uns nur im Laufe unseres Lebens angeeignet, weil sich mit ihnen das Leben einfacher bewältigen lässt.

Beispiel gefällig? In der Generation meiner Eltern war ein oft gehörter Satz »Geld macht nicht glücklich«. Das sagten viele Menschen und besonders häufig jene, die nicht besonders viel Geld hatten. Ist der Satz wahr? Nein, denn Geld macht sehr wohl glücklich. Die beiden amerikanischen Forscher Daniel Kahneman, immerhin Nobelpreisträger, und Angus Deaton haben 450 000 Befragungen im Rahmen des Gallup-Healthways Well-Being Index ausgewertet. Sie konnten zeigen, dass Glück jedenfalls bis zu einem Jahreseinkommen von etwa 75 000 Dollar ansteigt, bei manchen Arten des Glücks auch darüber hinaus.[19]

Woher aber kommt der weitverbreitete Satz »Geld macht nicht glücklich«, wenn er doch für alle, die weniger als 75 000 Dollar pro Jahr verdienen – also für die meisten Menschen – nicht stimmt? Die einfachste Erklärung liefert das psychologische Prinzip »Commitment und Konsistenz«[20], das wir uns im Kapitel über die Psychologie des Überzeugens noch genauer ansehen werden. Commitment und Konsistenz beschreibt den einfachen Zusammenhang, dass Menschen in Übereinstimmung mit ihrem Selbstbild leben wollen. Ist etwa Verantwortungsbewusstsein Teil Ihres Selbstbildes, dann gehört dies zu Ihnen und ist auch Teil Ihrer Identität. In diesem Fall werden Sie mit größerer Wahrscheinlichkeit die Umwelt schützen, als wenn Verantwortungsbewusstsein nicht Teil Ihres Selbstbildes ist. Denn verantwortungsbewusste Menschen schützen die Umwelt. In diesem Fall erzeugt Commitment (»Ich bin verantwortungsbewusst ...«) ein konsistentes Handeln, das heißt ein Handeln, das damit in Einklang steht (»... daher schütze ich die Umwelt«). Dieses Prinzip begegnet uns an den unterschiedlichsten Stellen. Werden Menschen auf der Straße gefragt, ob sie abenteuerlustig sind (die meisten sagen Ja), dann sind sie im Anschluss deutlich eher bereit, ihre E-Mail-Adresse herzugeben, was mit einem gewissen Risiko verbunden ist. Fragt man sie, ob es ihnen gut geht (die meisten sagen Ja), dann sind sie im Anschluss eher bereit, für Menschen zu spenden, denen es nicht so gut geht.[21] Wann immer wir freiwillig eine Aussage über uns selbst treffen und damit ein Commitment eingehen, handeln wir in weiterer Folge eher danach, als wenn wir diese Aussage nicht gemacht hätten.

Was Sie heute vielleicht noch glauben ...

Was aber hat das mit dem Satz »Geld macht nicht glücklich« zu tun? Stellen Sie sich vor, Sie hätten gerne viel Geld, geben also eine Art inneres Commitment zum Reichtum ab. Stellen Sie sich weiter vor, dass Sie leider nicht viel Geld haben. Auch Ihre Bemühungen, viel Geld zu verdienen sind nicht von unmittelbarem Erfolg gekrönt. In diesem Fall gibt es ein Commitment, allerdings fehlt die Konsistenz. Sie finden Geld gut, haben aber keines. Dieser Widerspruch ist schwer auszuhalten. Daher werden Sie versuchen, diesen Widerspruch zu beseitigen. Das können Sie einerseits natürlich tun, indem Sie sich weiter darum bemühen, Geld zu verdienen und reich zu werden. Viele Menschen wählen aber den einfacheren Weg und ändern das Commitment. Sie erklären Sätze wie »Geld macht nicht glücklich« zur Wahrheit. Mit diesem kleinen Trick erlauben sie es sich selbst, arm zu bleiben, ohne ihr Selbstbild zu beschädigen.

An diesem Beispiel sehen Sie den größten Nutzen eines Glaubenssatzes. Er schützt unser Selbstbild und damit unsere seelische Unversehrtheit. Schädlich wird ein Glaubenssatz wie »Geld macht nicht glücklich« erst dann, wenn ich mich irgendwann entschließe, nun doch reich zu werden. In diesem Fall wirkt der Glaubenssatz wie eine Bremse, die mir auf dem Weg zu meinem Ziel den Schwung nimmt, oder wie ein Gummiband, das mich immer wieder zurückzieht. So nützlich Glaubenssätze für unser emotionales Wohlbefinden sind, so sehr können sie uns daran hindern, den nächsten Schritt zu tun. Man könnte auch sagen: Sie sind ungünstig in Hinblick auf unsere Ziele.[22]

Wie aber geht man mit einem Glaubenssatz um, der einen eher von der Erreichung der eigenen Ziele abhält, als dass er einen hinführt? Glaubenssätze bilden sich meist auf der Basis von emotionalen Erfahrungen, und sie lassen sich auch am besten mit Erfahrungen ändern, je emotionaler, desto besser. Daher können Ihnen folgende Fragen dabei helfen, einen Glaubenssatz zu ändern:[23]

> Woher kommt der Glaubenssatz? Auf der Basis welcher konkreten Erfahrung ist er entstanden?

> Sind für die Ereignisse, die zu dieser Erfahrung geführt haben, auch andere Erklärungen denkbar?

> Welche negativen Konsequenzen hätte es, wenn Sie diesen Glaubenssatz beibehalten würden?

> Welche Erlebnisse widersprechen diesem Glaubenssatz?

> Wie lautet ein Glaubenssatz, der günstiger in Hinblick auf Ihre Ziele ist?

> Welche Beweise stützen diesen neuen Glaubenssatz?

Es gibt auch schädliche Glaubenssätze in Bezug auf das Ziel, schnellere Entscheidungen zu bekommen. Diese höre ich immer wieder von meinen Kunden, offen ausgesprochen oder hinter vorgehaltener Hand. Sehen wir uns also gemeinsam die Glaubenssätze, Annahmen und Vorurteile an, die mir in meiner Arbeit immer wieder begegnen. Sehen wir uns an, warum sie ungünstig sind, wenn Sie Entscheidungen von anderen bekommen wollen, und wie Sie jeden dieser Glaubenssätze entkräften. Um das greifbarer zu machen, treffen wir nun wieder Max und Julia.

»Wer bin ich denn, dass ich denen sage, was sie tun sollen? Das steht mir doch nicht zu!«

Woher kommt der Glaubenssatz? Auf der Basis welcher konkreten Erfahrung ist er entstanden?
Max hat von seinem Vater und später von seinem Chef gelernt, dass er ruhig und fleißig seine Arbeit machen soll. Das haben sie zwar so nie gesagt, aber sie haben es vorgelebt, das hat schon gereicht.

Im Praktikum während des Studiums hat er mal einen Vorschlag gemacht, daraufhin haben ihn alle ganz komisch angesehen. Seitdem weiß Max: Jeder hat seinen Platz, ich habe meinen. Auf die Idee, seinem Chef oder gar dessen Chef zu sagen, was er machen soll, käme er nie. Er analysiert sauber, legt die Ergebnisse vor und erwartet eine Entscheidung. So macht man das! Gerade gestern beim Meeting mit der Standortleiterin wurde der Vorschlag vom Kollegen Meier so richtig schön auseinandergenommen. In so eine Situation möchte Max nicht kommen. Er fühlt sich bestätigt und bleibt in Deckung.

Sind für die Ereignisse, die zu dieser Erfahrung geführt haben, auch andere Erklärungen denkbar?
Max' Vater und sein erster Chef sind Teil einer anderen Generation, in der andere Regeln galten und in der es den Älteren vorbehalten war, das Wort zu ergreifen. Für das Verhalten der beiden war eine Regel maßgeblich, die heute nicht mehr gilt. Und dass die Kollegen im Praktikum komisch geguckt haben, lag nicht daran, dass der Vorschlag nicht gut war. Es waren nur alle überrascht, dass Max, der bisher noch nie etwas gesagt hatte, plötzlich den Mund aufmacht.

Welche negativen Konsequenzen hätte es, wenn er diesen Glaubenssatz beibehalten würde?
Wenn Max sich weiterhin zurücknimmt, zwar gute Ideen hat, aber darauf wartet, dass andere die richtigen Schlüsse aus seinen Auswertungen ziehen, dann verlieren alle in seinem Umfeld. Seinen Kollegen entgehen Vorschläge, die ihnen weiterhelfen könnten. Seine Chefin kann oft nur die zweitbeste Lösung umsetzen, weil die beste noch im Kopf von Max steckt, er aber der Meinung ist, dass sie diese Lösung schon selbst sehen und erkennen muss. Am meisten aber schadet Max sich selbst. Er brennt für seine Projekte, allerdings wird ihm immer das Budget runtergestrichen. Er würde gerne mehr verdienen, dazu fehlen ihm aber die Erfolge und das Standing bei seiner Chefin.

 Max und Julia

Welche Erlebnisse widersprechen diesem Glaubenssatz?
Max ist im Fußballverein. Dort werden seine Vorschläge und Ideen geschätzt. Er muss sie gar nicht aktiv einbringen, wenn es irgendwo knirscht, dann fragt man den Max. Besonders beliebt ist Max dort, weil er nicht so verkopft ist, sondern weil seine Vorschläge Hand und Fuß haben und rasch umsetzbar sind. Außerdem fällt ihm ein, dass Kollege Huber letzte Woche einen wirklich miesen Vorschlag gemacht hat und dass ihn daraufhin weder jemand blöd angesehen noch sonst irgendwie kritisiert hat.

Wie lautet ein Glaubenssatz, der günstiger in Hinblick auf seine Ziele ist?
Julia hat einen anderen Glaubenssatz. Sie sagt: »Mein Beitrag ist wertvoll, daher bringe ich mich ein, wenn ich etwas zu sagen habe.«

Welche Beweise stützen diesen neuen Glaubenssatz?
Julia hat bereits in der Ausbildung einen Arbeitgeber gehabt, bei dem die Mitarbeiter nach ihrer Meinung gefragt wurden. Jeder durfte etwas sagen, ganz egal, wie wichtig oder unwichtig sie oder er war. Seither weiß Julia, dass ihr Sachen einfallen, die anderen nicht einfallen. Ihr fallen Dinge auf, die den Kollegen, dem Unternehmen oder dem Kunden nützen. Seit ihr das klar wurde, bringt sie sich ein. Mit etwas Distanz betrachtet haben Julia und Max im Laufe ihres Lebens viele ähnliche Erfahrungen gemacht. Allerdings hat Max früh prägende Eindrücke in die eine Richtung gewonnen und Julia in die andere Richtung. Seither wirken ihre Glaubenssätze wie Filter zwischen der Realität und ihrer Wahrnehmung der Realität. Max filtert die Episoden raus, bei denen er positives Feedback für seine Vorschläge bekommt. Kritisches Feedback dagegen kommt ungefiltert durch und bestätigt, was er ohnehin weiß. »Wer bin ich denn, dass ich denen sage, was sie tun sollen? Das steht mir doch nicht zu!« Bei Julia ist es genau umgekehrt. Sie filtert jene Episoden heraus, bei denen ihre Vorschläge mal nicht so gut ankommen. Positives Feedback kommt hingegen ungefiltert durch und bestätigt, was sie ohnehin weiß. »Mein Beitrag ist wertvoll, daher bringe ich mich ein, wenn ich etwas zu

sagen habe.« Weder ist der Glaubenssatz von Julia objektiv richtig noch jener von Max. Allerdings ist der von Julia deutlich günstiger für die Erreichung ihrer Ziele.

Kommt Ihnen dieser Glaubenssatz oder einer der folgenden bekannt vor? Wenn ja, dann nehmen Sie das zum Anlass, ihn zu hinterfragen. Gehen Sie dazu die einzelnen Fragen wie im Beispiel eben durch und beantworten Sie diese möglichst ehrlich. Insbesondere für die letzten beiden Fragen, nämlich wie ein besserer Glaubenssatz, der günstiger im Hinblick auf Ihre Ziele ist, aussehen könnte und welche Beweise es für diesen neuen Glaubenssatz gibt, dürfen Sie sich etwas mehr Zeit geben. Immerhin haben Sie bislang laufend unbewusst Beweise in die andere Richtung gesucht, gefunden und gesammelt. Dieses Muster aus dem Kopf zu bringen, braucht etwas Zeit.

> »Es ist nicht meine Schuld, wenn keine Entscheidung fällt.«

In der Mittagspause eines Trainings kommt Max zu mir. »Super, gefällt mir sehr gut. Aber wissen Sie, eigentlich sollte mein Chef hier sitzen. Dem würde Ihr Training mal richtig guttun.« Nach einem längeren Gespräch mit Max verstehe ich, dass er wahrscheinlich recht hat. Seinem Chef würde das Training wirklich guttun. Das ist aber gar nicht entscheidend. In dem Moment, als er den Gedanken gefasst hat, sein Chef solle mein Training an seiner Stelle besuchen, hat Max die Schuld bei seinem Chef gesucht und damit einen Kardinalfehler begangen. Damit hat er nämlich die Verantwortung abgegeben. Nicht er kann und soll etwas machen oder verändern. Sein Chef soll das bitte tun. Wer die Schuld anderen zuschreibt, gibt automatisch die Verantwortung ab. Sobald Sie aber die Verantwortung an jemand anderen abgegeben haben, sind sie verantwortungs-los. Sie können nichts mehr machen und sind macht-los. Wenn Sie die Verantwortung abgeben, dann können Sie nur mehr darauf hoffen, dass der andere so tut und macht, wie Sie sich das wünschen. Sie selbst können aber nicht mehr gestalten. Nur wenn Sie Verantwortung übernehmen, können Sie auch etwas ändern. Daher sollten Sie den aufkeimenden Gedanken, der andere möge etwas tun oder ändern, als potenziell gefährlich erkennen.

Wenn Sie die Schuld bei anderen suchen und die Verantwortung abgeben, dann machen Sie üblicherweise auch bei Ihren Vorgesetzten keine Punkte. Chefs schätzen Mitarbeiter, die Verantwortung übernehmen, auch wenn sie nicht müssen. Sie schätzen Mitarbeiter, die sich einer Sache annehmen und die sich kümmern. Kümmern bedeutet nicht aus der Entfernung mit dem Finger auf eine Sache zeigen und sie kommentieren, sondern sich ihrer annehmen. Kümmern bedeutet handeln, auch wenn man laut Stellenbeschreibung und Organigramm vielleicht nicht zu hundert Prozent verantwortlich ist. Kümmern heißt Verantwortung für das Ergebnis übernehmen. Einen Mitarbeiter dagegen, der genau weiß, warum etwas nicht geht und warum gerade er etwas nicht machen soll oder will, schätzt niemand. Es gilt: Mit Ausreden reden Sie sich ins Aus. Stellen Sie sich daher immer dann, wenn Sie den Eindruck haben, die Kontrolle zu verlieren, eine einfache Frage: Was kann *ich* tun, damit etwas vorwärtsgeht? Und in der Entscheidungssituation: Was kann *ich* tun, damit die Entscheidung fällt? Denken Sie an die Ratte im Käfig. Sie werden einen Hebel finden, wenn Sie daran glauben, dass es einen gibt. Wenn noch nicht jetzt, dann ganz sicher nach der Lektüre dieses Buches.

> »Manager haben doch keine Ahnung!«

Diesen Satz höre ich sehr häufig, im persönlichen Gespräch aber auch deutlich schärfer. »Da oben sitzen doch nur unfähige Idioten«, heißt es dann. Ist das denn so? Haben Manager denn wirklich keine Ahnung? Ganz ehrlich: ja und nein. Wenn Sie etwa eine Expertin für ein Spezialthema sind, ganz egal, ob das Onlinemarketing, Prozessoptimierung oder Facility Management ist, und auf das Topmanagement blicken, dann sehen Sie – wichtig: aus Ihrer

Expertensicht – tatsächlich eine Ansammlung von Menschen, die keine Ahnung haben. Keiner von denen könnte die Unternehmenswebsite SEO-optimieren, keiner noch mal sieben Prozent aus den Produktionsprozessen rausquetschen und keiner den optimalen Vertrag mit einem Gebäudereiniger abschließen. Das ist auch kein Wunder, denn wenn jemand nicht lange Zeit in einem Fachgebiet gearbeitet hat, dann fehlen ihm das Fachwissen und die Erfahrung. So gesehen haben Topmanager keine Ahnung, es sei denn, sie haben sich aus einer Expertenrolle zu Topmanagern entwickelt. Und auch dann beschränkt sich ihr Fachwissen auf genau diesen Bereich.

Auf der anderen Seite haben Topmanager natürlich Ahnung, nämlich davon, wie man in einer hierarchischen Organisation nach oben kommt (kleiner Tipp: indem man Vorgesetzte dazu bringt, Entscheidungen zu treffen, die der eigenen Karriere förderlich sind), wie man sich selbst und die Erfolge anderer verkauft, wie man Mitarbeiter führt, wie man schwierige Entscheidungen trifft und wie man seine Zeit strikt managt. Das alles musste nämlich jeder dieser (leider wenigen) Damen und Herren unter Beweis stellen, sonst würde sie oder er nicht dort sitzen, wo sie oder er eben sitzt. Die entscheidende Frage aber ist: Haben Manager eine Ahnung von den Dingen, von denen sie eine Ahnung haben sollten? Diese Frage bejahe ich aus meiner eigenen Erfahrung ganz eindeutig. Allerdings können Manager sich nicht überall auskennen, wie es ein Experte in seinem Fachgebiet tut. Denken Sie dazu einfach an alles, was Sie wissen und können, und zählen Sie das, was ein paar Ihrer Kolleginnen und Kollegen wissen und können, dazu. Wie lange hat jeder von Ihnen gebraucht, dieses Wissen zu erwerben? Und jetzt stellen Sie sich vor, Ihre Vorgesetzte müsste sich all dieses Wissen aneignen. Und der Vorgesetzte Ihrer Vorgesetzten müsste das noch für ein paar Leute mehr machen. Man sieht recht schnell, dass das nicht möglich ist.

Daher mein Vorschlag an Sie: Machen Sie Ihren Frieden mit den Managern in Ihrem Unternehmen und ihrem oft mangelnden

Fachwissen. Fast alle versuchen, ihr Bestes zu geben, und die meisten machen das auch ganz gut. Geben Sie Ihren Managern die Informationen, mit denen Sie das, was sie ohnehin tun sollen und wollen, schneller und besser machen, nämlich Entscheidungen treffen. Hoffen und warten Sie nicht darauf, dass sich Manager im Detail in Ihr Fachgebiet einarbeiten. »*Hope is not a strategy*«, Hoffnung ist keine Strategie, das wusste schon der ehemalige Bürgermeister von New York, Rudy Giuliani. Hoffen Sie also nicht darauf, dass es besser wird, tun Sie etwas. Aber widerstehen Sie der Versuchung, Ihre Entscheider in stundenlangen Meetings ausbilden und an Ihren eigenen Wissensstand heranführen zu wollen. Weder wird es funktionieren noch wird Sie Ihr Entscheider dafür schätzen. Besser, Sie gehen ihr oder ihm einen großen Schritt entgegen, Sie wechseln die Perspektive und lernen, ihre oder seine Sprache zu sprechen.

Ein alternativer Glaubenssatz könnte etwa sein:

»*Egal, wie tief meine Vorgesetzte oder mein Vorgesetzter im Thema ist, ich sorge dafür, dass er oder sie fundiert entscheiden kann.*«

> »Ich mache hier nur meine Arbeit, wie man sie mir vorschreibt.«

Ganz ehrlich, wenn Sie das glauben, dann bin ich ehrlich überrascht. Denn wenn Sie wirklich dieser Meinung sind, dann hätten Sie dieses Buch schon viel eher zur Seite legen sollen. Keine Frage, Sie dürfen das natürlich so sehen. Sie dürfen Arbeit nach Anweisung machen und Dienst nach Vorschrift. Sie dürfen das tun, was der Chef oder der Prozess vorschreibt, und den Blick über den Tellerrand meiden wie der Teufel das Weihwasser. Allerdings fürchte ich, dass das ein gefährliches Lebens- und Arbeitskonzept ist, dem Sie da folgen. Das hat ein wenig mit meiner persönlichen Meinung zu tun, noch mehr mit meiner persönlichen Arbeitserfahrung, vor allem aber mit der Digitalisierung, die sich an manchen Stellen bereits wie eine stramme Brise anfühlt, aber im Vergleich zu dem, was noch kommen wird, heute nur ein sanftes Lüftchen sein dürfte. Ich beginne mal mit meiner Erfahrung.

Ich habe ein paar Jahre an Arbeits- und Führungserfahrung in halbstaatlichen Konzernen auf dem Buckel. Die Mitarbeiter dort lassen sich im Wesentlichen in zwei Gruppen einteilen: die jungen Wilden und die alte Garde. Die jungen Wilden geben Gas, wollen Karriere machen oder aber ihr Herzensthema vorantreiben. Die Vertreter der alten Garde wollen in Ruhe weitermachen wie bisher, und zwar bis zur Pensionierung. Jede Form von Änderung lehnen sie ab, außer der Vorschlag kommt von ihnen selbst. Der Vollständigkeit halber sei erwähnt, dass es auch ein paar alte Wilde gibt und ein paar Junge, die bereits die Jahre bis zur Rente zählen. Aber im Großen und Ganzen stimmt das Bild. Meine persönliche Erfahrung mit der alten Garde ist ehrlich gesagt von Wehmut geprägt. In meiner eigenen Abteilung und in anderen habe ich einige ältere Mitarbeiterinnen und Mitarbeiter kennengelernt, die wirklich etwas draufhatten, die richtig gut waren. Die meisten von ihnen hatten wegen ihrer langen Firmenzugehörigkeit ein sehr gutes Einkommen und waren unkündbar. Dabei waren sie aber todunglücklich, überwiegend mit Klagen und Jammern beschäftigt, und haben nur mehr ihre Zeit abgesessen. Mir tat das in der Seele weh.

Sie hatten es sich vor Jahren in ihrer privilegierten Stellung gemütlich gemacht. Damals, vor zehn oder 20 Jahren, hatten sie die Wahl. Sie waren fachlich top, hätten es ohne Probleme auch in jedem anderen Unternehmen geschafft. Sie entschieden sich aber für den einfacheren Weg. Dass sie sich nicht mehr anstrengten, lag nicht etwa an Faulheit, ganz und gar nicht. Sie strengten sich nicht mehr an, weil es nicht erforderlich war, sich mehr anzustrengen als notwendig. Über die Jahre setzte ein schleichender Prozess ein, der sich ab einem gewissen Punkt nicht mehr umkehren ließ. Sie interessierten sich immer weniger für die letzten Entwicklungen in ihrem Fachgebiet, lasen weniger Fachzeitschriften, gingen auf weniger Konferenzen und tauschten sich weniger mit Kolleginnen und Kollegen in anderen Unternehmen aus. Nach und nach verloren sie damit ihre Markttauglichkeit und damit die Möglichkeit zu entscheiden. Früher hatten sie die Wahl, für welches Unternehmen sie arbeiteten. Nun hatten sie keine Wahl mehr und mussten bleiben, wo sie waren. Den sicheren Hafen zu wählen, mag attraktiv sein, wenn man die Wahl hat. Im Hafen bleiben zu müssen, weil man keine andere Wahl hat, zermürbt hingegen. Seit ich diese Entwicklung wieder und wieder beobachtet und miterlebt habe, bin ich der Überzeugung, dass Arbeit auf Anweisung und Dienst nach Vorschrift weniger zufrieden und glücklich machen als permanente Anstrengung und Weiterentwicklung, gerne auch gegen Widerstände. Auch hier darf uns das Experiment mit den beiden Ratten als gedankliche Stütze dienen. Wer Gestaltungsmöglichkeiten hat, diese aber verkümmern lässt, der nimmt sich nach und nach die Möglichkeit, Entscheidungen in seinem Leben zu treffen.

Bis hierhin sprechen wir über selbst verschuldetes oder selbst gewähltes Schicksal. Im Zuge der Digitalisierung wird aber noch ein weiteres Element hinzukommen. Die Digitalisierung wird unsere Arbeitswelt verändern, so weit sind sich die Experten einig.[24] Viele Tätigkeiten, die heute von Menschen erledigt werden, machen dann Maschinen oder Computer. An einigen Stellen ist das schon passiert. Vor 30 Jahren war es noch üblich, in Büros Listen händisch zu übertragen, auch wenn sich das heute kaum noch jemand vorstellen kann. Solche Tätigkeiten sind verschwunden, erst durch manuelles Kopieren am Computer und später durch IT-Schnittstellen. Welche Jobs es in Zukunft geben wird und ob das mehr oder weniger sein werden als heute, dazu gibt es wilde Diskussionen und unterschiedliche Meinungen. Auch unter Experten recht klar ist aber, welche Jobs es in ein paar Jahren *nicht* mehr geben wird, und das sind repetitive, also immer wiederkehrende Aufgaben. Das reicht von der heute manuellen Buchung eines Belegs über die Diagnose auf der Basis von Röntgenbildern bis

Was Sie heute vielleicht noch glauben …

hin zur Erstellung von einfachen Verträgen. Die künftige Struktur des Arbeitsmarktes könnte einer Sanduhr gleichen. Die Jobs oben, die der Manager und der gefragten Experten, sind nicht so leicht durch Maschinen zu ersetzen, weil die Tätigkeit wenig repetitiv ist und häufig Reaktionen auf Neues und Unvorhergesehenes erfordert. Das werden Maschinen auf absehbare Zeit nicht können. Die Jobs unten, häufig verbunden mit manueller Tätigkeit, ließen sich zwar zum Teil auch von Maschinen erbringen, allerdings rechnet es sich nicht, da die Investitionen hoch und die Einsparung aufgrund der relativ günstigen Arbeitskraft gering wäre. Am stärksten betroffen werden daher vor allem jene Jobs sein, die in der Mitte liegen. Hier erbringen gut ausgebildete und anständig bezahlte Mitarbeiter anspruchsvolle Tätigkeiten, die aber zum Teil repetitiv sind.

Wenn Sie heute einen solchen Job haben und sich dabei darauf beschränken, das zu tun, was man ihnen aufträgt, dann sind Sie akut gefährdet, im Zuge der Digitalisierung durch einen Computer ersetzt zu werden. Dann steht Ihr Job quasi auf der Liste der gefährdeten Arten. Denn wenn Sie das gestaltende Element verweigern und somit aus Ihrem Job herausnehmen, dann haben Sie genau den Teil entfernt, den Maschinen noch nicht können und auch nicht so schnell können werden. Damit nehmen Sie sich selbst aus dem Spiel.

Ein alternativer Glaubenssatz könnte etwa sein:

»Ich nehme die Verantwortung dafür an und trage Sorge dafür, dass meine Arbeit wertvoll ist und bleibt.«

> »Ich sage das einfach so, wie ich das für mich selbst erwarten würde. Dann passt das schon.«

Nach meiner Erfahrung ist das einer der gefährlichsten Sätze überhaupt. Er hört sich nämlich sehr reflektiert und schlau an und klingt fast ein wenig nach dem kategorischen Imperativ von Immanuel Kant: »Handle nur nach derjenigen Maxime, durch die du zugleich wollen kannst, dass sie ein allgemeines Gesetz werde.« Oder in einfacheren Worten: »Behandle andere so, wie du selbst behandelt werden willst.« Zudem erweist sich der Satz im Arbeitsalltag als sehr nützlich, wenn wir es mit Kolleginnen und Kollegen zu tun haben. Wenn Sie etwa Projektmanagerin sind und mit anderen Projektmanagern so sprechen, wie Sie sich das für sich selbst wünschen und erwarten, dann ist das prima. Sie sprechen die gleiche Sprache, arbeiten im gleichen Kontext, sind in die gleichen Themen eingearbeitet. Ähnliches gilt, wenn Sie Controller sind und mit Controllerinnen sprechen, wenn Sie Führungskraft sind und mit anderen Führungskräften sprechen, und so weiter.

Die Dinge so zu sagen, wie Sie sich das für sich selbst erwarten, ist aber immer dann keine so gute Idee mehr, wenn Sie es mit Menschen zu tun haben, die einen ganz anderen Wissens- und Erfahrungshintergrund haben. Wenn Sie Qualitätsmanager sind und Sie sprechen mit dem Vorstand so, wie Sie es mit Ihren Kolleginnen und Kollegen tun, dann haben Sie ihn innerhalb weniger Minuten verloren, wenn nicht noch schneller. Er versteht Ihre Sprache nicht. Das gilt übrigens genauso in die andere Richtung. Wenn Sie Geschäftsführerin sind und mit Ihren Mitarbeitern so sprechen, wie Sie sich das für sich selbst wünschen und erwarten, dann verstehen die Sie auch nicht. Was in Ihrem eigenen Kopf klar und logisch ist, wird von Menschen auf Ihrer Ebene und mit Ihrem Hintergrund verstanden. Vom Leben und Erleben Ihrer Mitarbeiter ist es aber meilenweit entfernt. Das ist auch einer der Gründe, warum Mitarbeiter ihre Topmanager öfter mal für abgehobene Idioten halten. In die andere Richtung ist es einer der Gründe, warum Topmanager die Expertinnen und Experten häufig für Nerds halten.

Ein alternativer Glaubenssatz könnte etwa sein:

»In allem, was ich sage, orientiere ich mich am Wissen und an den Erfahrungen meines Gegenübers.«

> »Erst soll das Management/meine Vorgesetzte etwas ändern, dann mache ich das auch!«

Diesen Einwand höre ich sehr häufig. Vielleicht kennen Sie das ja auch. Sie sind es gewohnt, dass man nicht auf Sie hört, haben bereits ein Dutzend Versuche hinter sich. Keiner hat etwas gebracht, und jetzt sollen Sie es mit anderen Methoden noch mal versuchen? Sicher nicht, jetzt sollen die erst mal kommen. Jetzt sollen die mal in Vorleistung gehen!

Den Fehler, zu fordern und dabei in Aussicht zu stellen »und dann ...«, machen viele Mitarbeiter, wenn sie in Gehaltsverhandlungen gehen. Mein Chef soll mal zehn Prozent drauflegen, dann hänge ich mich ordentlich rein. Die sollen mich mal zur Führungskraft machen, dann ziehe ich das T-Shirt aus und den Anzug an. Für noch mal fünf Prozent binde ich mir auch einen Schlips. Erst die, dann ich. Das Problem ist nur: So funktioniert das nicht. Das erkennen Sie mit einem ganz einfachen Gedankenexperiment. Was würden Sie etwa sagen, wenn Sie ein Kunde, der bisher nicht geliefert hat, um einen Auftrag bittet? »Geben Sie mir mal den Auftrag, dann zeige ich Ihnen schon, was wir können!« Das würden Sie nicht machen, oder? Daher gilt eine einfache Regel: Wer etwas möchte, darf in Vorleistung gehen. Springen Sie daher über Ihren Schatten und machen Sie noch einen Versuch, Ihr Management zu überzeugen. Mit den Strategien und Methoden in diesem Buch geht es leichter.

Ergebnis = Qualität × Akzeptanz

Nach der Schulzeit hatte ich mich für ein technisches Studium entschieden. Vor allem Mathematik lag mir schon immer, da schien das eine gute Wahl zu sein. Schon früh war ich der Überzeugung: Qualität ist alles. Als Techniker wird man geradezu auf Sorgfalt gedrillt. In den meisten Fächern spielt Mathematik eine große Rolle, und dort gilt ein einfaches Prinzip: richtig oder falsch. Dazwischen gibt es nichts. Daher habe ich auch später in meiner Arbeit sehr hohe Ansprüche an die Qualität meiner Arbeit gelegt. Erst spät erkannte ich, dass das auch nach hinten losgehen kann. Der Chef will noch keine Entscheidung treffen? Dann braucht es noch eine Analyse mehr. Der Kunde ist noch unsicher? Dann braucht es noch ein weiteres gutes Argument. So jedenfalls dachte ich früher. In der Beratung haben wir das manchmal bis zum Exzess betrieben. Der Kunde ist von der 50-seitigen Unterlage nicht überzeugt? Dann machen wir ihm eine 100-seitige Unterlage! Die Nacht ist noch jung!

Ich war schon mehr als ein Jahr in der Beratung, da lernte ich einen Kollegen kennen, der es anders machte. Dominik war damals der Projektleiter und ein paar Jahre älter als ich. Wann immer der Geschäftsführer beim Kunden Zeit hatte, traf er sich mit ihm. Er traf ihn zum Kaffee, ging mit ihm essen, begleitete ihn beim Rundgang durch den Betrieb, traf sich abends mit ihm auf ein Bier. Im Projekt schmunzelten wir schon darüber. »Dominik sitzt dem Geschäftsführer auf dem Schoß«, sagten wir und meinten damit, dass er ihn ganz außerordentlich gut und persönlich betreut. Dabei überschritt Dominik nie die Grenzen der Professionalität, er kümmerte sich nur einfach gut um ihn. Natürlich verstand er ihn mit jedem Meeting, jedem Mittagessen und jeder Werksbesichtigung besser. Für unser Projekt war das eine große Hilfe. Wir wussten über

Ergebnis = Qualität × Akzeptanz

Befindlichkeiten des Geschäftsführers und seiner wichtigsten Mitarbeiter frühzeitig Bescheid und konnten den überall lauernden Fettnäpfchen großräumig ausweichen. Wir wussten, welche Ideen der Geschäftsführer akzeptieren würde und welche Vorschläge wir gar nicht erst vorzulegen brauchten. Und wenn wir doch mal danebenlagen, dann schützte uns der Sympathiebonus, den Dominik aufgebaut hatte. Im Prinzip war es eine Art Arbeitsteilung. Wir im Team konzentrierten uns darauf, möglichst gut zu arbeiten, und Dominik stellte sicher, dass unsere Arbeit auch anerkannt und geschätzt wurde. Er verkaufte unsere Arbeit.

Damals habe ich mehrere Dinge begriffen. Ich verstand, dass es keine objektiv beste Lösung gibt, sondern nur die beste, die der Kunde oder der Entscheider auch umsetzen will und kann. Zwischen der aus neutraler Sicht besten Lösung und der, die der Kunde vertreten konnte, lagen regelmäßig Welten. Auf der besten Lösung zu beharren, brachte nichts. Wir würden ohnehin keine Zustimmung erhalten. Mein jahrelang trainiertes Ingenieurgehirn wehrt sich gegen diesen Gedanken übrigens immer noch. An den eigenen Glaubenssätzen zu arbeiten, bedeutet dicke Bretter bohren, das gilt auch für mich selbst!

Außerdem erkannte ich, dass, wenn ich an einer Entscheidung arbeite, es nicht nur um die Qualität meiner Arbeit geht, um die Brillanz meiner Analysen und um die Klarheit meiner Argumente. Wenn ich eine Entscheidung haben will, dann geht es auch um die Akzeptanz des Entscheiders. Wenn der verantwortliche Manager meinen Vorschlag aus irgendeinem Grund nicht mag, dann wird es schwierig. Denn Qualität allein überzeugt nur sehr eingeschränkt. Um mir das deutlich vor Augen zu führen, arbeite ich seither mit einer einfachen Formel, die mir hilft, den Fokus richtig zu setzen, wenn ich Entscheidungen vorbereite.

> Ergebnis (getroffene Entscheidung) = Qualität (der Entscheidungsvorbereitung) × Akzeptanz (des Entscheiders)

Der Techniker in mir hat noch immer gerne Zahlen, damit er was zu rechnen hat. Daher vergebe ich gedanklich Punkte auf einer Skala von eins bis zehn für die Qualität wie auch für die Akzeptanz. Damit kann es maximal 100 Punkte geben, wenn ich mich in beiden Dimensionen voll ins Zeug lege, also jeweils zehn Punkte erreiche. Allerdings gilt auch hier das *Pareto-Prinzip*. Der Nationalökonom Vilfredo Pareto untersuchte Ende des 19. Jahrhunderts die Verteilung des Grundbesitzes in Italien. Dabei fand er heraus, dass 20 Prozent der Bevölkerung etwa 80 Prozent des Bodens besaßen. Damit hatte er eine spannende Entdeckung gemacht, denn eine solche Verteilung von 80 zu 20 wurde seither in sehr vielen anderen Kontexten gefunden. Unternehmen machen 80 Prozent ihres Umsatzes mit nur 20 Prozent ihrer Kunden. 20 Prozent der Steuerzahler tragen 80 Prozent der Steuerlast, aber auch: Mit 20 Prozent des Inputs erreiche ich 80 Prozent des Outputs. Will ich mehr als diese 80 Prozent rauskitzeln, dann wird es richtig aufwendig, bis ich schließlich für 100 Prozent Output auch 100 Prozent des Aufwands investieren muss. Die Schlussfolgerung ist einfach: Wann immer 80 Prozent Output ausreichen – und das ist sehr oft der Fall –, dann sollte ich die 20 Prozent Aufwand dafür investieren, aber nicht mehr. Hätte ich das mal früher begriffen!

Sehen wir uns das am besten am Beispiel von Max und Julia an. Max liebt sein Fachgebiet und er liebt es, sich so richtig zu vertiefen. Er ist schließlich der Experte, also arbeitet er sich bis ins Detail ein. Seinem Chef versucht er das Thema dann so gut zu erklären, dass der auf den gleichen Wissensstand kommt wie er selbst. Der aber wird rasch ungeduldig und will von alldem nichts hören. Jede Entscheidung muss Max sich erkämpfen, und es dauert ewig. Julia hingegen ist nie so tief im Thema, wird aber vom Chef gelobt und bekommt jede Entscheidung nach kurzer Zeit. Mithilfe der Formel lässt sich erklären, woran das liegen könnte.

Ergebnis = Qualität × Akzeptanz

Bereitet Max Entscheidungen vor, dann konzentriert er sich sehr stark auf die Qualität. Das beobachte ich auch heute bei vielen Projektmanagern mit großem Fachwissen, sei es technischer Natur, in der IT oder auch im kaufmännischen Bereich. Sie machen es so wie Max. Er versucht sein Gegenüber mit seinem geballten Fachwissen fast zu erschlagen. Auf einer Skala von eins bis zehn ist er bei der Qualität regelmäßig hart am Anschlag, auf einer glatten Zehn. Er bereitet zu jedem Termin eine dicke Unterlage vor, in der sich alle wichtigen Informationen finden, wenigstens die technisch wichtigen Informationen. Julia hingegen belässt es gerne bei einer soliden Acht. Die Qualität ist gut, mehr aber auch nicht. Das sieht man bereits an den Unterlagen. Die fallen bei Julia deutlich dünner aus. Sie steckt auch sehr viel weniger Aufwand hinein. Insgesamt investiert sie deutlich weniger Zeit in die Qualität als Max: wenn man Pareto glauben darf, etwa 20 Prozent.

Auf der anderen Seite ist Max für die Dimension Akzeptanz völlig blind. Er hat das Thema schlicht nicht auf dem Radar. Es ist ihm nicht bewusst, dass es eine andere Möglichkeit gibt, als mit der Qualität seiner Arbeit zu überzeugen. Entsprechend ist er auf einer Skala von eins bis zehn bei der Akzeptanz meist bei zwei, also knapp über dem Minimum. Denn eine gewisse Überzeugungskraft haben Qualität und saubere Arbeit dann doch. Julia hingegen bringt es auch hier auf eine solide Acht. Der Aufwand dafür ist überschaubar: wieder etwa 20 Prozent.

Das Ergebnis ist eindeutig: Max strengt sich mächtig an, um auf magere 20 Punkte (zehn mal zwei) zu kommen. Julia hingegen kommt auf 64 Punkte (acht mal acht) und stellt Max damit locker in den Schatten. Dabei hat sie noch nicht mal mehr Aufwand. Max investiert 100 Prozent in überragende Qualität, Julia gerade mal 20 Prozent der Zeit, die Max reinsteckt. Weitere 20 Prozent investiert sie in die Akzeptanz. In Summe hat sie deutlich weniger Aufwand und erreicht doch die besseren

Ergebnisse bei ihrem Vorgesetzten. Julia erhält die Entscheidungen, die sie braucht, mit einem Bruchteil des Aufwands. Denn das ist das eigentliche Drama von Max: Er ist engagiert und investiert Zeit und Energie. Leider investiert er einen großen Teil der Energie schlicht an der falschen Stelle. Er kitzelt dort noch etwas heraus, wo es eigentlich schon genug ist. Gleichzeitig vernachlässigt er, wo es mit wenig Aufwand viel zu holen gäbe. Welche Faktoren haben nun eine positive Auswirkung auf die Qualität einer Entscheidung und welche auf die Akzeptanz?

Die Qualität der Entscheidung – so bekommen Sie eine gute Entscheidung

Welches Problem soll mit der Entscheidung gelöst werden?

Wenn Sie nicht wissen, worin genau das Problem liegt oder was mit der Entscheidung erreicht werden soll, dann ist es schwierig, eine geeignete Lösung zu finden. Das ist zwar offensichtlich, es bedeutet aber nicht, dass in der Entscheidungsvorbereitung besonders große Rücksicht darauf genommen wird. Vielmehr beggnen wir häufig dem Phänomen, dass ganz unterschiedliche Probleme gesehen werden, je nach Betrachter. Die Budgetplanung dauert fünf Monate, obwohl sich das auch in ein paar Wochen erledigen ließe? Je nachdem, wen Sie fragen, erhalten Sie vollkommen unterschiedliche Antworten, was das Problem sein könnte. Der Systemverantwortliche sagt, es ist ein Prozessproblem (aber kein Systemproblem). Der Prozessverantwortliche sagt, es ist ein Mitarbeiterproblem (aber kein Prozessproblem). Die Personalvertretung sagt, es ist ein Organisationsproblem (aber kein Mitarbeiterproblem). Der organisationsverantwortliche Manager sagt, es ist ein Systemproblem (aber kein Organisationsproblem). Ob und wo letztlich angegriffen wird, ist oft davon abhängig, wer sich besser durchsetzen kann.

Ergebnis = Qualität × Akzeptanz

Häufig sehen Verantwortliche ein Problem außerhalb ihres Verantwortungsbereichs. Experten hingegen sehen Lösungen innerhalb ihres Kompetenzfeldes. Es entsteht eine erstaunliche Melange. Das Problem liegt nicht bei mir, aber mit meiner Kompetenz kann ich es lösen. Um eine wirklich gute Entscheidung zu treffen, braucht es eine andere Sicht. Die Frage »Was ist eigentlich das Problem?« muss beantwortet werden.

Schaffen Sie sich einen Überblick über die Entscheidungsoptionen

Haben Sie verstanden, was das Problem ist, dann sollten Sie im nächsten Schritt klären, welche Möglichkeiten es gibt, um das Problem zu lösen. Sie sollten ein gutes Gefühl dafür bekommen, welche Arten von Lösungen es gibt. Dass Sie viele Möglichkeiten kennen, bedeutet übrigens nicht, dass Sie dem Entscheider auch viele Optionen vorlegen sollten. Wenn Sie das tun, dann schaden Sie sich nämlich massiv an der Akzeptanz-Ecke. Der häufigste Fehler ist aber ein anderer, nämlich dass zu wenige Optionen betrachtet werden, oft sogar nur eine einzige. Wir haben nächsten Monat einen Lieferengpass und können nicht alle Aufträge rechtzeitig bedienen? Der Produktionsleiter hebt die Hand und bucht nach kurzer Diskussion die Extraschichten ein. Damit löst er das Problem, hat sich aber Feinde beim Betriebsrat gemacht. Zudem schmilzt der Deckungsbeitrag, weil mehr Rüstzeiten und teure Zuschläge anfallen. Dafür fährt die Produktion zwei Monate später mit halber Auslastung. Vielleicht wäre es besser gewesen, den Hörer in die Hand zu nehmen und mit ein paar Kunden zu telefonieren? Vielleicht hat einer gerade selbst einen Produktionsrückstand und ist sogar froh, wenn er die Lieferung ein paar Wochen später bekommt, statt sie aufs Lager zu legen? Und vielleicht ist auch das nicht die beste Lösung. Aber eine Stunde Zeit, um in Ruhe darüber nachzudenken, in welche Richtung es Lösungen geben könnte, hat man fast immer. Diese Zeit ist oft die am besten investierte im gesamten Entscheidungsprozess.

Eine möglichst unverzerrte Bewertung der Optionen

Bevor sich die Managerin für oder gegen eine Option entscheidet, erfolgt üblicherweise eine Bewertung. Schließlich will sie wissen, welche Vorteile und Nachteile, welche Risiken und Chancen jede Option bietet. Bewerten ist leicht und schwierig zugleich. Das liegt weniger daran, nach welchen Kriterien Sie eine Entscheidung bei sich im Unternehmen bewerten. Ist der Kundennutzen wichtiger oder der Nutzen für das eigene Geschäft? Geht es nur ums Budget oder spielt auch der Ertrag eine Rolle? Achten Sie auf den Return on Investment, auf den Return on Capital Employed oder nutzen Sie eine ganz andere Kennzahl für die Beurteilung einer Investition? Wie wichtig ist Ihnen die qualitative Bewertung? Verschiedene Entscheidungsoptionen handwerklich sauber zu bewerten, kann aufwendig sein oder sich in ein paar Minuten erledigen lassen. Allerdings ist das nicht der wirklich schwierige Teil der Bewertung. Das Problem bei Bewertungen liegt darin, dass der Mensch eine Meinungs- und Bewertungsmaschine ist. Es ist fast egal, was man uns Menschen vorlegt. Wenn wir auch nur den geringsten Bezug dazu haben, bilden wir uns eine Meinung. Und wenn wir uns diese Meinung gebildet haben, dann verteidigen wir sie mit allen Mitteln.[25] »Der erste Eindruck zählt«, dieser Satz gilt nicht nur, wenn wir mit Menschen zusammentreffen, sondern auch, wenn wir es mit Business-Entscheidungen zu tun haben. Damit wir die besten Entscheidungen treffen, müssen wir besser verstehen, wie wir denken. Wir müssen die Abkürzungen kennen, die unser Verstand gerne beim Denken nimmt, um dagegenhalten zu können.

Was ist mit der Intuition? Wo bleibt das Bauchgefühl?

Immer wieder hört man: Bei wichtigen Entscheidungen muss man auf den Bauch hören. Man könne doch nicht alles dem kalten Kalkül überlassen, sondern solle auch auf seine Eingeweide hören.

Ergebnis = Qualität × Akzeptanz

Was aber ist Intuition, was sind Bauchentscheidungen? Intuition ist gefühltes Wissen. Ein Gefühl, das sich durch drei Dinge auszeichnet: Es ist sehr schnell im Bewusstsein, wir wissen nicht, warum dieses Bauchgefühl plötzlich da ist, und es lenkt viele Entscheidungen in unserem Leben. Intuition ist unbewusste Intelligenz und sagt uns, was wir machen sollen.[26]

Was aber soll man von Bauchentscheidungen halten? Liefert Ihre Körpermitte die besseren Vorschläge, wenn es um die Entscheidungsvorbereitung geht? Gibt sie eine bessere Bewertung ab? Die Wissenschaft hat hier eine klare Meinung. Bauchentscheidungen sind unter gewissen Rahmenbedingungen deutlich besser als rein rationale Entscheidungen. Auf Ihr Bauchgefühl und Ihre Intuition sollten Sie sich verlassen, wenn Sie in einer vergleichbaren Situation schon viel Erfahrung gesammelt haben und wenn Sie ein rasches und klares Feedback über Erfolg oder Misserfolg bekommen haben. Situationen, auf die das zutrifft, finden wir häufig im Sport. Ein Profihandballer, dem man eine kurze Sequenz eines Spiels zeigt, findet innerhalb kürzester Zeit die optimale Lösung für diese Situation. Er weiß genau, welcher Spieler angespielt werden sollte, damit die Mannschaft ein Tor erzielt. Gibt man ihm mehr Zeit und bittet ihn nachzudenken, dann wird die Lösung tendenziell schlechter.[27]

Bei der Bauchentscheidung des Handballprofis sind die beiden Bedingungen Erfahrung und rasches, klares Feedback erfüllt. Er hat Hunderte Spiele und noch mehr Trainings hinter sich. Vor einer Entscheidung, wie in der Sequenz gezeigt, stand er schon viele, viele Male. Ein Spielzug im Handball ist schnell abgeschlossen, daher bekam er auf seine Entscheidung hin auch immer rasch eine Rückmeldung. Er wusste schon ein paar Sekunden später, ob seine Entscheidung gut war. Damit hat er nach und nach verinnerlicht, was in jeder einzelnen Spielsituation am besten ist. Er kann es erklären, allerdings hält die Erklärung nicht mit der Entscheidung Schritt. Die Entscheidung ist vorher da. Die Erklärung ist nur das, was sein bewusstes Denken wiedergibt, wenn man ihn danach fragt. Für den Profihandballer ist eine intuitive Entscheidung meist die bessere Entscheidung.

Bauchentscheidungen sind also deutlich besser, wenn Sie Erfahrung haben, wenn Sie immer eine schnelle und klare Rückmeldung bekommen haben und derart Ihre Intuition trainieren konnten. Leider finden wir diese Rahmenbedingungen nicht besonders häufig, wenn es um Managemententscheidungen geht. Die Entscheidungen in unseren Unternehmen, insbesondere wenn sie wichtig sind, passieren in einem vollkommen anderen Kontext. Meist handelt es sich um Entscheidungen, die entweder einzigartig sind oder nur selten getroffen werden, etwa eine Unternehmensstrategie, eine Produkteinführung oder die Entscheidung über die Reaktion auf die Maßnahme eines Wettbewerbers. Diese Entscheidungen sind nicht nur selten, auch stellt sich ein Ergebnis stark verzögert ein und ist von vielen weiteren Faktoren abhängig. Diese Situationen sind so inhomogen, dass unsere Intuition hier nichts lernen kann. Wenn Sie das neue Quarx, das es seit einem halben Jahr in Spanien zu kaufen gibt, nun auch auf den deutschen Markt bringen, dann haben Sie davor wahrscheinlich nicht 100 Produkteinführungen im gleichen Segment und mit der gleichen Zielgruppe gemacht. Und wenn doch, dann sehen Sie erst Monate später, ob die Einführung ein Erfolg war. Außerdem entwickeln und ändern sich Märkte oft rasend schnell. Was letztes Jahr in war, ist dieses Jahr out und umgekehrt. Hinzu kommt, dass es einen großen Unterschied macht, ob Sie dem jungen und ehrgeizigen Produktmanager oder der erfahrenen Marketingmanagerin die Verantwortung für die Produkteinführung übertragen haben. Leider wissen Sie vorher nicht, in welche Richtung es einen Unterschied macht, und häufig auch nicht nachher. Es sind schlicht zu viele Unbekannte im Spiel. Für unser Bauchgefühl ist das eine denkbar schlechte Lernumgebung. Daher sollten wir sehr wohl auf unseren Bauch hören und unsere Intuition einbinden, wenn wir nach Möglichkeiten suchen, ein Problem zu lösen, wenn wir

Ergebnis = Qualität × Akzeptanz

also nach Optionen suchen. Bei der Bewertung sollten wir sie aber nicht zu wichtig nehmen.

Hinzu kommt ein weiterer wichtiger Faktor. Wenn Sie eine Entscheidung vorbereiten und dann einer Managerin vorlegen, dann sollten Sie das gut begründen können. »Ich habe da so ein Gefühl« mag zwar ein wichtiger Indikator sein. Aber spätestens, wenn es ein oder zwei Hierarchieebenen höher geht, wird man Sie nach etwas Handfestem fragen. In großen Organisationen haben Bauchentscheidungen einfach keinen besonders guten Ruf, nicht bei Topmanagern und noch weniger bei Aufsichtsräten, Auditoren und Revisoren. »Ich habe da so ein Gefühl« ist Gift für die Akzeptanz und führt damit – unabhängig von der Qualität – gerade nicht dazu, dass Sie schneller Entscheidungen bekommen.

Sehen wir uns nun in einem Schnelldurchlauf die Akzeptanz-Seite an, das heißt, wir betrachten, was das Treffen einer Entscheidung durch den Entscheider positiv beeinflusst, bevor wir uns in der Folge den konkreten Strategien zuwenden, mit denen Sie einerseits die Qualität Ihrer Entscheidungsvorbereitung und andererseits die Akzeptanz für Ihre Entscheidungen verbessern können.

Die Akzeptanz einer Entscheidung – so bekommen Sie Ihre Entscheidung

Entscheidungen werden von Entscheidern getroffen. Wer aber entscheidet, welche und wie viele Informationen es braucht und wie diese aufbereitet sein müssen, damit der Entscheider entscheidet? Ganz klar: Auch das entscheidet der Entscheider. Diese Erkenntnis ist so banal, dass ich fast schon Hemmungen habe, sie hier aufzuschreiben. Warum ich es trotzdem mache? Weil die allermeisten Mitarbeiter sich zwar viele Gedanken über die Entscheidung selbst, aber keine oder nur wenige Gedanken über den Entscheider und seine Bedürfnisse machen. Wie aber komme ich zum Entscheider und seinen Bedürfnissen? Indem ich die Perspektive wechsle. Indem ich mich in sie oder ihn hineinversetze, sie oder ihn zu verstehen versuche, und indem ich sie oder ihn wo möglich und notwendig frage.

Das Verhältnis von Entscheidungswerber und Entscheider

In einer ausschließlich rationalen Welt, einer Welt, in der Zahlen, Daten und Fakten die ausschließliche Basis für Entscheidungen sind, ist es vollkommen egal, wer dem Entscheider eine Entscheidung vorlegt. Der Entscheider bewertet nüchtern die Fakten und trifft auf dieser Basis seine Wahl. Aber ist das tatsächlich so? Ist es das, was Sie bei sich im Unternehmen beobachten? Wenn Ihr Arbeitgeber so tickt wie alle Unternehmen, die ich bisher kennenlernen durfte, dann sieht das ganz anders aus. Da gibt es die Kollegin, die immer sofort einen Termin beim Entscheider bekommt, während eine andere Kollegin mehrere Wochen auf einen Termin warten muss. Da gibt es Menschen, die mit dünnen Argumenten durchkommen, während andere bei der kleinsten Schwäche gegrillt werden. Die Ursache für dieses unterschiedliche Verhalten ist im Verhältnis von Entscheidungswerber (der, der die Entscheidung vorbereitet) und dem Entscheider (der, der entscheidet) begründet.

Sympathie
Wir tun eher das, was andere Menschen von uns wollen, wenn uns diese Menschen sympathisch sind.[28] Der Großmeister der Psychologie des Überzeugens, Prof. Robert Cialdini von der Arizona State University, hat Sympathie als eines von sechs großen Prinzipien identifiziert, die uns helfen, andere Menschen zu überzeugen. Sympathie kann eine Menge sehr unterschiedliche Ursachen haben, auf die wir mehr oder weniger Einfluss nehmen können. Das reicht von der Attraktivität über äußerliche Ähnlichkeit, ähnliche Erfahrungen oder Interessen bis zur mir entgegengebrachten

Ergebnis = Qualität × Akzeptanz

Sympathie, durch die ich den anderen sympathisch finde. Wenn Sie Entscheidungen vom Entscheider haben möchten, dann schadet es nicht, seine Sympathie zu gewinnen.

Vertrauen
Kennt Sie der Entscheider? Schätzt er die Qualität Ihrer Arbeit? Vertraut er Ihnen? Wenn Sie diese drei Fragen mit Ja beantworten können, dann werden Sie es erheblich einfacher haben, eine Entscheidung zu bekommen, als der Kollege, der erst kürzlich im Unternehmen angefangen und den ersten Termin mit dem Chef so richtig versemmelt hat. Vertrauen gibt Sicherheit, und Sicherheit hilft dem Entscheider bei der Entscheidung. Wenn Sie das Vertrauen des Entscheiders gewonnen haben, dann bedeutet das nicht, dass Sie schlampig arbeiten sollten. Allerdings kann es bedeuten, dass nicht mehr bis ins letzte Detail nachgefragt wird. Schließlich vertraut der Entscheider darauf, dass Sie es – wie schon bisher – ordentlich gemacht haben. Vertrauen lässt sich mit der Zeit aufbauen, aber auch, indem Sie dem Entscheider die richtigen Fragen stellen. Auch hier gilt: Wenn Sie Entscheidungen vom Entscheider haben möchten, dann sollten Sie sein Vertrauen gewinnen.

Kompetent erscheinen
Sind Sie in Ihrem Bereich kompetent? Die meisten Menschen mit einer soliden Ausbildung und ausreichend Erfahrung beantworten diese Frage mit einem selbstbewussten »Ja«. Die entscheidende Frage ist aber eine andere: Hält man Sie denn auch für kompetent? Hält Ihr Vorgesetzter Sie und halten die Topmanager bei Ihnen im Unternehmen Sie für kompetent? Denn was nützt es Ihnen, wenn Sie kompetent sind, die Menschen, die in Ihrer Umgebung Entscheidungen treffen, das aber nicht wissen oder glauben? Kompetenz, so objektiv sie uns scheinen mag, lässt sich nur schwer messen.[29] Denken Sie dazu an Ihre Zahnärztin. Ist sie eine gute Zahnärztin? Wahrscheinlich denken Sie das, denn sonst würden Sie sich einen anderen Arzt suchen. Aber woran genau machen Sie das fest? An ihrer Ausbildung, an der Lage und Einrichtung ihrer

Praxis oder an den Empfehlungen anderer Patienten? Jedes dieser Elemente kann ein Indikator für ihre Kompetenz sein, keine Frage. Aber kennen Sie nicht auch Mitschüler oder Mitstudentinnen, die eine Ausbildung abgeschlossen haben, ohne besonders gut zu sein? Ist eine schöne Praxis nicht eher ein Zeichen dafür, dass die Geschäfte gut laufen? Und hat die Weiterempfehlung durch andere Patienten nicht eher damit zu tun, wie wohl sich diese gefühlt haben, und weniger damit, wie kompetent die Ärztin tatsächlich ist? Was bleibt, ist, dass Sie, wenn Sie selbst keine Expertin im jeweiligen Fachgebiet sind, kaum bewerten können, ob ein Arzt, ein Anwalt oder ein Programmierer tatsächlich kompetent ist oder ob er nur kompetent scheint.

Ob Menschen einen kompetenten Eindruck machen und damit ob der Entscheider sie für kompetent hält und ihrer Empfehlung folgt, kann ganz unterschiedliche Ursachen haben. Hier kommen Themen wie Autorität und Status ins Spiel. Das Fachwissen spielt natürlich eine Rolle, allerdings nur, wenn dieses Fachwissen für den Entscheider auch erkennbar und bewertbar ist. Und hier hapert es häufig. Können Sie die Fragen des Entscheiders kurz und prägnant beantworten, dann werden Sie für kompetent gehalten. Viele Experten scheitern aber gerade daran, eben weil sie über sehr viel Fachwissen verfügen und besonders tief in die Details eingearbeitet sind. Für die Frage, ob Sie eine Entscheidung erhalten, ist es nicht so sehr entscheidend, wie kompetent Sie tatsächlich sind. Viel wichtiger ist es, für wie kompetent Sie der Entscheider hält. Ihre Kompetenz oder genauer die Kompetenz, die er Ihnen zuschreibt, macht ihm das Entscheiden leichter.

Mit dem richtigen Verhalten Entscheidungen bekommen

Expertenunterlagen sind häufig nicht nur von, sondern auch für Experten geschrieben. Und so lesen sie sich häufig auch. Wenn Sie als Nichtexperte einen Bericht aus der IT, aus der technischen

Ergebnis = Qualität × Akzeptanz

Entwicklung oder auch aus der Rechtsabteilung vor die Nase bekommen, dann verstehen Sie erst mal Bahnhof. Zwar sind alle Sätze deutsch (oder englisch, wenn das bei Ihnen die Unternehmenssprache ist), aber viele Wörter in diesen Sätzen sind Ihnen fremd. Es wimmelt nur so von Abkürzungen und Fachausdrücken. Manche Sätze sind so lang, dass Sie sie mehrmals lesen müssen, um sie zu verstehen. Solche Unterlagen zu lesen kostet richtig viel Zeit, und Spaß macht es auch nicht. Hinzu kommt ein leichtes Gefühl der Unterlegenheit und der eigenen Inkompetenz dem Verfasser gegenüber. Er hat es geschrieben, da muss er es auch verstanden haben. Ich hingegen verstehe es nicht, also ist er klug und ich bin dumm. Dieses Gefühl wird kaum einmal so stark sein wie eben geschildert. Ich überzeichne an dieser Stelle bewusst ein wenig, da auch nur ein Hauch dieses Gefühls bereits sehr gefährlich ist. Erzeugt es in Ihnen ein Gefühl von Wohlwollen und Sympathie? Wohl kaum. Dem Entscheider wird es ähnlich gehen. Ihm ist bei solchen Unterlagen oder Präsentationen sofort klar, dass seine wertvollste Ressource – Zeit – angeknabbert wird. Und er bekommt die unterschwellige Botschaft mitgeliefert, dass er nicht klug genug ist. Damit stören viele Entscheidungsunterlagen und viele Präsentationen vor Entscheidungsgremien die Beziehung zwischen Entscheidungswerber und Entscheider, und zwar lange bevor es um inhaltliche Fragen geht. Das erzeugt Widerstand, der auf dem Weg zu einer getroffenen Entscheidung dann zusätzlich überwunden werden muss.

> Wählen Sie Ihre Sprache und Ihre Ausdrucksform daher immer so, dass Ihnen ein interessierter Laie folgen kann. Wenn Sie wollen, dass der Entscheider rasch und verbindlich entscheidet, dann achten Sie im ersten Schritt darauf, dass er ohne große Mühe alles verstehen kann, was Sie ihm vorlegen.

Fragt man Topmanager, was sie in Meetings mit ihren Führungskräften und Mitarbeitern am meisten stört, dann, dass diese nicht rasch genug zum Punkt kommen. Weil sie wenig Zeit haben, sind viele Entscheider chronisch ungeduldig.

> Je schneller Sie klar und deutlich sagen, was Sie meinen, was Sie brauchen und was Sie empfehlen, desto lieber ist es den meisten Entscheidern.

Leider machen es die meisten Mitarbeiter genau falsch. Sie kommen nicht zum Punkt. Stattdessen holen sie weit aus. Das mag an unserer Prägung in der Schule liegen. Wenn wir nach einer Antwort gefragt wurden, dann hat es meist nicht gereicht, die Antwort zu geben, man musste sie erklären oder herleiten. In der modernen Arbeitswelt sieht das aber ganz anders aus. Es fehlen Zeit und Interesse, um die Dinge im Detail zu besprechen. Häufig ist das Detail für den Entscheider auch schlicht überflüssig, wenn er nicht über das Hintergrundwissen verfügt, um es verstehen zu können. Daher gilt in der Kommunikation mit Entscheidern ein einfaches Prinzip:

> Kommunizieren Sie pyramidal. Beginnen Sie mit der zentralen Botschaft und gehen Sie nur so weit ins Detail, wie das der Entscheider möchte.

Ob eine Entscheidung unmittelbar getroffen wird oder ob sie mit dem Verweis auf die fortgeschrittene Zeit oder mit der Bitte um eine weitere Analyse verschoben wird, hängt auch damit zusammen, wie die Entscheidung strukturiert und aufbereitet ist. Werden zu viele Optionen vorgelegt, dann kann das mehr verwirren als erhellen. Die Entscheidungswahrscheinlichkeit sinkt. Wird nur eine Option vorgelegt, dann wird diese häufig zurückgewiesen, auch wenn sie grundsätzlich richtig ist. In diesem Fall wehrt sich häufig der Entscheider dagegen, den Vorschlag einfach abzunicken.

> Es braucht daher mehr als eine, aber auch nicht zu viele Optionen.

Schließlich lässt sich die Wahrscheinlichkeit einer Entscheidung weiter erhöhen, indem man einerseits die Nichtentscheidung als

Ergebnis = Qualität × Akzeptanz

eigene Option anführt und indem man aus den dann vorliegenden Optionen einen Vorschlag macht. Wie Sie das genau machen können, werden wir uns ansehen.

Entscheidungsmotive: Schlüpfen Sie in die Schuhe des Entscheiders!
Soll der Entscheider entscheiden, dann ist eine einzige Sicht maßgeblich: die des Entscheiders. Sie wollen eine Entscheidung von einer Topmanagerin? Dann nehmen Sie ihre Perspektive ein. Die Topmanagerin entscheidet aus ihrer Sicht, mit ihren Gedanken und Vorstellungen, mit ihren Hoffnungen und Wünschen, kurz: mit ihren eigenen Entscheidungsmotiven. Wenn Sie also eine Entscheidung vom Entscheider haben wollen, dann sollten Sie nicht nur an die Entscheidung selbst denken, sondern auch an den Entscheider. Hier eine kurze Aufzählung der Punkte, die dem Entscheider das Entscheiden leichter machen.

Was ist dem Entscheider wichtig?
Die meisten Menschen achten nicht darauf, was dem Entscheider wichtig ist. Daher fragen sie auch nicht danach und sie gehen in der Vor- und Aufbereitung einer Entscheidung auch nicht darauf ein. Der Entscheider darf sich bei Bedarf selbst heraussuchen und interpretieren, ob er die Punkte, die ihm wichtig sind, auch wiederfindet. Besser funktioniert es, wenn Sie rechtzeitig vor einer Entscheidung systematisch ergründen, was dem Entscheider wichtig ist. Das sollten Sie unbedingt wissen, denn eine Entscheidung gegen die ausdrücklichen Interessen des Entscheiders zu erhalten ist so gut wie unmöglich. Das ist nachvollziehbar, denn gegen Ihre eigenen Interessen würden auch Sie kaum entscheiden, oder? Die Methode, mit der Sie rasch und verlässlich in Erfahrung bringen können, was Ihrem Chef wichtig ist und worauf Sie achten sollten, nenne ich Entscheider-Ergründung. Sie wird Ihnen nicht nur dabei helfen den Entscheider besser zu verstehen, sie wird Ihnen auch helfen, die Beziehung zu Ihrem Chef zu verbessern.

Sagen Sie dem Entscheider, was er davon hat
Jede Entscheidung, die Sie dem Entscheider vorlegen, sollte ihm einen Vorteil bieten. Eigentlich klar, oder? Oder würden Sie eine Entscheidung treffen wollen, die Ihnen mehr schadet, als sie Ihnen nützt? Von jemandem eine Entscheidung zu erwarten, die für ihn selbst mehr Nachteile als Vorteile bringt, halte ich für naiv. Fairerweise muss gesagt werden, dass kaum eine Führungskraft ihrem Vorstand eine Entscheidung empfiehlt, nach der diese ihren Hut nehmen muss. Allerdings fällt mir in meiner Arbeit in den Unternehmen auf, dass auch positive Auswirkungen auf den Entscheider, also Vorteile, die ihn dazu bewegen könnten, eine Entscheidung noch rascher zu treffen, oft verschwiegen werden. Man hat ein genaues Verständnis dafür, was die Entscheidung für das Unternehmen bedeutet. Vielleicht hat man auch ein grobes Verständnis dafür, was die Entscheidung für den Chef bedeutet. Allerdings spricht man das kaum einmal aus. Vielmehr erwartet man, dass der Entscheider diese Lücke füllt und selbst erkennt, was er von dieser Entscheidung hat. Genau das aber passiert häufig nicht. Daher gilt: Wenn Sie eine Entscheidung haben wollen, dann sagen Sie dem Entscheider, was er von dieser Entscheidung hat. Wie das geht und welche Möglichkeiten Sie haben, das zu verklausulieren, damit es nicht anmaßend wirkt, werde ich Ihnen noch zeigen.

Welche Nachteile hat das Nichtentscheiden?
Die Motivation für eine Entscheidung muss nicht ausschließlich aus den Vorteilen einer Entscheidung gespeist werden. Die Nachteile einer Nichtentscheidung können ebenfalls einen starken Antrieb für die Entscheidung bieten. Der Status quo kann aus mehreren Gründen unattraktiv sein. Es kann Entscheidungsdruck geben, von den Ebenen darüber oder von einer externen Autorität, etwa einer Behörde. Darauf haben wir meist keinen Einfluss. Oder aber der Status quo ist tatsächlich und in sich unattraktiv. Dann ist es unsere Aufgabe, das auch transparent zu machen und alle Auswirkungen, auch für den Entscheider, darzustellen.

Ergebnis = Qualität × Akzeptanz

Liefern Sie eine gute Erklärung
Will ich als Führungskraft eine Entscheidung treffen, dann hilft mir eine gute Erklärung. Einerseits gibt mir eine schlüssige, gut strukturierte Erklärung die Gewissheit, dass sich jemand etwas dabei gedacht hat. Ich habe den Eindruck, dass sauber gearbeitet wurde, dass ich mich verlassen kann. Das gibt mir die Sicherheit, die ich brauche, um entscheiden zu können. Zweitens gibt es gerade in hierarchischen Organisationen oft weitere Instanzen, denen gegenüber ich meine Entscheidungen rechtfertigen muss. Häufig ist das der Chef, der manchmal noch mitreden will, oft auch nur Bescheid wissen will. Je besser die Entscheidung begründet ist und sich verteidigen lässt, desto einfacher ist es für mich als Chef, dieser Entscheidung zuzustimmen.

Machen Sie es wie bei einem Pitch!
Seit die Start-up-Welle Mitteleuropa erreicht hat, weiß auch hierzulande jeder, was ein Pitch ist. In TV-Formaten wie Die Höhle der Löwen oder 2 Minuten 2 Millionen buhlen junge Gründer um das Geld von Investorenpromis und Promi-Investoren. Dazu machen sie einen Pitch, sie stellen ihre Idee, ihr Geschäftsmodell und ihr Team in aller Kürze vor. Anschließend wird vielleicht noch ein wenig nachgefragt, dann folgt schon die Entscheidung. Daumen hoch oder Daumen runter, Investition ja oder nein. Aus diesen Pitches können wir einiges für die Vor- und Aufbereitung von Entscheidungen lernen. In guten Pitches wird die Perspektive gewechselt. Es geht um den Kunden und um den Investor, und zwar in der Sprache des Investors. Diese Pitches sind knackig und kommen rasch zum Punkt. Dabei adressieren sie einerseits Schmerzen im Ist und versprechen andererseits die Beseitigung dieser Schmerzen und einen Nutzen, wenn man das Produkt anwendet. Auch das machen sie idealerweise in zwei Richtungen, nämlich für den Kunden und für den Investor. Wir werden uns ein einfaches Pitch-Format ansehen, das sich für große und kleine Entscheidungen in Unternehmen bewährt hat und das sich auch bei Start-ups bereits bewährt hat.

Das Entscheidungsumfeld

Oft reicht es nicht aus, den Chef zu überzeugen. Immer dann, wenn eine konkrete Entscheidung die Entscheidungskompetenz des eigenen Vorgesetzten überschreitet, kann der Weg zur Entscheidung deutlich länger werden. Dem lässt sich auf zwei Arten begegnen. Entweder die Entscheidung so klein machen, dass der Chef sie noch selbstständig entscheiden kann. Oder für und mit dem Chef die Entscheidung der nächsthöheren Ebene vorbereiten. Dem Chef das Thema einfach über den Zaun zu werfen und darauf zu warten, dass der das schon weiter nach oben tragen wird, funktioniert jedenfalls nicht besonders gut.

Bislang haben wir meist über »den Entscheider« gesprochen. Häufig aber ist es nicht *ein* Entscheider, sondern ein ganzes Gremium, das gemeinschaftlich eine Entscheidung trifft. In Projekten sehen wir das häufig, da sind der Steuerungskreis und der Lenkungsausschuss (die können auch ganz anders heißen) wichtige Entscheidungsgremien. Wenn es mehr als einen Entscheider gibt, macht das die Sache nicht einfacher. Wir werden uns im Detail ansehen, wie Sie die Methoden, die für einen Entscheider gelten, auf ganze Entscheidergruppen ausdehnen. Allerdings ist hier etwas Vorsicht angebracht. Wenn viele am Tisch sitzen, dann kann der Aufwand, jeden Einzelnen ins Boot zu holen, sehr groß werden. Daher sehen wir uns nicht nur an, wie wir Entscheidergruppen zu Entscheidungen führen, wir sehen uns auch an, welche Personen aus der Gruppe wir gewinnen müssen, damit die Entscheidung getroffen wird.

Schließlich gibt es ein paar Besonderheiten, die häufig genug vorkommen, um auch ihnen ein wenig Raum zu widmen. Nehmen wir etwa an, Sie haben eine Entscheidung vorbereitet, aber irgendwann wird klar: Es ist einfach nicht der richtige Zeitpunkt. Entweder der Entscheider sagt es ausdrücklich oder aber Sie merken es an einer allgemeinen Unlust, das Thema voranzutreiben. Das

Ergebnis = Qualität × Akzeptanz

kann passieren und ist nicht weiter schlimm. Hier heißt es erst mal abwarten. Wie lange aber sollten Sie warten und auf welche Signale sollten Sie reagieren, um den Entscheidungsprozess wieder anzustoßen? Das sehen wir uns an.

Auch die besten Strategien und Methoden haben ihre Grenzen. Manchmal ist schlicht keine Entscheidung zu bekommen. Das kann daran liegen, dass man mehrere Entscheider in die Entscheidung einbinden muss, diese aber vollkommen unterschiedliche Dinge wollen. Es kann auch sein, dass es nur einen Entscheider braucht, dass dieser aber spielt. Damit meine ich, dass er sich die Entscheidung bis zum letzten Moment und in alle möglichen Richtungen offenhalten will, um dann quasi nach Gutsherrenart zu entscheiden – oder eben nicht. Ich habe Situationen und Entscheider kennengelernt, auf die das zutrifft. Wenn Sie auf eine solche Situation treffen, dann werden Sie es ganz schwer haben. Ich kann Ihnen aber dabei helfen, eine solche Situation rechtzeitig zu erkennen, damit Sie nicht zu viel Energie in eine Entscheidung stecken, die keine Aussicht auf Erfolg hat.

Die Welt ist VUKA, und sie wird es immer mehr. Sie ist volatil (V), unsicher (U), komplex (K) und ambivalent (A). In einer Welt mit all diesen Eigenschaften ist es schwierig, Entscheidungen zu treffen. Schließlich ist es schwierig, das zugrunde liegende Problem und alle Auswirkungen zu verstehen. Hinzu kommt die Mehrdeutigkeit. In einer VUKA-Welt ist es auch schwieriger, eine Entscheidung zu bekommen. Vielleicht spüren Sie diese Charakteristika der VUKA-Welt bereits recht deutlich. Wenn ja, dann gebe ich Ihnen einige Tipps an die Hand, wie Sie konkret damit umgehen können.

Qualität

Was ist hier eigentlich das Problem?

Stellen Sie sich vor, Sie sind der Betreiber eines Bürohochhauses. Das Gebäude wurde gerade erst bezogen, aber schon gibt es erste Beschwerden der Mieter über die Aufzüge. Jeden Morgen um acht Uhr beginnt sich der Raum vor den Aufzügen zu füllen, die Mitarbeiter wollen in ihre Büros und müssen erst mal warten. Die Aufzüge kommen an ihre Kapazitätsgrenze. Das geht nun schon drei Wochen so. Anfangs hatten Sie gehofft, das würde sich mit der Zeit einspielen. Inzwischen häufen sich aber die Beschwerden. Ein kleineres Unternehmen, das sich im elften Stock eingemietet hat, droht inzwischen mit Kündigung des Mietvertrages. Auweia! Das wäre wirklich dumm, immerhin sind Sie noch nicht mal voll ausgelastet. Was sollen Sie nur machen?

Um ein wenig Druck aus der Sache zu nehmen, stellen Sie ein Schild auf. »Wir arbeiten bereits an der Verbesserung der Aufzugssituation. Dazu interessiert uns auch Ihre Meinung.« Darunter ist ein Link zu einer Online-Umfrage. Kaum zwei Tage später haben Sie 79 Beiträge eingesammelt. Auch wenn Sie die 23 Beschimpfungen abziehen, ist das eine ganze Menge. Das Thema scheint die Leute echt zu bewegen. Hier die häufigsten Vorschläge:[30]

▶ Bauen Sie eine neue Aufzugsteuerung ein.

▶ Machen Sie die Aufzüge schneller.

▶ Bauen Sie neue Aufzugmotoren ein.

 Qualität

> Lassen Sie manche Lifte nur in den unteren und andere nur in den oberen Geschossen fahren.

> Bitten Sie die Firmenmieter, ihre Mitarbeiter zu unterschiedlichen Zeiten mit der Arbeit beginnen zu lassen.

Die Vorschläge sind alle gut gemeint, keine Frage. Allerdings hakt es bei den Details. Die Aufzugsteuerung können Sie nicht einfach tauschen, da müssen Sie die des Herstellers nehmen. Die Aufzüge schneller machen geht nur mit neuen Motoren. Aber die kosten ein Vermögen. Außerdem könnte dann einigen Leuten schlecht werden, ein schneller Aufzug fühlt sich im Magen wie der Start eines Flugzeugs an. Wenn Sie regelmäßig Aufzüge sperren, weil die Leute reinkotzen, dann sorgt das erst recht für Verzögerungen, von den Beschwerden wegen des Geruchs ganz abgesehen. Die Ansteuerung der Stockwerke wäre eine Möglichkeit, an der Sie arbeiten könnten. Dazu müssten Sie aber die Kabinen umbauen, das ist auch teuer. Der Vorschlag, dass die Mitarbeiter zu unterschiedlichen Zeiten kommen, wäre wahrscheinlich am leichtesten umzusetzen. Allerdings rechnen Sie damit, dass dann fast alle Mitarbeiter mit der Forderung nach einer Mietreduktion kommen. Das können Sie sich schlicht nicht leisten.

Am Abend treffen Sie Karl, einen befreundeten Facility Manager, auf ein paar Bier. Bei solchen Gelegenheiten reden Sie gewöhnlich nur über Fußball, aber inzwischen rauben Ihnen die Aufzüge schon den Schlaf, also fangen Sie nach dem dritten Bier doch an zu erzählen. Karl hört sich das in Ruhe an, dann schmunzelt er. »Ich glaube, ich habe eine Lösung für dich. Du kannst sie innerhalb von ein paar Tagen umsetzen und sie kostet fast nichts.« – »Wenn das stimmt«, erwidern Sie, »dann hast du was gut. Was möchtest du trinken?« Eine Woche später ist es mit den Beschwerden vorbei. Der Vorschlag von Karl hat funktioniert. Im Raum vor den Aufzügen hängen nun großflächige Spiegel. Die Mitarbeiter müssen noch immer warten, aber im Unterschied zu früher haben sie etwas zu tun. Sie sehen sich in aller Ruhe das an, was sie sich am liebsten ansehen: ihr Spiegelbild. Das eigentliche Problem war nämlich zu keinem Zeitpunkt, dass die Kapazität der Aufzüge zu gering wäre. Auch die eingemieteten Unternehmen hatten kein Problem damit, dass die Mitarbeiter öfter mal eine Minute auf den Aufzug warteten. Die Mitarbeiter selbst aber waren sauer. Ihnen war die Wartezeit von einer halben Minute bereits zu lang. Durch die neuen Spiegel wurde zwar nicht die tatsächliche, dafür aber die gefühlte Wartezeit deutlich verkürzt.[31] Alle sind zufrieden.

Dieses Beispiel zeigt, dass das offensichtliche Problem nicht das tatsächliche Problem sein muss. Häufig gibt es ein Problem hinter dem Problem, das eine vollkommen andere und manchmal sogar eine schnellere und günstigere Lösung ermöglicht. Versuchen Sie daher zu verstehen, was das tatsächliche Problem ist. Das ist häufig leichter gesagt als getan. Wenn Sie ein Experte sind, dann ist es eine natürliche Reaktion, nur jene Lösungen zu sehen, die in Ihre Expertise fallen. Begründen lässt sich das mit dem »Fluch des Wissens«[32]. Wenn wir einmal etwas gelernt und uns Wissen erworben haben, dann ist es fast unmöglich, sich vorzustellen, über dieses Wissen nicht mehr zu verfügen. Genau das aber würde helfen. Je weniger wir im Detail sind und je weniger wir genau wissen, was das konkrete Problem ist (oder was wir für das Problem halten), desto einfacher ist es, die Perspektive zu wechseln, um einen vollkommen neuen Zugang zu finden.

Wie aber beantwortet man die Frage, ob man bereits am richtigen Problem arbeitet oder ob man sich erst noch auf die Suche nach dem wahren Problem machen sollte? Leider kann es darauf keine klare Antwort geben. Erst wenn wir ein Problem aus unterschiedlichen Blickwinkeln betrachtet haben, kommen wir zu einer Einschätzung. Thomas Wedell-Wedellsborg nennt diesen Prozess »Reframing«[33]: Es geht also darum, dem Problem einen neuen Rahmen (*frame*) zu geben.

Qualität

Nachdem es kaum möglich ist, vom eigenen Wissen Abstand zu nehmen und zu abstrahieren, weil wir aber genau das brauchen, ist einer der einfachsten Wege, um ein Problem aus einer anderen Sicht zu betrachten, einen Außenstehenden einzubinden. Dazu genügt es, eine fachfremde Kollegin mit ins Team oder an den Tisch zu bringen und ihr ausdrücklich die Erlaubnis zu geben, Vorschläge zu machen, auch wenn sie nicht alles im Detail versteht. Das ist übrigens eine Rolle, die ich in Projekten immer gerne und oft erfolgreich eingenommen habe: der fachlich ahnungslose Outsider, der so lange fragt, bis er verstanden hat, worum es geht. Dadurch habe ich Projektteams regelmäßig gezwungen, komplizierte Sachverhalte in einfachen Worten zu beschreiben, denn Fachausdrücke hätte ich ja nicht verstanden. Bereits diese sprachliche Vereinfachung brachte häufig auch für die Experten selbst mehr Klarheit. Schließlich konnte ich, da ich ja weder wusste, was fachlich möglich ist, noch wo die Grenzen liegen, unschuldig Vorschläge machen. Viele davon waren schlicht nicht zu gebrauchen. Manche aber brachten genau jene Perspektive und zündeten jenen Funken, der noch gefehlt hatte. Häufig reichte es bereits aus, dass ich die eine – scheinbar blöde – Frage stellte, die bisher niemand sonst gestellt hatte, ganz einfach, weil sie niemandem in den Sinn kam. Im Anschluss verabschiedete ich mich wieder aus diesen Runden. Ich war ja fachlich nicht auf der Höhe und konnte nichts weiter beitragen. Der eine, kurze Impuls, die eine Frage reichte aber häufig und half, das konkrete Problem aus einer anderen Sicht zu sehen und anders zu lösen.

Eine weitere Möglichkeit, ein Problem zu reframen, ist es, alle Teilnehmer einer Runde in Ruhe und unabhängig voneinander aufschreiben zu lassen. Es zeigt sich, dass verschiedene Gruppen ein Problem oft sehr unterschiedlich wahrnehmen. Das Aufschreiben hilft dabei, die verschiedenen Sichten transparent zu machen. Häufig zeigen sich auch verschiedene Frames, also Rahmen für das Problem. Beides stellt eine ausgezeichnete Basis dar, um mit der Frage »Was ist eigentlich das Problem?« anzuschließen.

Wie unser Gehirn uns daran hindert, gute Entscheidungen zu treffen

Stellen Sie sich folgende Situation vor: Miriam ist ziemlich sauer. Seit zwei Monaten arbeitet Mark nun für sie, aber er versteht einfach nicht, was sie von ihm will. Sie ist kurz davor, ihm nach Ablauf der Probezeit zu kündigen. Eingestellt hat sie Mark als Eventmanager. Er war davor bei einer großen Agentur, nun ist er für die Firmenveranstaltungen zuständig, die der Konzern ausrichtet, für den Miriam – und jetzt auch Mark – arbeiten. Es ist zum Aus-der-Haut-Fahren. Mark ruft nicht zurück. Bei Veranstaltungen muss es auch mal schnell gehen, da muss man sich rasch über irgendwelche Kleinigkeiten informieren oder absprechen. Der Caterer liefert nicht um acht Uhr, sondern schon um sieben an. Haben wir da schon jemanden vor Ort? Wenn ja, kann derjenige den Caterer einweisen? Solches Zeug. Miriam bekommt die Info, ruft Mark an, erreicht ihn nicht. Und der Rückruf folgt meist erst Stunden später. Miriam ist genervt. Soll sie Mark zum Ende der Probezeit kündigen?

Das Erstaunliche ist: Sie kennen weder Miriam noch Mark, und dennoch haben Sie eine Meinung, stimmt's? Sie haben sich auf der Basis des letzten Absatzes eine Meinung darüber gebildet, ob Miriam es noch mal mit Mark versuchen soll oder ob sie die Zusammenarbeit beenden soll. Vielleicht hätten Sie sogar schon ein paar Tipps für Miriam, für Mark oder für beide. Damit sind Sie in die zwei größten Fallen getappt, wenn es darum geht, gute Entscheidungen zu treffen. Die eine ist: Wir akzeptieren stillschweigend, dass es nur zwei Optionen gibt. Die andere: Sie bilden sich eine Meinung, obwohl Sie dafür keine vernünftige Basis haben. Beides wird uns sofort klar, wenn wir nur eine Sekunde darüber nachdenken. An beiden Ecken können wir arbeiten, wenn wir die Qualität der Entscheidungen, die wir Entscheidern vorlegen, verbessern wollen.

79

 Qualität

What You See Is All There Is

Denken wir kurz an die Entscheidung, vor der Miriam steht. Entweder sie übernimmt Mark nach der Probezeit oder aber sie kündigt ihm. A oder B. Dabei gäbe es eine Menge weiterer Optionen. Miriam könnte das Gespräch mit Mark suchen und mit ihm vereinbaren, wie sie sich gegenseitig erreichen, wenn es eine zeitnahe Abstimmung braucht. Miriam könnte auch härter spielen, Mark abmahnen und ihm ein Ultimatum setzen: »Du rufst künftig innerhalb von zehn Minuten zurück oder das war's!« Oder aber Miriam könnte darüber nachdenken, wo und wie sie Mark sonst einsetzen könnte. Er hat nämlich eine Menge drauf, schafft es in all dem Veranstaltungschaos, den Überblick zu behalten, kann gut mit den Mitarbeitern und Dienstleistern vor Ort und schafft es, dass am Ende einer Veranstaltung alle happy sind. Kurz, Miriam könnte – allein oder gemeinsam mit Mark – darüber nachdenken, welche Möglichkeiten es noch gibt, um das Problem aus der Welt zu schaffen. Sie bräuchten wahrscheinlich keine halbe Stunde, um eine praktikable Lösung im Sinne aller Beteiligten zu finden.

Warum akzeptieren wir dann häufig die wenigen Alternativen, die uns angeboten werden, auch wenn es deutlich mehr und wahrscheinlich auch bessere gäbe? Der Psychologe Daniel Kahneman beschäftigt sich ausführlich mit sogenannten »Urteilssprüngen«, also voreiligen Schlussfolgerungen auf beschränkter Datenbasis, und hat dafür eine eigene Abkürzung eingeführt: WYSIATI, »What You See Is All There Is«, deutsch »Es gibt nur das, was man sieht«.[34]

Genau dieses Phänomen scheint auch in Unternehmen zu greifen. Paul Nutt von der Ohio State University hat das Entscheidungsverhalten von amerikanischen Unternehmen untersucht. Das Ergebnis: Bei sieben von zehn Entscheidungen handelte es sich um Ja- oder Nein-Entscheidungen[35], wie Miriam sie vor sich hatte, oder genauer: vor sich zu haben glaubte. Denn weder Miriam noch sonst jemand hat nur zwei Alternativen, und auch in Unternehmen gibt es normalerweise bei Entscheidungen nicht nur Ja oder Nein. Es gibt so gut wie immer eine dritte, vierte und fünfte Möglichkeit, nur wird das häufig übersehen. Die Konsequenz ist klar: Wenn ich mich zwischen A und Nicht-A (was dann B wäre) entscheiden muss, dann muss A die beste Alternative sein, damit das Ergebnis eine optimale Entscheidung sein kann. Wenn es aber auch noch die Möglichkeiten C, D und E gibt, die besser wären als A, dann wird mit der Einschränkung der Entscheidungsalternativen automatisch eine schlechte Entscheidung getroffen.

Für Entscheidungen in Unternehmen bedeutet das: Wenn wir die Qualität der Entscheidungen verbessern wollen, dann sollten wir im ersten Schritt dafür sorgen, dass es mehrere wählbare Alternativen gibt.

Alle Optionen auf den Tisch

»Haben Sie sich auch die Option XY angesehen?« Wenn Ihnen ein Manager diese Frage stellt und Sie können sie nicht mit Ja beantworten, dann bedeutet das in aller Regel: Heute wird nicht entschieden. Denn eine Option, die wichtig oder offensichtlich genug ist, dem Entscheider spontan einzufallen, muss natürlich geprüft werden. Wenn sie noch nicht geprüft wurde, dann ist das ein Entscheidungshindernis. Also: keine Entscheidung!

Denkt man an kritische Fragen von Topmanagern in Meetings, dann könnte man auf den Gedanken kommen, sie würden sich jedes Mal besonders gemeine Fragen ausdenken, so gut sind diese regelmäßig. Manager sollten durchaus über gute Fragen verfügen, und viele von ihnen tun es auch, und das aus gutem Grund: Sie müssen in kurzer Zeit – und ohne sich vorher jedes Detail erklären zu lassen – Schwachpunkte erkennen. Allerdings handelt es sich dabei meist gar nicht um speziell für Ihr Thema oder Ihr Projekt vorbereitete Fragen. Vielmehr stellen die meisten Topmanager, die

 Qualität

ich kennengelernt habe, immer wieder die gleichen Fragen. Und eine ganz besonders beliebte Frage ist die nach einer bestimmten Option oder Variante, oder auch nur die Frage, welche Optionen Sie sich angesehen haben.

Wie aber können Sie sicherstellen, dass Sie alle wesentlichen Varianten, vielleicht sogar wirklich alle Varianten, betrachtet haben? Die häufigste Antwort lautet: Machen wir doch ein Brainstorming. Dieses von Alex Osborn in den Fünfzigerjahren eingeführte Werkzeug gehört zu den Methoden des divergenten Denkens und erfreut sich auch heute noch großer Beliebtheit.[36] Ziel ist es, möglichst viele und unterschiedliche Ideen zu generieren, um aus diesen dann in einem späteren Schritt die besten auswählen zu können. Dazu stellt sich eine Gruppe um ein Flipchart herum auf. Einer schreibt mit. Alle anderen rufen ihre Ideen in den Raum, und der Schreiber versucht, möglichst viel davon auf dem Flipchart festzuhalten. Allerdings sind meine persönlichen Erfahrungen mit dem Brainstorming nicht besonders gut, auch die Wissenschaft stellt der Methode kein besonders gutes Zeugnis aus, und die kritischen Stimmen mehren sich.[37]

Dennoch heißt es noch immer bei vielen Firmen und bei allen möglichen Gelegenheiten, in denen es eine frische Idee braucht: »Da machen wir ein Brainstorming.« Die Gründe, warum das meist nicht besonders gut klappt, sind vielfältig: Zu Wort melden sich vor allem die Lauten, die man auch sonst hört. Die Leisen hingegen nehmen sich zurück, sagen nichts oder nur das Nötigste, obwohl sie oft ganz ausgezeichnete Ideen haben. Der Wortschwall ist in der ersten Minute enorm, kein Mensch kann das mitschreiben, daher wird nur die Hälfte aufgeschrieben, gefiltert oder abgekürzt. Häufig steht dann gar nicht das auf dem Flipchart, was gesagt wurde oder was gemeint war. Auch wenn beim Brainstorming nicht bewertet werden soll, passiert es letztlich doch. Das passiert häufig unbewusst und ohne böse Absicht, aber wenn alle sehen, dass der Chef oder ein anderer Mitarbeiter,

Alle Optionen auf den Tisch

dessen Meinung geschätzt wird, den Kopf schüttelt oder die Augen verdreht, dann ist das bereits Bewertung genug. Die Kolleginnen und Kollegen nehmen das wahr, orientieren sich daran und handeln danach. Hinzu kommt, dass sich der Chef oft schon im Vorfeld festgelegt hat und die Mitarbeiter das auch wissen oder wenigstens vermuten. Viele haben ein gutes Gespür dafür, mit welchen Aussagen sie sich beliebt machen und mit welchen sie anecken. Daher filtern sie vor und bringen nur das, was die Chefin oder die Kollegen hören wollen. Schließlich und auch dann, wenn alle diszipliniert sind, wird später eher das weitergedacht, was am Anfang in den Raum geworfen wurde. All die guten Ideen, die zu Beginn unausgesprochen blieben, schaffen es nicht aufs Papier und in die Diskussion. Daher gilt: Brainstorming ist deutlich schlechter als sein Ruf.

Das ist schade, denn Menschen, ob alleine oder in Gruppen, sind sehr wohl in der Lage, in kurzer Zeit außergewöhnlich viele und auch gute Ideen zu generieren. Allerdings braucht es dazu eine Methode, die all die Fallstricke des klassischen Brainstormings vermeidet. Und die gibt es. Sie heißt *Brainwriting* und wird häufig auch als 6-3-5-Methode bezeichnet, weil idealerweise sechs Personen dreimal an einer Fragestellung arbeiten, und zwar jeweils für fünf Minuten. Das Schöne an dieser Methode: All das, was beim Brainstorming zu höchst mittelmäßigen Ergebnissen führt, wird beim Brainwriting fast automatisch besser.

Brainwriting

Es funktioniert ganz einfach. Auf ein DIN-A4-Blatt zeichnen Sie, ähnlich wie beim Spiel Tic-Tac-Toe (Drei gewinnt), ein Gitterraster für neun Felder. Dazu unterteilen Sie das Blatt mit zwei vertikalen Strichen in drei etwa gleich breite Spalten. Zeichnen Sie dann auch noch zwei horizontale Linien ein, die das Blatt in drei etwa gleich hohe Zeilen unterteilen. Das Ergebnis sieht etwa so aus: #. Oder aber Sie kleben in einem Drei-mal-drei-Muster insgesamt neun kleine Haftnotizen auf ein Blatt Papier, das spart Ihnen auch bei der Weiterverarbeitung eine Menge Arbeit.

Ganz oben auf das Blatt schreiben Sie dann noch das Thema, zu dem Sie brainwriten möchten, noch besser die konkrete Fragestellung. Die Fragestellung ist sehr wichtig, da sie bereits festlegt, wie eng oder breit die Teilnehmer denken sollen. Die Frage »Wie können wir die Berichte an den Vorstand verbessern?« etwa wird vollkommen andere Ergebnisse liefern als die Frage »Wie können wir die Akzeptanz unserer Berichte beim Vorstand verbessern?«. Häufig hilft es, die Fragestellung zu konkretisieren und einzuschränken. »Wie können wir unsere Produkte verbessern?« wird weniger brauchbare Ergebnisse liefern als »Wie können wir das Produkt Y für die Kundengruppe Z noch attraktiver machen?«. Und »Was können wir bei Produkt Y für die Kundengruppe Z im Kundenservice verbessern?« wird noch konkretere Vorschläge bringen. Investieren Sie daher ruhig ein paar Minuten in die Auswahl einer passenden Fragestellung!

Für das Brainwriting selbst brauchen Sie mindestens drei Personen. Noch besser ist eine Gruppe zwischen fünf und acht Teilnehmern. Nun wird die Uhr auf fünf Minuten gestellt, und jeder Teilnehmer befüllt die drei Felder in der ersten Spalte mit jeweils einer Idee, die ihm zur festgelegten Fragestellung einfällt. Schon hier sieht man die wichtigsten Unterschiede zum Brainstorming: Nicht die besten oder die am lautesten vorgebrachten Ideen werden aufgeschrieben, sondern alle Ideen, und zwar von allen. Das Ergebnis geht meist auch über halbgare Gedanken und Stichworte hinaus, die schnell ans Flipchart geschrieben werden. In mehreren Minuten fokussierter Stille lassen sich wohldurchdachte Ideen in ganzen Sätzen festhalten. Und das alles passiert nicht nur auf der Basis dessen, was andere gesagt haben, sondern ist vielfach originär das, was jeder und jedem einfällt. Nicht das, was die Gruppe

Alle Optionen auf den Tisch

oder der Vorgesetzte hören oder sehen will, sondern das, was jeder denkt.

Wenn Sie das zu sechst machen, dann haben Sie schon nach fünf Minuten 18 Ideen gesammelt, drei Ideen von jedem. Es geht aber noch weiter. Ein besonderer Aspekt des Brainstormings ist, dass man sich gegenseitig befruchten kann. Dass man die Gedanken anderer Teilnehmer weiterdenken kann. Auf diesen Vorteil wollen wir beim Brainwriting nicht verzichten, allerdings geht das auch ruhiger und konstruktiver. Dazu gibt jeder Teilnehmer sein Blatt an einen anderen Teilnehmer weiter. Ob Sie das im oder entgegen dem Uhrzeigersinn machen oder aber kreuz und quer, das ist völlig Ihnen überlassen. Dann hat wieder jeder Teilnehmer fünf Minuten Zeit, drei Ideen niederzuschreiben, diesmal in die zweite Spalte. Das können völlig neue Überlegungen sein, es kann aber auch sein, dass Ihnen beim Lesen der ersten Spalte eine Idee gefällt, die Sie weiterdenken möchten, oder dass Sie zwei Ideen aus der ersten Spalte kombinieren. Auch hier gilt: Es gibt kein Richtig oder Falsch. Sie machen das so, wie es für Sie passt.

Im Anschluss werden die Blätter ein letztes Mal weitergegeben, und jede und jeder schreibt in die dritte Spalte noch mal drei Ideen, Überlegungen oder Vorschläge. Es gilt, was schon bisher galt: Sie können etwas völlig Neues hinschreiben. Sie können sich auf den ersten Gedanken in der Zeile beziehen oder auf den zweiten oder aber auf alle beide oder auf irgendwelche anderen auf diesem Blatt. Nach insgesamt 15 Minuten sind Sie fertig. Sie haben bei sechs Teilnehmern nun 54 mehr oder weniger durchdachte Ideen vorliegen. Lassen Sie gerne Ihre Erfahrungen mit dem klassischen Brainstorming Revue passieren … Da schaffen Sie nie eine so große Menge in einer solchen Qualität in einer so kurzen Zeit!

 Qualität

Das Brainwriting bewerten

Nicht jede Idee, die Sie im Zuge einer solchen Brainwriting-Session entwickeln, ist gut und nicht jede müssen Sie in weiterer Folge im Detail ausarbeiten. Was Sie aber machen sollten, ist, eine konsequente Bewertung dieser Ideen vorzunehmen, am besten gleich in der Gruppe, mit der Sie das Brainwriting gemacht haben. Dazu nehmen Sie sich ein Flipchart oder ein Whiteboard und malen ein Koordinatensystem: einen langen Pfeil nach oben und einen langen Pfeil nach rechts. Voilà! Diese Pfeile sind Ihre Achsen, die Sie nun benennen können, zum Beispiel nach oben den Nutzen und nach rechts den Aufwand. Damit haben Sie einen Raum, den Sie nutzen können, um Ihre Ideen einzuordnen und zu vergleichen. Je nachdem, was Ihnen oder dem Management besonders wichtig ist, können Sie die Achsen auch spezifischer benennen. Nach oben könnte das etwa der Return on Investment oder der Deckungsbeitrag sein, nach rechts die Umsetzungskosten oder die erwartete Schwierigkeit der Umsetzung.

Nun stellen Sie sich als Gruppe vor Ihr Koordinatensystem und kleben eine Idee nach der anderen nach kurzer Diskussion an die Stelle, die am ehesten passt. Beim Diskutieren merken Sie vielleicht, dass Sie Ihre ersten Einschätzungen nochmals hinterfragen und dass Sie bereits bewertete und eingeordnete Ideen an eine andere Stelle kleben. Oft kommen Sie in der Diskussion auch auf ganz neue Ideen, häufig können Sie Ideencluster bilden. Das Ergebnis ist eine bunt beklebte Fläche, die Ihnen ein erstes Gefühl dafür gibt, welche Ideen Sie gemeinsam entwickelt haben und welche Vor- und Nachteile und welche Konsequenzen mit jeder Idee verbunden sind. Außerdem sehen Sie rasch, welche Ideen am vielversprechendsten sind. Links oben finden Sie Ideen mit hohem Nutzen bei geringem Aufwand. Alles, was Sie dort finden, ist potenziell Gold wert. Diese Ideen sollten Sie später in die engere Wahl ziehen, wenn es darum geht, die Optionen auszuwählen, die Sie dem Entscheider vorlegen. Rechts unten finden Sie Ideen mit geringem Nutzen bei hohem Aufwand. Die können Sie guten Gewissens entsorgen.

Auf jeden Fall haben Sie ein erstes Gefühl dafür, was alles möglich ist. Damit haben Sie ziemlich sicher auch die Idee mit dabei, die dem Entscheider spontan im Meeting einfallen könnte. Und auf die Frage »Haben Sie sich auch die Option XY angesehen?« haben Sie eine Antwort, die etwa so aussehen könnte: »Danke für den Hinweis, Chef! Das haben wir uns natürlich auch angesehen. Allerdings ist das Thema bereits bei der Grobbewertung aus verschiedenen Gründen rausgeflogen, weil es den anderen Vorschlägen deutlich unterlegen war. Interessiert Sie, welche Gründe das sind?« Das können Sie ganz locker sagen, denn Sie haben sich zu dieser Option ja tatsächlich Gedanken gemacht und sie bewertet.

Optionen dort suchen, wo bereits jemand eine Lösung gefunden hat

Wenn Sie es systematisch angehen, dann finden Sie in Ihrem eigenen Kopf und in den Köpfen Ihrer Kolleginnen und Kollegen deutlich mehr Ideen, als Sie vielleicht vermuten. Wenn Sie das mit einer Methode wie zum Beispiel dem Brainwriting angehen, dann werden Sie vom Ergebnis überrascht sein. Sieht Ihr Entscheider, wie viele Gedanken Sie sich zu möglichen Optionen gemacht haben, dann machen Sie damit bereits einen guten Eindruck. Es soll aber nicht nur darum gehen, Eindruck zu machen, sondern vor allem darum, die besten Ideen zu finden, die besten Optionen und Varianten. Über Ihre eigenen Erfahrungen und Ideen hinaus gibt es dafür einen weiteren einfachen Weg. Versuchen Sie einfach, in Erfahrung zu bringen, wer sonst schon eine Antwort auf die Fragestellung gefunden hat, mit der Sie sich beschäftigen. Denn die allermeisten Fragen, mit denen Sie es zu tun bekommen, haben sich bereits andere Menschen gestellt. Kaum ein Problem, das nicht irgendwer irgendwo schon mal gelöst hat.

Qualität

Ganz egal, ob Sie einen Vorschlag für eine Organisation, einen technischen Bauteil oder einen Prozess brauchen, Sie sind mit sehr großer Wahrscheinlichkeit nicht die oder der Erste. Was liegt also näher, als den Blick ein wenig zu weiten und zu recherchieren, was es bereits alles gibt?

Sehen wir uns dazu ein konkretes Beispiel an. Nehmen wir an, Sie organisieren ein Event mit 200 Gästen für Ihre Firma. Vor ein paar Monaten waren Sie bei einer ähnlichen Veranstaltung eingeladen und Sie können sich noch lebhaft daran erinnern, dass der Check-in der Teilnehmer überhaupt nicht funktioniert hat. Es gab nur einen Eingang, die Wartenden standen zum Teil eine halbe Stunde lang im Regen und der bemühte Herr, der das Ticket jedes einzelnen Gastes persönlich überprüfte, war heillos überfordert. Das wirklich Blöde aber: Einige der Gäste waren stinksauer, manche machten auf dem Absatz kehrt und nahmen gar nicht an der Veranstaltung teil. Es wird gemunkelt, auch einer der größten Kunden sei dabei gewesen.

Natürlich können Sie sich im Team Gedanken darüber machen, wie das besser geht. Dafür bietet sich eine kurze Brainwriting-Session an. Zusätzlich können Sie auch von Erfahrungen anderer lernen. Sie könnten etwa »Reibungsloser Einlass bei Events« googeln und bekommen sofort eine Vielzahl von Artikeln mit Tipps und Tricks angezeigt. Das reicht Ihnen noch nicht? Dann überlegen Sie mal kurz, wer in der letzten Zeit ein Event ähnlicher Größe veranstaltet hat. Greifen Sie einfach zum Hörer und rufen Sie dort an. Die meisten Menschen haben überhaupt keine Scheu, wenn es darum geht, ihre Erfahrungen zu teilen, viele sind sogar richtig stolz darauf. So bekommen Sie in kurzer Zeit wertvolle Infos und vielleicht sogar einen neuen Kontakt. Gut, eigentlich hat Sie nur interessiert, wie Sie das mit dem Einlass machen wollen, aber wo Sie schon mal beim Telefonieren sind, können Sie gleich noch eine weitere Frage stellen: »Ist Ihnen bei Ihrem Event – in der Vorbereitung, beim Event oder im Anschluss – irgendetwas passiert, von dem Sie sagen: Das hätte ich gerne vorher gewusst?« – »Ja, wo Sie mich so fragen, da gab es schon ein paar Dinge …« Hatten Sie diese Themen bereits auf dem Radar? Wenn nein, dann haben Sie durch diese eine Frage einen oder mehrere blinde Flecken ausgeleuchtet. Sie haben genau die Infos, die Sie unter allen Umständen auch haben wollen, um ein gutes Event zu veranstalten.

Das reicht Ihnen noch immer nicht? Dann gibt es noch eine weitere Möglichkeit, zu spannenden Ideen zu kommen. Bleiben wir beim Thema »Einlass für ein Event«. Und jetzt die Frage: Wann und wo braucht es Zugänge und Einlässe in irgendeiner Form? Nun können Sie das Thema beliebig skalieren, das heißt, kleiner oder größer denken, bis Sie das Gefühl haben, jetzt haben Sie's. Ein paar Beispiele gefällig? Einen Einlass oder Zugang gibt es nicht nur bei Events, sondern auch an der Supermarktkasse oder am Flughafen. Wie machen die das? Und wie fühlt es sich für diejenigen an, die eingelassen werden? Wo ist es für die Betroffenen am angenehmsten, wo geht es am schnellsten und was können Sie daraus lernen? Oder gehen Sie noch einen Schritt weiter: Wie machen das die großen Sportstadien oder Festivals? Und sobald Sie das Gefühl haben, dass etwas Spannendes für Sie dabei sein könnte: Bemühen Sie Google oder rufen Sie die Leute an! Dafür brauchen Sie nicht viel Zeit zu investieren und bekommen die tollsten Ergebnisse. Wenn Sie nicht gerade von der Konkurrenz sind, dann wird man Ihnen bereitwillig Auskunft geben.

Damit haben Sie nicht nur einen Großteil aller denkbaren Optionen auf dem Radar. Achten Sie mal auf die Reaktion des Entscheiders, wenn Sie ihm sagen, dass Sie einen Vorschlag zum Thema »Einlass für das nächste große Event Ihres Unternehmens« haben und dass Sie dazu mit der Polizei oder mit dem Betreiber der Allianz Arena telefoniert haben … Das Thema »Akzeptanz« kommt noch, aber einen ersten großen Beitrag können Sie schon hier leisten.

 Qualität

Der Mensch ist eine Urteilsmaschine

Denken wir kurz zurück an Miriam und Mark. Sie erinnern sich, Miriam ist die Vorgesetzte von Mark und denkt darüber nach, ob sie mit ihm weiterarbeiten oder sich von ihm trennen soll. Auf die Frage, ob Miriam Mark noch eine Chance geben sollte oder ob sie ihm mit Ablauf der Probezeit kündigen sollte, hatten Sie sofort eine Meinung. Vielleicht hatten Sie sogar schon das Gefühl, Miriam einen Rat geben zu können, wie sie mit der Situation umgehen soll. Damit sind Sie nicht allein. Wenn Menschen mit Informationen konfrontiert werden, dann bilden sie sich eine Meinung, und zwar immer. Sie sind nicht ganz überzeugt? Dann machen Sie bitte bei nächster Gelegenheit das folgende kleine Experiment. Spazieren Sie durch eine belebte Straße. Sehen Sie sich die Menschen an, die Ihnen entgegenkommen. Nehmen Sie keinen Blickkontakt auf, sehen Sie einfach eine Person nach der anderen in Ruhe zehn Sekunden lang an. Wichtig dabei: Bilden Sie sich dabei keine Meinung über die Person. Fällen Sie kein Urteil.

Vielleicht geht es Ihnen wie mir. Ich musste das Experiment gar nicht machen. Es genügte schon, dass ich es vor meinem inneren Auge durchspiele, um zu erkennen: Das geht nicht. Ich habe nicht die allergeringste Chance, mir keine Meinung zu bilden. Der Mensch ist eine Meinungs- und Urteilsmaschine. Wir bewerten alles, zu dem wir nur den geringsten Bezug haben, und halten es kaum eine Sekunde aus, ohne uns eine Meinung zu bilden. Und damit sind wir beim zweiten Fehler, den unser Gehirn macht. Wir bilden uns auf der Basis offensichtlich unvollständiger und unzulänglicher Informationen eine Meinung. Wir machen das beim Spaziergang durch eine belebte Einkaufsstraße. Und wir machen das bei der Beurteilung der Situation von Miriam und Mark. Dabei ist es offensichtlich, dass wir so gut wie nichts über die Arbeit von Mark wissen. Wir haben nur erfahren, dass er oft nicht ans Telefon geht und spät zurückruft. Wir wissen aber nicht, wie gut er seine Arbeit macht. Wir wissen nicht, ob es überhaupt notwendig wäre, erreichbar zu sein, oder ob das nur ein spezielles Bedürfnis von Miriam ist. Wir wissen fast nichts, und doch entscheiden wir. Wir richten den Blick auf das, was da ist, begnügen uns damit und fällen ein Urteil, statt uns die Frage zu stellen, was noch fehlt.

Auch dieses Phänomen lässt sich mit »What You See Is All There Is«, kurz WYSIATI[38] sehr gut erklären. Wir tun unbewusst so, als wären die Informationen, die uns zur Verfügung stehen, vollständig, als gäbe es keine weiteren Informationen. Auf dieser Basis fällen wir unser Urteil. Die Autoren Chip und Dan Heath verwenden dafür den Begriff »Spotlight-Effekt«[39]. Sie vergleichen den Effekt mit einem Scheinwerfer, der nur einen ganz bestimmten Ausschnitt beleuchtet und alles andere im Dunkeln lässt. Um Entscheidungsalternativen zu identifizieren, die nicht auf den allerersten Blick offensichtlich sind, sollten Sie sich bewusst sein, dass es diesen Spotlight-Effekt gibt. Und Sie sollten sich aktiv gegen seine Wirkung zur Wehr setzen. Dazu sollten Sie Fragen stellen, sich selbst und anderen. Das sollten Sie einerseits tun, um die Qualität Ihrer Entscheidungsvorbereitung zu verbessern. Es gibt aber noch einen guten Grund: Reflektierte und gute Entscheider (häufig tritt beides gleichzeitig auf) sind sich bewusst, dass die effektivsten Fragen jene sind, die auf die Regionen abzielen, die außerhalb des Scheinwerferlichts liegen. Gute Entscheider stellen häufig Fragen wie »Was müssen wir noch wissen, um diese Entscheidung treffen zu können?«, »Welche Informationsquellen haben Sie genutzt, welche nicht und warum?« oder »Was spricht dagegen, dass wir die Entscheidung treffen wie von Ihnen vorgeschlagen?«.

Wollen Sie eine Entscheidung erhalten, dann brauchen Sie Antworten auf diese Fragen. Wenn Sie diese nicht haben, dann gibt es in aller Regel – wenigstens vorläufig – keine Entscheidung. Mit der Frage »Was spricht dagegen, dass wir die Entscheidung treffen wie von Ihnen vorgeschlagen?« ist ein weiterer Denkfehler oder Bias adressiert, der uns häufig begegnet: der Bestätigungsfehler oder *Confirmation Bias*. Dem berühmten englischen Ökonomen John

Qualität

Maynard Keynes wird das Zitat zuschrieben: »Wenn die Fakten sich ändern, ändere ich meine Meinung.«[40] Dieser Satz ist so banal und findet so uneingeschränkte Zustimmung, dass man ihn fast nicht zu erwähnen braucht. Allerdings ist das ein Trugschluss. Denn für die meisten Menschen, wohl auch für Keynes selbst, trifft er schlicht nicht zu. Menschen glauben zwar, dass sie ihre Meinung ändern, wenn sich die Fakten ändern, tun aber meist das Gegenteil. Richtiger wäre: »Wenn die Fakten sich ändern, bleibe ich bei meiner Meinung.« Mit diesem Satz will bislang allerdings keiner der großen Denker zitiert werden. Schuld an diesem Verhalten ist der Bestätigungsfehler oder Confirmation Bias. Haben wir uns nämlich – meist ohne dabei groß unser bewusstes Denken zu bemühen – eine Meinung gebildet, dann ist unser erster Impuls nicht, dieses Urteil infrage zu stellen und unsere Meinung zu ändern, vielmehr versuchen wir, die Meinung, die wir uns gebildet haben, zu bestätigen.[41] Das passiert meistens nicht bewusst, aber die Folgen kennen Sie sicherlich. Wenn Sie Nichtraucher sind, dann nehmen Sie in einem Artikel über das Rauchen eher jene Informationen wahr, die Ihr Verhalten unterstützen und bestätigen. Andere Informationen werden zuverlässig gefiltert. Sollten Sie Raucher sein, so ist es genau umgekehrt. Sie sehen nur das, was zu Ihrer Meinung und Ihrer Einstellung passt, und zwar ohne groß darüber nachdenken zu müssen. Wenn Sie ein neues Auto kaufen wollen und schon einen geheimen Favoriten haben (und den haben Sie oft schneller, als gut für Sie ist, denn Sie bilden sich sehr rasch eine Meinung), dann lesen Sie eher und mit größerer Aufmerksamkeit jene Zeitschriften, die dieses Auto wohlwollend betrachten und es gut bewerten. Sie sprechen lieber und ausführlicher mit Freunden und Bekannten, die Gutes über das Auto berichten. Und für den Fall, dass die Berichte ausgewogen oder gar negativ sind, wird Ihr unbewusster Filter aktiv und Sie hören und merken sich vor allem das, was Ihre bisherige Meinung bestätigt. Der Confirmation Bias ist weitverbreitet und er ist besonders schwierig zu bekämpfen, weil Sie ihm auch dann auf den Leim gehen können, wenn Sie sehr gewissenhaft und datenbasiert arbeiten. Denn auf dieser

Welt gibt es für fast alles die passenden Daten. Die müssen Sie nur finden und alle anderen weglassen, dann haben Sie datenbasiert Blödsinn produziert. Zum Glück gibt es eine sehr wirkungsvolle Methode, um dem Spotlight-Effekt und dem Confirmation Bias entgegenzuwirken.

Advocatus Diaboli

Braut und Bräutigam stehen vor dem Altar. Der Pfarrer will es noch einmal genau wissen, und zwar von den Hochzeitsgästen: »Wenn jemand unter den Anwesenden etwas gegen diese Verbindung einzuwenden hat, so möge er jetzt sprechen oder für immer schweigen.« Da wird das Kirchentor aufgestoßen. »Ja, ich. Dieser Typ ist ein Schwindler.« Es ist die Jugendliebe der Braut. Der Bräutigam hatte ihn ins Abseits manövriert. Jetzt aber nimmt er all seinen Mut zusammen, um für seine Liebe zu kämpfen. Es folgen tumultartige Szenen, die Vermählung wird abgebrochen. Wenige Wochen später steht die Braut mit dem richtigen Bräutigam vor dem gleichen Pfarrer. Das mutige Einschreiten hat sich gelohnt.

Die Szene, in der die Hochzeit im letzten Moment verhindert wird, kennen wir alle, allerdings nur aus dem Fernsehen. Im echten Leben traut sich das nämlich kein Mensch. Wenn zwei Menschen wild entschlossen sind, eine so folgenschwere Entscheidung zu treffen, dann will keiner der Spielverderber sein. Dann wird die beste Freundin sich auf die Zunge beißen, auch wenn sie findet, dass der Auserwählte nicht so recht zur Braut passt. Ähnliches gilt auch für Entscheidungen in Unternehmen. Wenn alle einer Meinung sind, dann will keiner dagegenstehen und der Spielverderber sein, wenigstens nicht offiziell. Denn damit stellt man sich gegen die Gruppe oder gegen deren Anführer. In solchen Situationen gibt es meist wenig zu gewinnen und viel zu verlieren. Das Risiko, sich damit dauerhaft den Stempel des Neinsagers und Hauptbedenkenträgers einzuhandeln, ist einfach groß. Was aber, wenn die Entscheidung falsch wäre? Was,

Qualität

wenn sich zwar fast alle sicher sind, aber eine aufmerksame Kollegin als Einzige den Fehler sieht? Für die Entscheidungsqualität wäre es gut, wenn sie etwas sagt. Nun ist sie in der Zwickmühle. Einerseits will sie das Beste für das Unternehmen, andererseits weiß sie, dass es ihrer Karriere schaden könnte, wenn sie sich kritisch äußert. Wie lässt sich dieses Dilemma auflösen?

Auf diese Frage hat die katholische Kirche die passende Antwort gefunden. Eine der höchsten Würdigungen ist dort die Heiligsprechung. Solche Heiligsprechungen aber bergen ein Risiko. Ein Heiliggesprochener, also ein Heiliger, wird zum Aushängeschild der Kirche. Kaum auszudenken, wenn dieser später als Verbrecher oder Häretiker überführt würde! Gleichzeitig ist Widerspruch im Fall von Zweifeln schwierig. Wer auf die Liste der Kandidaten für eine Heiligsprechung gesetzt wird, der ist durch seine Nominierung alleine über jeden Zweifel erhaben. Wer sollte da den Mut besitzen und vortreten, um seine Bedenken zu äußern? Das wäre kirchenpolitischer Selbstmord, daher sollte man das von niemandem erwarten. Daher hat die Kirche eine andere Lösung gefunden.

Bei der Heiligsprechung gibt es nicht nur einen Fürsprecher, den Advocatus Dei, also den Anwalt Gottes, der den Heiligzusprechenden verteidigen soll und der erfolgreich ist, wenn die Heiligsprechung durchgeht. Es gibt auch einen Advocatus Diaboli, also den Anwalt des Teufels, der die Gegenposition einnimmt. Er sucht sich diese Aufgabe aber nicht aus, er bekommt sie zugewiesen. Und es ist seine Aufgabe, möglichst gut dagegenzuhalten. Das heißt, er macht seine Arbeit nicht dann gut, wenn er leise ist, zustimmt und klein beigibt. Er hat eine andere Rolle. Er macht dann einen guten Job, wenn er möglichst fundiert gegen den Kandidaten und seine Heiligsprechung argumentiert. Er ist dann erfolgreich, wenn der Kandidat nicht heiliggesprochen wird.

Wollen wir qualitativ hochwertige Entscheidungen treffen, dann können wir das Konzept des Advocatus Diaboli für uns nutzen.

Das heißt, im Kreis der Kolleginnen und Kollegen stellen wir nicht die Frage, wer denn etwas gegen das Vorhaben einzuwenden hätte. Dazu müsste sich nämlich jemand exponieren, und die Wahrscheinlichkeit ist groß, dass das keiner möchte und dass berechtigte Kritik unausgesprochen bleibt. Vielmehr bitten wir eine Kollegin oder einen Kollegen, diese Rolle einzunehmen. So wird der negative Beigeschmack der Kritik entfernt. Kritik hängt nicht mehr an der Person und kann zu Feindschaft oder Ausgrenzung führen, sie ist Teil einer Rolle. Und wer die Rolle professionell ausübt, der kritisiert möglichst hart. Und bringt damit all das ans Licht, was bei der ersten Betrachtung im Dunkeln und außerhalb des Scheinwerfers lag.

Akzeptanz

Neulich traf ich meinen Freund Bernd. »Gut schaust du aus! Machst du wieder mehr Sport?« Ich lachte ihn mit meinem breitesten Grinsen an. »Kitesurfen. Mit der Familie war ich den ganzen Sommer am Neusiedler See.« Er blickte an seinem Körper hinunter. »Ein wenig Sport würde mir auch nicht schaden. Super, wie du das immer machst.« Ich überlegte kurz. Vielleicht konnte ich Bernd ja helfen. Ich war so begeistert von meinem Sport, da konnte ich Bernd sicher motivieren und mit meiner Begeisterung anstecken. »Versuch es doch auch mal mit Kitesurfen!«, begann ich. »Du bist an der Sonne, machst ein Ganzkörpertraining und schwierig zu lernen ist es auch nicht.« – »Super, wie du dich da reinhängst. Mir wäre das ehrlich gesagt zu aufwendig«, war Bernds mäßig enthusiastische Reaktion. »Ach was, das ist doch nicht aufwendig!«, erwiderte ich. »Das Material kannst du dir am Anfang ausleihen.« Bernd schien nicht überzeugt. »Ich glaube, das ist nichts für mich.« Einen letzten Anlauf machte ich noch. »Warum denn nicht? Komm doch nächstes Wochenende zu uns an den See, dann zeige ich es dir!« Was soll ich sagen? Bernd kam nicht. Das ist auch kein Wunder, denn in meinem Versuch, ihn zu überzeugen, hatte ich alles falsch gemacht, was es falsch zu machen gab.

Instant Influence

Was es tatsächlich braucht, um andere Menschen zu überzeugen, das hatte Dr. Michael Pantalon als junger Psychologe entdeckt. In der Notaufnahme landeten immer wieder Patienten unter Alkohol- oder Drogeneinfluss. Sie mussten entweder wegen Vergiftungssymptomen behandelt werden oder weil sie sich im Drogen- oder

Akzeptanz

Alkoholrausch verletzt hatten. Das größte Problem der Ärzte mit diesen Patienten war aber, dass sie es nicht nur einmal mit ihnen zu tun hatten, sondern dass sie immer wieder in der Notaufnahme auftauchten. Damit stellten sie eine echte Herausforderung für die Kapazität der Klinik dar. Die Ärzte schafften es in der kurzen Zeit der Behandlung nicht, dem Leben der Patienten eine neue Richtung zu geben. »Hören Sie doch mit dem Trinken auf«, sagten die Ärzte häufig. »Wenn Sie so weitermachen, dann machen Sie es keine fünf Jahre mehr!« Aber halfen diese eindringlichen Aufforderungen und Warnungen auch? Pantalon machte die Beobachtung, dass die Aufforderungen der Ärzte vollkommen wirkungslos waren. Ein paar Tage oder Wochen später war der Patient wieder da und musste neuerlich behandelt werden. Unter der Situation litten alle Beteiligten, die Patienten selbst, deren Umfeld, aber auch die Ärzte. Die entscheidende Frage war: Wie bewegt man Menschen dazu, das zu tun, was das Beste für sie selbst ist? Als ausgebildeter Psychologe stellte Pantalon eine einfache Frage, die noch kein anderer Arzt gestellt hatte: Wer kennt die Gründe, aus denen sich ein Patient dazu entschließen könnte, sein Verhalten zu ändern? Wer weiß, was einen Patienten motivieren könnte? Die Antwort ist denkbar einfach: Nur der Patient weiß, warum er sich dafür oder dagegen entschließen könnte, sein Verhalten zu ändern. Nur der Patient weiß, was ihn selbst motivieren könnte. Michael Pantalon nahm seine Beobachtungen zum Anlass, das Überzeugungsverfahren »Instant Influence« zu entwickeln. Es basiert auf drei einfachen Annahmen:[42]

1. Niemand muss irgendetwas tun. Die Entscheidung liegt immer bei dir.

2. Jeder Mensch ist bereits ausreichend motiviert.

3. Konzentration auf die kleinste positive Motivation funktioniert besser, als nach Widerständen zu fragen.

Sehen wir uns diese drei Annahmen nun etwas genauer an.

Instant Influence

Niemand muss irgendetwas tun

Wie reagiert wohl mein Sechsjähriger, wenn ich ihn auffordere: »Clemens, räum dein Zimmer auf!« Er sagt natürlich Nein. Oder aber er startet einen Verhandlungsprozess und nennt seine Bedingungen. »Papa, wenn ich das Zimmer aufräume, dann will ich davor einen Film sehen!« Manchmal fragt er mich auch, ob ich vollkommen verrückt bin, und zieht sich dorthin zurück, wo die Welt noch so ist, wie er sich das vorstellt: in sein Zimmer. Wenn Clemens anders reagieren würde, dann müsste ich mir wohl ernsthaft Sorgen machen. Über ein »Ja, Papa, gerne räume ich mein Zimmer auf« würde ich mich zwar freuen, das Thema des abendlichen Gesprächs mit meiner Frau wäre aber gesetzt: Geht es unserem Kind gut? Führt er etwas im Schilde? Der kann doch nicht einfach Ja sagen und das machen, was wir wollen!? Da stimmt doch etwas nicht!

Bei Kindern finden wir es ganz normal, dass sie reflexartig zu vielem erst mal Nein sagen. Dabei ist das Prinzip dahinter Teil der menschlichen Natur, auch bei uns Erwachsenen. Es nennt sich »psychologische Reaktanz«.[43] Wenn uns jemand sagt, dass wir etwas tun sollen, dann regt sich in uns Widerstand. Dann wollen wir es wahrscheinlich nicht mehr so sehr tun, auch wenn wir es gerade eben noch wollten. Jack Brehm konnte das bereits in den Siebzigerjahren nachweisen. In einem einfachen Experiment hatten Versuchspersonen die Wahl, welche von zwei Aufgaben sie zuerst ausführen wollten.[44] Zwei Teilnehmer waren allerdings vorab instruiert worden und hatten spezielle Anweisungen bekommen. Wenn diese sich neutral verhielten, dann waren beide Aufgaben etwa gleich populär, das heißt, die Teilnehmer wählten beide Aufgaben etwa gleich oft als Erstes aus. Nahmen die beiden instruierten Teilnehmer aber ihre Rolle wahr und sprachen sich dafür aus, mit einer der beiden Aufgaben zu beginnen, dann änderte sich die Stimmung in der Gruppe. Sie können sich vielleicht schon denken, was passierte. Die anderen Teilnehmer wehrten sich in

 Akzeptanz

ihrem Wahlverhalten gegen diese wahrgenommene Bevormundung und stimmten mehrheitlich dafür, mit der anderen Aufgabe zu beginnen.

Jeder ist motiviert

Haben Sie schon mal einer Gruppe von Menschen die Frage gestellt, was die Aufgabe einer Führungskraft ist? Ich gebe Ihnen hiermit Brief und Siegel darauf, dass »Mitarbeiter motivieren« mit auf der Liste stehen wird. Klar, eine Führungskraft muss dafür sorgen, dass die Mitarbeiter das tun, was die Führungskraft von ihnen erwartet und was gut für das Unternehmen ist. Früher hat man das mit Befehlen, später mit Anweisungen geregelt. Aber das entspricht nicht unserem Menschenbild. Daher machen wir das heute nicht mehr. Heute wollen wir den Mitarbeitern keine Befehle mehr geben, aber machen sollen sie bitte schön schon das, was wir uns vorstellen. Wie aber durchschlagen wir diesen gordischen Knoten? Wie lösen wir den Widerspruch auf, dass wir die Mitarbeiterin einerseits als eigenverantwortliche Person ernst nehmen möchten und andererseits bestimmen wollen, was sie tut? Ganz genau, wir motivieren sie. Das finden Sie blöd? Ich auch, und dennoch findet Google in weniger als einer Sekunde mehr als sechs Millionen Suchergebnisse zu »Mitarbeiter motivieren«.

Es gibt auch einen anderen Weg, und den finden wir, wenn wir uns jene Menschen ansehen, die wir am allerwenigsten mit Motivation in Zusammenhang bringen. Der Begründer der positiven Psychologie, Martin Seligman, hat sich intensiv mit Menschen auseinandergesetzt, die an schweren Depressionen leiden. Vielen dieser Menschen fehlt die Motivation so sehr, dass sie morgens kaum aus dem Bett kommen, obwohl sie wissen, dass ihnen das guttun würde. Viele hätten gerne mehr Kontakt mit anderen Menschen, bringen aber nicht die Motivation auf, das Haus zu verlassen. Wenn man über fehlende Motivation spricht, dann sind diese Menschen ein guter Startpunkt. Für die Arbeit mit depressiven Menschen ist das eine enorme Herausforderung. Wie sollte sich etwas ändern, wenn schon der Antrieb für die kleinste Änderung fehlt? Seligman war nicht restlos überzeugt. Vielleicht hatten ja auch depressive Menschen ausreichend Motivation, um etwas zu ändern, fanden aber einfach nicht den Zugang zu dieser Motivation? Also stellte er einer Anzahl von Depressiven die Frage, was sie tun würden, wenn sie nicht depressiv wären.[45] Alle Patienten hatten sich selbst als lethargisch und antriebslos beschrieben. Sie hatten das Gefühl, nicht die Antriebskraft aufbringen zu können, um einfach rauszugehen und das Leben zu genießen. Seligman forderte sie auf, täglich kurze Aufzeichnungen zu machen, und zwar eben nicht darüber, was sie taten. Denn das wäre sehr wenig gewesen. Die Patienten sollten nur festhalten, was sie gerne machen würden, wenn sie mehr Energie hätten. Das erstaunliche Ergebnis: Nach nur einer Woche – und ohne, dass die Patienten aktiv etwas getan hätten – fühlten sich die meisten von ihnen aktiver und energetischer, glücklicher und weniger depressiv. Was wir daraus lernen können? Motivation ist in jedem von uns und auch in allen anderen Menschen vorhanden. Es gibt keinen Grund, andere Menschen zu motivieren.[46] Es reicht vollkommen aus, wenn wir andere Menschen dabei unterstützen, ihre eigene Motivation zu entdecken.

Andere motivieren geht – mit den drei Prinzipien von Michael Pantalon

»Schatz«, sagen Sie zu Ihrem Partner, »lass uns doch morgen Abend ins Kino gehen!« Sie ernten ein schiefes und etwas gezwungenes Lächeln. Begeisterung sieht anders aus. »Na, komm schon! Warum denn nicht?« Autsch. Denn worüber wird Ihr Partner nun nachdenken? Genau, über all jene Gründe, die dagegensprechen. »Warum nicht? Hm, lass mich nachdenken! Ich habe keine Lust, außerdem habe ich noch so viel zu tun. Die Wäsche ist noch nicht gemacht. Morgen erwartet mich ein anstrengender Tag

Akzeptanz

im Büro, da will ich meine Ruhe. Außerdem wollte ich noch die Geburtstagseinladungen für die Kinderparty übernächste Woche machen.« Sie haben sie oder ihn mit der Frage »Warum nicht?« gedanklich genau in die falsche Richtung geschickt. Jetzt sucht er oder sie nach Gründen dagegen. Vielen Menschen ist das nicht bewusst. Wenn Sie Menschen beeinflussen und überzeugen wollen, dann begehen Sie mit »Warum nicht?« quasi Überzeugungsselbstmord. Besser und schneller können Sie sich beim Versuch, andere zu überzeugen, gar nicht sabotieren. Leider kommt uns diese Frage sehr leicht über die Lippen. Wir haben eine Idee, ein anderer ist dagegen. Das akzeptieren wir nicht und stellen es mit »Warum nicht?« infrage. Die Folge ist, dass der andere noch mehr über die Gründe für seinen Widerstand nachdenkt. Damit wird der Widerstand noch stärker.

Sehen wir uns diese drei Punkte an, dann wird auch klar, was genau ich beim Versuch, Bernd zu überzeugen, falsch gemacht habe. Ich habe ihn mit meinem Vorschlag, es doch mit dem Kitesurfen zu versuchen, überfahren. Obwohl wir gute Freunde sind, musste er sich – dem Prinzip der Reaktanz folgend – gegen meinen ungefragten Rat wehren. Nachdem ich ihn in eine solche Abwehrhaltung hineinmanövriert hatte, habe ich meine Argumente auf ihn abgefeuert. Meine Argumente enthielten meine eigenen Gründe, warum ich diesen Sport so liebe, nicht aber seine Gründe, warum er ihn vielleicht auch lieben könnte. Schließlich habe ich ihn mit meinem »Warum nicht?!« noch tiefer in seine Ablehnung gezwungen. Jetzt dachte er darüber nach, warum er es auf gar keinen Fall auch nur ausprobieren sollte. Was sich für die meisten von uns wahrscheinlich ganz normal angehört hat, weil wir es gewohnt sind, dass Menschen versuchen, uns auf diese Weise zu überzeugen, stellt sich bei näherer Betrachtung als die perfekte Anleitung zum Misserfolg heraus. Beim Versuch, alles richtig zu machen, machen wir alles falsch. Wie hätte unser Gespräch mit dem Wissen um die drei Prinzipien von Michael Pantalon stattdessen verlaufen können? Etwa so:

Instant Influence

Neulich traf ich meinen Freund Bernd. »Gut schaust du aus! Machst du wieder mehr Sport?« Ich lachte ihn mit meinem breitesten Grinsen an. »Kitesurfen. Mit der Familie war ich den ganzen Sommer am Neusiedler See.« Er blickte an seinem Körper hinunter. »Ein bisschen Sport würde mir auch nicht schaden. Super, wie du das immer machst.« Ich überlegte kurz. Vielleicht konnte ich Bernd ja helfen. Immerhin wusste ich über die wichtigsten Überzeugungsprinzipien Bescheid. »Ganz ehrlich, Bernd, warum würdest ›du Sport machen wollen?« Bernd sah mich überrascht an. »Also, eigentlich habe ich auf Sport gar keine Lust. Ich höre Sport‹ und denke daran, wie ich mich anstrengen muss und wie ich schwitze. Aber Sabine hat letztes Jahr fünf Kilo abgenommen. Seither hat sie viel mehr Energie, kommt's mir vor. Da kann ich kaum noch mithalten. Außerdem, also sie sagt zwar nichts, aber morgens im Bad schaut sie mich manchmal schon ein bisschen komisch an.« Ich nicke, sage aber nichts. »Ich weiß nicht, ob ich ihr noch so gut gefalle wie früher. Ich will einfach gut aussehen. Für meine Freundin, und auch für mich. Verstehst du das? Da wäre ein wenig Bewegung sicher nicht schlecht.« Wieder nicke ich. »Klar, das geht mir doch genauso. Nehmen wir mal an, du würdest schon regelmäßig etwas Bewegung machen. Was wäre dann anders?« Bernd denkt kurz nach. »Naj a, ich hätte mehr Energie, ich käme morgens leichter aus dem Bett. Ich würde mich wieder gerne im Spiegel ansehen. Und wahrscheinlich hätte ich auch wieder mehr Achtung vor mir selbst.« Ich sage nichts, nicke nur und schaue Bernd in die Augen. Zwei Wochen später ruft er mich an. »Georg, ich war jetzt schon sechsmal im Prater. Erst nur schnell gehen, dann habe ich es auch mit Laufen probiert. Gestern habe ich eine halbe Stunde geschafft.« Ich erwidere: »Cool, gratuliere.« Er fährt fort: »Sag mal, was machst du da am Neusiedler See immer? Kitesurfen, ist das dieses Ding mit dem Gleitschirm? Das ist aber schon sehr extrem, oder?« – »Och, das ist leichter, als es aussicht. Aber klar, das ist nicht für jeden etwas. Wasser, Sonne, Wind, das muss man schon mögen. Warum fragst du?«, erwidere ich. »Was meinst du?«, bleibt Bernhard dran, »wäre das etwas

 Akzeptanz

für mich?« – »Keine Ahnung«, sage ich. »Das muss jeder für sich selbst herausfinden. Möchtest du es denn mal ausprobieren?« Eine Woche später sind wir gemeinsam auf dem Wasser. Ob Bernd dabeibleibt? Schwer zu sagen. Was ich aber weiß, ist, wer entscheidet, ob er dabeibleibt.

Lassen Sie uns die Erkenntnisse von Michael Pantalon auf das Überzeugen in Unternehmen übertragen. Sie wollen eine Entscheidung von einem Manager erhalten? Ich zeige Ihnen dazu ein paar Beispiele aus dem echten Leben. Gemeinsam mit Max sehen wir uns an, was die meisten Menschen machen, obwohl es nicht funktioniert. Dem stellen wir mit Julia gegenüber, wie es besser geht.

Max beschwört die Mitglieder im Projektsteuerungskreis mit eindringlichen Worten. »Sehr geehrte Damen und Herren, das Projekt ist auf dem kritischen Pfad. Wenn wir diese Entscheidung heute nicht treffen, dann werden wir den Projektzeitplan nicht schaffen. Sie müssen das Thema heute entscheiden!« Am Ende des Termins erhält Max keine Entscheidung, sondern wird auf den nächsten Termin vertröstet. Er ist fassungslos. »Da macht man den Entscheidern klar, wie wichtig es ist, dass sie entscheiden. Und was machen die? Die entscheiden erst recht nicht! Unfähige Idioten!«, denkt sich Max. »So was von unprofessionell, und mit so jemandem muss ich hier zusammenarbeiten. Ein Witz ist das!«

Was hat Max falsch gemacht? Auf den ersten Blick gar nichts, denn der Satz »Sie müssen das heute entscheiden« ist kein ungewöhnlicher. Ich selbst habe ihn schon ein gutes Dutzendmal gehört, wahrscheinlich habe ich ihn früher sogar selbst verwendet. Allerdings ist er kontraproduktiv, weil er den Entscheidern die Autonomie nimmt. Denken wir an die drei Prinzipien von Michael Pantalon. Niemand muss irgendetwas tun. Sage ich dem Entscheider, dass er entscheiden muss, dann zwinge ich ihn fast dazu, sich gegen diese Bevormundung zu wehren. Max hat genau das gemacht.

Instant Influence

»Sie müssen heute eine Entscheidung treffen!« Was soll das denn? Natürlich reagieren Führungskräfte nicht wie kleine Kinder. Sie werden als Antwort kaum einmal ein beleidigtes »Nein, das muss ich nicht!« hören. Dazu sind die meisten von ihnen schlicht zu gut erzogen. Aber in den Köpfen der Entscheider erzeugt Max genau diesen Gedanken. Er hat Reaktanz erzeugt. Sie mussten in den Widerstand gehen.

Julia wählt dagegen einen ganz anderen Zugang: »Sehr geehrte Damen und Herren, schön, dass Sie heute da sind. Ich habe Ihnen auch ein paar positive Nachrichten mitgebracht. Obwohl es in den letzten Wochen an ein paar Stellen im Projekt geknirscht hat, haben wir es wieder auf Kurs gebracht. Wir sind im Zeitplan und auch im Budgetrahmen. Unser Vorschlag aus dem Projektteam wäre, das Thema heute zu entscheiden und auf den Weg zu bringen. Damit könnten wir das Projekt auch pünktlich abschließen. Aber selbstverständlich ist das Ihre Entscheidung. Was halten Sie davon?« Der Termin ist zu Ende, und Julia hat genau die Entscheidung in der Hand, die sie wollte. Erreicht hat sie das, indem sie die Ablehnungsknöpfe, auf denen Max bei den Teilnehmern wie wild herumgehämmert hat, einfach nicht gedrückt hat. Sie hat die Teilnehmer wie erwachsene Menschen behandelt und ihnen vermittelt, dass sie in ihrer Entscheidung frei sind. Damit hat sie keine Reaktanz ausgelöst und auch keinen Widerstand erzeugt.

Ein anderes Beispiel. Zweimal im Jahr lässt sich der Vorstand höchstpersönlich vom Projektfortschritt berichten. Max hat eine halbe Stunde. Er weiß, dass er diese Zeit optimal nutzen muss, und hat eine detaillierte Agenda vorbereitet. Er beginnt: »Sehr geehrte Damen und Herren, vielen Dank für den Termin heute. Wir haben nur eine halbe Stunde, daher zeige ich Ihnen erst mal, wo wir im Projekt stehen.« Kaum hat er seine Ausführungen begonnen, da unterbricht ihn der CEO und stellt ihm eine Frage zu Seite 21 in der Unterlage. Die Frage wächst sich zu einer ausführlichen Diskussion aus. Nach einer halben Stunde Diskutieren ist das Meeting

Akzeptanz

vorbei. Die Vorstandsmitglieder müssen dringend weg. Was das Projekt betrifft, haben sie kein sehr gutes Gefühl, denn über die wirklich wichtigen Dinge wurde nicht gesprochen. Max findet, daran ist der Vorstand selbst schuld. Was ist passiert? Ganz klar, wieder hat Max auf die Ablehnungsknöpfe der Entscheider gedrückt. Allerdings ist das gar nicht so leicht zu erkennen. Wer hat versucht zu entscheiden, wie der Termin läuft und worüber gesprochen wird? Das war Max. Er hat sich eine detaillierte Agenda überlegt und damit versucht, die Entscheidung zu treffen, worüber gesprochen wird. Damit hat er den Vorstandsmitgliedern die Entscheidungsautonomie genommen. Und weil vor allem Topentscheider sehr genau darauf achten, dass ihre Autonomie gewahrt bleibt, haben sie sich gewehrt. Sie haben das nicht etwa gemacht, indem sie gesagt haben: »Nein, wir machen das nicht nach Ihrer Agenda. Ich bin hier der Chef und ich entscheide!« Sie haben das sehr viel subtiler gemacht. Sie haben das Kommando übernommen, indem sie Max einfach mit einer Frage unterbrochen haben. Das hat vollkommen gereicht.

Julia wählt wieder einen anderen Zugang. Sie beginnt: »Sehr geehrte Damen und Herren, vielen Dank für den Termin heute. Wir haben nur eine halbe Stunde, daher habe ich eine Agenda vorbereitet. Wollen wir gemäß der Agenda vorgehen oder möchten Sie gleich an einer bestimmten Stelle tiefer einsteigen?« Der CEO hebt den Kopf. »Nein, nein, machen Sie einfach mal.« Julia arbeitet die Agenda ab, und 20 Minuten später verlässt der Vorstand rundum informiert und mit einem guten Gefühl das Meeting. Der Unterschied in der Vorgehensweise zwischen Julia und Max ist nicht groß, und doch war er entscheidend. Max hat, nicht zuletzt, weil er so gut vorbereitet war und eine klare Agenda dabeihatte, das Kommando übernommen und damit – ohne sich dessen bewusst zu sein – die Entscheidungsfreiheit der Topmanager infrage gestellt. Dagegen mussten sie sich wehren. Julia hingegen war ebenfalls gut vorbereitet und hatte eine klare Agenda, hat diese aber nur als Vorschlag eingebracht, den der Entscheider annehmen oder ablehnen konnte. Hier gab es keinen Widerstand, der Vorschlag wurde angenommen.

Darf es noch ein Beispiel sein? Max bereitet ein wichtiges Meeting vor, es gilt beim Steuerungskreis die Entscheidung für die nächste Projektphase und das Budget dafür zu bekommen. Ein paar Tage vor dem Termin versendet er die Unterlage. In der E-Mail wird er deutlich:

Sehr geehrte Damen und Herren,

das Projekt ist auf Kurs. Damit wir auf Kurs bleiben, brauchen wir am nächsten Dienstag die verbindliche Entscheidung, die nächste Projektphase zu starten und das Budget dafür freizugeben.

Danke und freundliche Grüße.

Dann das Meeting. Der Projektauftraggeber hat sich kurzfristig entschuldigen lassen und schickt stattdessen einen Mitarbeiter. Ein weiterer wichtiger Teilnehmer fehlt. Am Ende einigt man sich darauf, das Team möge erst mal weiterarbeiten. Eine formale Beauftragung der nächsten Phase und die Budgetfreigabe dazu, das gehe leider nicht, schließlich sei auch der Auftraggeber gar nicht da. Max ist sauer und verzweifelt. Er soll weiterarbeiten, hat dafür aber keinen richtigen Auftrag und auch kein Budget. Soll er das jetzt auf eigenes Risiko einfach machen? Wenn das danebengeht, reißt ihm sein Chef den Kopf ab. Oder soll er dem Chef sagen, dass der dem Kunden sagen soll, dass das Team pausiert, bis die Beauftragung da ist? Auch das ist keine Lösung, mit der er beim Chef Punkte sammeln wird.

Julia steht vor einer ähnlichen Herausforderung. Allerdings geht sie etwas anders an die Sache heran. Eine Woche vor dem Termin mit dem Steuerungskreis telefoniert sie die vier wichtigsten Teilnehmer durch. Einen Termin mit jedem Einzelnen, das wäre schwierig geworden, aber fünf Minuten am Telefon, das geht immer. Die

Akzeptanz

Telefonate ähneln sich. Julia fragt, wie zufrieden sie mit dem Projektfortschritt sind und ob sie beim Termin dabei sein können. Dabei erfährt sie gleich, dass der Auftraggeber einen Mitarbeiter schicken will. Sie sprechen über das Projekt, ein paar Kleinigkeiten gibt es immer. Gut, dass jeder Einzelne das im Telefonat schon loswerden kann, dann braucht es im Meeting selbst keine Zeit und Energie mehr dafür. Julia verspricht, dass sich das Team bis zum Termin mit dem Steuerungskreis darum kümmert. Dann geht es um die Entscheidung. »Sie wissen ja, dass wir eben die aktuelle Projektphase abschließen. Es wäre gut, wenn wir im Steuerungskreis beschließen, die nächste Projektphase zu starten und auch gleich das Budget dafür freigeben. Seien Sie gerne ganz offen: Was braucht es aus Ihrer Sicht denn, damit Sie das Thema entscheiden können?« Pause am anderen Ende der Leitung, es wird nachgedacht. Julia hat ihren Bleistift gespitzt, denn sie weiß: Was nun kommt, ist wichtig. Dreimal hört sie kaum Neues. Es müsse alles sauber aufbereitet sein, die Zahlen müssten passen, man werde sich bei den Mitarbeitern noch mal umhören. Julia ist zufrieden, das kann sie alles bedienen. Beim Projektauftraggeber aber wird es spannend. Seine Antwort: »Ich habe das Gefühl, wir haben mit dem Projekt noch nicht die Sichtbarkeit im Unternehmen, die sich das Thema verdienen würde. Sie und wir investieren da ordentlich rein, das sollte auch gesehen werden, vor allem auch vom Vorstand.« Julia hat verstanden. »Alles klar. Wenn ich Ihnen bis morgen Abend ein Konzept schicke, wie wir das Projekt noch besser im Haus vermarkten können, vor allem gegenüber dem Vorstand, habe ich dann Ihre Unterstützung?« Der Auftraggeber zögert kurz. »Ja, Sie haben meine Unterstützung. Das Konzept reicht mir aber auch noch nächste Woche.« Julia weiß nun, was sie zu tun hat. Sie hat gefragt und erfahren, was den Projektauftraggeber zu einer Entscheidung motiviert. Die Entscheidung hat sie damit in der Tasche. Da ist dann auch egal, wenn der Projektauftraggeber nur einen Mitarbeiter schickt, denn der hat einen klaren Auftrag, nämlich zuzustimmen Das Konzept für die bessere Vermarktung des Projekts hatte sie ohnehin für nächste Woche geplant.

Perspektivwechsel

Wenn ich beruflich unterwegs bin, dann fahre ich sehr gerne Bahn, da ich die Reisezeit gut nutzen kann, egal ob für die Vor- oder Nachbereitung eines Termins, um etwas auszuruhen oder um ein Buch zu schreiben, so wie gerade jetzt. Da ich öfter Bahn fahre, kaufe ich mir regelmäßig eine Ermäßigungskarte, denn günstig Bahn fahren finde ich noch mal besser als teuer Bahn fahren. Ich gehe also auf die Website der Bahn, um mir eine Ermäßigungskarte zu kaufen. Dort gebe ich meinen Namen, meine Adresse und mein Geburtsdatum ein … und staune. Es werden mir nämlich genau zwei Alternativen angeboten, eine Vorteilscard 66 und eine Vorteilscard Family. »Das muss ein Missverständnis sein«, denke ich, »denn ich reise überwiegend allein und nicht mit der Familie, und ich brauche auch keine Seniorenermäßigung«. Gut, die Haare an den Schläfen werden langsam grau, aber auf die 66 fehlen mir noch gut 20 Jahre. Habe ich etwa mein Geburtsdatum falsch eingegeben, also 1874 statt 1974? Das würde den Fehler erklären. Also zurück zum Start! Ich gebe nochmals alle Daten ein, überprüfe diesmal das Geburtsdatum ganz besonders sorgfältig … und finde mich vor der gleichen Auswahl wieder: Vorteilscard 66 oder Vorteilscard Family. Was soll das denn?! Bei jedem anderen Einkauf im Internet würde ich es jetzt sein lassen und mir einen anderen Anbieter suchen, aber das ist keine Alternative. Einen anderen Anbieter für die Ermäßigungskarte der Bahn gibt es nicht. Also rufe ich Google als allwissendes Sammelbecken des Internets zu Hilfe. Eine kurze Recherche, und plötzlich wird alles klar. Eine Ermäßigungskarte für die Bahn kostet normalerweise 99 Euro. Allerdings macht das Ausstellen am Bahnhofsschalter viel Arbeit. Das ist teuer und sorgt für lange Warteschlangen. Also versucht die Bahn, ihre Kunden umzuleiten, damit sie die Ermäßigungskarte online kaufen. Als Anreiz ist sie dort ein Drittel billiger, macht 66 Euro. Daher nennt sie die Bahn auch gleich so, also Vorteilscard 66. S weit macht das alles Sinn. Unglücklicherweise verfügen sehr viele Kunden nicht über diese Information, sie sehen nur die

 Akzeptanz

Produktbezeichnung und sind verwirrt. Denn bei der Zahl 66 denken mehr als drei Viertel an eine Seniorenermäßigung. Und das alles bei einem Produkt, dass jedes Jahr mehrere Zehntausend Mal verkauft wird. Aua.

Was ist hier passiert? Ganz einfach, der Produktmanager oder wer immer sich diese Produktbezeichnung ausgedacht hat, hat es versäumt, die Perspektive zu wechseln. Alles ist korrekt – aus Sicht des Unternehmens. Und auch die meisten Menschen, denen man den Sachverhalt mit der Wartezeit am Schalter, der Online-Ermäßigung von einem Drittel und dem neuen Preis von 66 Euro erklärt, finden alles schlüssig und auch die Produktbezeichnung nachvollziehbar und gut.

Aus der Perspektive des unschuldigen Kunden sieht das aber ganz anders aus. Hier gibt es keine Erklärung vorab, hier gibt es nur die Produktbezeichnung, und die löst Verwirrung und Störgefühle aus. In meinem Fall war die Verwirrung so groß, dass ich gar nicht auf die Idee gekommen bin, mir das Produkt genauer anzusehen. Für mich war klar: Das ist nicht das richtige Produkt für mich. Warum also sollte ich weitere Informationen einholen? Wenn sich sogar ein Konzern mit Milliardenumsätzen schwer dabei tut, die Perspektive zu wechseln und die Sicht des Kunden einzunehmen, dann ist die Sache mit dem Perspektivwechsel offenbar gar nicht so einfach. Und doch ist sie entscheidend, wenn wir andere Menschen dazu bewegen wollen, eine Entscheidung zu treffen.

Wessen Perspektive zählt?

Haben Sie sich in den letzten Monaten ein Auto gekauft oder eine andere größere Anschaffung getätigt, bei der Sie Kontakt mit einem Verkäufer hatten, sei es eine Fotokamera, ein Fahrrad oder ein Musikinstrument? Gehen Sie gedanklich bitte mal zu in den Moment, als Sie im Autohaus oder im Laden standen und sich mit

Perspektivwechsel

dem Verkäufer unterhalten haben. Was waren die Bedürfnisse des Verkäufers? Was waren Ihre eigenen Bedürfnisse? Und nun zur alles entscheidenden Frage: Für wessen Bedürfnisse haben Sie sich beim Kauf mehr interessiert? Was stand im Vordergrund, Ihre eigenen Wünsche und Bedürfnisse oder die des Verkäufers? Blöde Frage, oder? Ich nehme mal an, Ihnen geht es so wie den meisten Menschen und Sie haben sich beim Kauf in erster Linie mit Ihren eigenen Wünschen und Bedürfnissen beschäftigt. Das ist auch klar, warum sollten Sie sich bei einer so wichtigen Entscheidung dafür interessieren, was der Verkäufer will? Schließlich ist es Ihr Geld und Sie müssen mit der Entscheidung glücklich sein! Wenn wir an uns selbst und unsere eigenen Entscheidungen denken, dann ist das offensichtlich und sonnenklar. Es kann nur eine Perspektive geben, und das ist unsere eigene!

Und nun denken Sie bitte an das letzte Mal, als Sie von Ihrem Entscheider eine Entscheidung wollten. War es eine Entscheidung, zum Thema X die eine oder die andere Richtung einzuschlagen? Oder ging es um das Budget für Thema Y? Oder ging es um ein ganz anderes Budget und Sie haben versucht, eine Gehaltserhöhung zu bekommen? Und jetzt wieder die Frage: Wessen Bedürfnisse hatten Sie im Kopf? Den meisten Menschen geht es wie beim Kauf eines Autos, eines Mountainbikes, einer Kamera oder eines Musikinstruments. Sie fokussieren auf ihre eigenen Bedürfnisse und kommen gar nicht auf den Gedanken, eine andere Perspektive einzunehmen. Sie fragen sich, warum sie für die eine oder die andere Entscheidung sind. Wessen Wünsche und Bedürfnisse haben aber letztlich dafür den Ausschlag gegeben, ob eine Entscheidung getroffen wurde und welche das war? Welche Perspektive war für die Entscheidung die ausschlaggebende? Ganz klar, hier war die Sicht des Entscheiders im Mittelpunkt.

Der wichtigste Grund, warum es vielen Menschen schwerfällt, von anderen Menschen das zu bekommen, was sie sich wünschen, ist, dass sie in erster Linie auf sich selbst achten und dass sie zu keinem Zeitpunkt die Perspektive wechseln. Sie haben ihre eigenen Sorgen und Wünsche im Blick. Sie achten auf ihre eigenen Bedürfnisse und Sorgen. Das dürfen Sie natürlich machen, allerdings ist es nicht die beste Strategie, wenn es darum geht, andere Menschen zu einer Entscheidung zu bewegen. Natürlich können Sie sagen: »Chef, ich hätte gerne eine Gehaltserhöhung, weil meine Frau ein Kind erwartet und wir in eine größere Wohnung ziehen.« Wer weiß, vielleicht haben Sie sogar Glück, weil Ihr Chef ein empathischer Mensch ist und sich für Sie ordentlich ins Zeug legt. Wahrscheinlich wird er sich aber nur denken: »Was interessiert mich das?!«, es aber natürlich nicht sagen, weil ihm das seine gute Kinderstube verbietet, und stattdessen eine schlaue Ausrede finden. Es ist so einfach und wird doch von so wenigen verstanden. Für jede Art von Entscheidung ist eine einzige Perspektive zentral, und das ist die Perspektive jener Person, die entscheidet. Punkt. Wenn Sie bei Ihrer eigenen Sicht bleiben, dann können Sie hin und wieder zwar Glück haben. Zum Beispiel wenn Ihre Sicht und die des Entscheiders zufällig ähnlich sind. Wenn Sie aber konsequent die Perspektive des Entscheiders einnehmen, dann wird es viel, viel einfacher.

Leider ist das erheblich schwieriger, als es auf den ersten Blick aussieht. Das erkennen Sie etwa an dem Beispiel vorhin mit der Ermäßigungskarte für die Bahn, und Sie erkennen es an vielen anderen Beispielen. Mobilfunkanbieter werben mit Bandbreiten und Datenvolumina, obwohl der durchschnittliche Kunde keinen Bezug dazu hat. Versicherungen informieren über Deckungssummen, obwohl das für die meisten Menschen nur Hausnummern sind. Nicht mal in Bereichen, bei denen es um richtig viel Geld, konkret um Umsätze mit Kunden geht, hat sich flächendeckend das Bewusstsein verbreitet, dass es sich lohnen könnte, die Perspektive des Entscheiders, in diesem Fall des Kunden, einzunehmen. Auf der einen Seite sind Unternehmen davon abhängig, dass Kunden sich für das Unternehmen und seine Produkte entscheiden. Wer trifft diese Entscheidungen? Die Kunden natürlich! Aus wessen Perspektive trifft ein Kunde diese Entscheidung üblicherweise? Denkt er dabei an das Unternehmen und dass es ihm gutgehen möge? Stellt er sich auf die Sprache des Unternehmens ein? Wohl kaum! Der Kunde trifft die Kaufentscheidung aus seiner Sicht. Und wenn ihm seine eigene Perspektive nicht angeboten wird, dann sucht er sich jemanden, der sie ihm bietet. Daher sollte es eine Selbstverständlichkeit sein, dass sich Unternehmen die Perspektive ihrer Kunden zu eigen machen. Sie sollten die Sprache ihrer Kunden sprechen. Sie sollten Informationen teilen, die für den Kunden wichtig sind. Sie sollten weniger über ihre Produkte und Dienstleistungen sprechen und mehr darüber, was ihre Produkte und Dienstleistungen mit dem Kunden machen.

Ähnliches gilt, wenn wir von Entscheidern eine Entscheidung bekommen wollen. Wir tun gut daran, sie so zu behandeln, wie auch Unternehmen ihre Kunden behandeln (sollten). Wir tun gut daran, uns auf den Entscheider und seine Sicht einzustellen. Denn seine Perspektive ist die Einzige, die für die Entscheidung maßgeblich ist. Seine Perspektive zählt, also sollten auch wir seine Perspektive einnehmen.

Der E-Test

Rund um die Frage des Perspektivwechsels machte Adam Galinsky von der Kellogg School of Management im Jahr 2006 ein paar spannende Entdeckungen.[47] In einem Experiment gab er den Probanden zuerst eine Aufgabe, in der sie über die Verteilung von Lotterielosen zwischen sich und einem anderen Teilnehmer entscheiden sollten. Dann drückte er den Versuchsteilnehmern einen abwaschbaren Stift in die Hand. Er gab ihnen die Anweisung, fünfmal mit den Fingern zu schnippen und sofort anschließend mit dem Stift den Blockbuchstaben E auf ihre eigene Stirn zu schreiben Ob die Teilnehmer den Buchstaben so schrieben, dass sie ihn selbst lesen konnten (E) oder so, dass das Gegenüber ihn lesen konnte (Ǝ), interpretierte Galinsky als die vorherrschende Bereitschaft der Teilnehmer, die eigene Perspektive oder die des Gegenübers einzunehmen. Sie können das Experiment gerne mit Kollegen im Büro nachmachen, allerdings empfehle ich Ihnen dann, den Zeigefinger statt eines Stifts zu verwenden. Wenn Sie die Übung rasch genug machen, dann werden Sie das E beziehungsweise Ǝ schneller schreiben, als sie darüber nachdenken können, und die Richtung wird immer die gleiche sein. Die meisten Menschen nehmen ganz natürlich die Perspektive des Gegenübers ein. Wenn Sie aber – so wie ich – jemand sind, der tendenziell die eigene Perspektive einnimmt, dann ist auch das eine nützliche Information. Sie haben für einen Perspektivwechsel einen etwas weiteren Weg zu gehen und wissen das ab sofort.

Im nächsten Schritt des Experiments wurden Teilnehmer gedanklich auf Macht oder Machtlosigkeit programmiert, das heißt, sie wurden aufgefordert, sich gedanklich in Situationen zurückzuversetzen, in denen sie besonders viel Macht hatten oder sich ausgesprochen machtlos fühlten. Das Ergebnis war erstaunlich: Die gedanklich auf Macht programmierten Teilnehmer zeichneten das E dreimal häufiger so, dass sie es selbst lesen konnten, als im Experiment davor, also ohne Programmierung auf Macht. Wenn wir über Einfluss verfügen, dann sind wir demnach weniger empathisch und stellen uns nicht so leicht auf die Sicht anderer Menschen ein. Verfügen wir über Macht, dann neigen wir dazu, unsere Sicht als die einzige und richtige zu sehen. Galinsky interpretiert das als einen der Gründe, warum viele Topmanager zur Überheblichkeit tendieren und nach und nach die Bodenhaftung verlieren. Auch ich habe in meiner Karriere einige Topmanager kennengelernt, die anfangs noch betont haben, wie wichtig es ihnen sei, nicht abzuheben, nur um ein paar Jahre später als arroganter Sonnengott zu enden, der sich nur noch mit Jasagern umgibt. Für uns haben die Ergebnisse von Galinsky ganz praktische Bedeutung: Wenn Menschen über Macht verfügen, dann tun sie sich dreimal so schwer, die Perspektive des Gegenübers einzunehmen. Menschen, die

Perspektivwechsel

Entscheidungen treffen können, verfügen über Macht, also sollten wir nicht erwarten, dass sie die Perspektive wechseln und sich unsere Sicht zu eigen machen. Stattdessen sollten wir die Perspektive wechseln und die Sicht der Entscheider einnehmen.

Denken wir den Gedanken ein wenig weiter, am besten gemeinsam mit Max. Er hat ein Projekt zu verantworten, in dem es um mehrere Hunderttausend Euro geht. Für seinen Auftraggeber ist das viel Geld, daher erwartet er, dass sich sein Kunde bis hinauf zur Geschäftsführung mit dem Projekt auseinandersetzt. Genau das bleibt aber aus. Die Geschäftsführerin etwa interessiert sich ausschließlich für die Ergebnisse des Projekts, für die Inhalte aber so gut wie gar nicht. Max ist enttäuscht und verärgert. »Das Projekt ist doch entscheidend für die Zukunft des Unternehmens!«, denkt er. »Diese Menschen interessieren sich aber nicht dafür und nehmen sich keine Zeit, um sich anzusehen, was wir da tagein, tagaus machen.« Was Max nicht weiß und nicht versteht, ist, dass die Mitglieder der Geschäftsführung sich sehr schwer damit tun, die Perspektive zu wechseln, weil sie tagtäglich wichtige Entscheidungen treffen und über Macht verfügen. Damit gibt es für sie eine natürliche Barriere, die sie daran hindert, eine andere Sicht als ihre eigene einzunehmen.

Julia hat einen anderen Zugang. Auch ihr ist ihr Projekt wichtig und auch sie hat verstanden, wie wichtig es für das Unternehmen ist. Allerdings weiß sie, dass ihre Auftraggeber als Topmanager über viel Macht verfügen und sich daher eher schwer damit tun, die Perspektive zu wechseln. Sie wirft ihnen das auch nicht vor, denn sie weiß, dass es nicht ihre Schuld ist. Wer Macht hat, der nimmt primär seine eigene Perspektive ein. Also versucht sie erst gar nicht, die Entscheider dazu zu bringen, ihre –also Julias – Perspektive einzunehmen. Sie geht konsequent den umgekehrten Weg und stellt sich auf die Perspektive der Entscheider ein. Sie spricht ihre Sprache, stellt sich auf ihre Bedürfnisse ein und beschränkt sich in der Kommunikation zum Projekt auf die Punkte,

 Akzeptanz

die für die Geschäftsführung relevant sind. Die Topmanager danken es ihr, weil sie gefühlt die erste Projektmanagerin ist, die sie nicht mit technischen Details im Expertenkauderwelsch zutextet, sondern klar vermittelt, was sie davon haben, wenn sie das Projekt unterstützen.

Machen Sie es dem Entscheider einfach

Sind wir Kunden, dann empfinden wir es als das Selbstverständlichste der Welt, dass man es uns einfach macht. Und als Kunden sind wir oft gnadenlos. Wir müssen am Schalter ein Formular mehr ausfüllen? Servicewüste Deutschland! Die App für die Kundenkarte oder die Ticketbuchung läuft nicht einwandfrei? Und tschüss! Die App wird sofort gelöscht, die Kundenkarte weggeworfen, davor gibt es aber noch eine saftige Bewertung im Internet. Wir erwarten uns als Kunden maximale Leichtigkeit und Verständlichkeit. Sosehr wir uns daran gewöhnt haben und es immer mehr als Normalzustand begreifen, dass Usability ein zentrales Element unseres Lebens ist, so wenig hat dieser Gedanke in Unternehmen Einzug gehalten. Arbeitsanweisungen lesen sich oft wie koreanische Gebrauchsanweisungen. Es ist anstrengend, sie zu lesen, und klüger sind wir danach auch nicht. Eine ähnliche Erfahrung machen Vorgesetzte regelmäßig mit ihren Mitarbeitern. Sie machen es ihnen schwer. Dabei spricht wirklich vieles dafür, dass wir es unseren Entscheidern leicht machen, vor allem in unserem eigenen Interesse.

Mutmacher statt Miesmacher

Dazu nehme ich Sie kurz mit auf ein Gedankenexperiment, das ich immer wieder mal mit Teilnehmern meiner Trainings durchgehe. Stellen Sie sich den Mitarbeiter einer Controlling-Abteilung, Herrn Schmidt, vor. Er hat gut zu tun. Da kommt seine Chefin bei

Machen Sie es dem Entscheider einfach

ihm vorbei und hat mal eben einen Auftrag für ihn. »Herr Schmidt, sehen Sie sich bitte mal an, wie wir diese beiden Zahlen hier künftig direkt aus dem System bekommen!« Er wirft einen Blick auf das Blatt, das sie ihm hinhält, und sieht schon, dass das nicht einfach wird. Vor seinem inneren Auge tauchen die ersten Probleme auf. Eine Zahl wird manuell gepflegt, das weiß er, und das von einer anderen Abteilung, die bereits in der Vergangenheit chronisch unzuverlässig war. Bei der anderen Zahl kann man trefflich darüber streiten, welche Position nun genau rein- und welche andere rausgerechnet gehört, um die Zahl zu ermitteln.

Herr Schmidt ist mittel erfreut. Erstens hat er schon gut zu tun, und zweitens sieht das nicht nach einer einfachen Aufgabe aus. Er hat überhaupt keine Lust dazu. Seiner Chefin kann er das schlecht so sagen, aber wenigstens seinen Unmut will er ihr signalisieren. Widerwillig nimmt er das Blatt, dreht sich weg und nuschelt: »Ich schaue mir das mal an.« Nun lassen Sie uns kurz gemeinsam die Perspektive wechseln. Was denkt sich die Chefin, wenn Herr Schmidt so auf einen Auftrag reagiert? Vertraut sie darauf, dass er sich anstrengen und ordentlich reinhängen wird, oder hört sich das für sie so an, als würde er nur das Nötigste tun? Hat sie das Gefühl, das Thema ist bei ihm in guten Händen? Gehen wir gedanklich eine Woche weiter. Die Chefin erkundigt sich, wie es Herrn Schmidt mit der Aufgabe geht.

Nehmen wir an, er hat eine Lösung gefunden. Was wird seine Chefin nun denken? Wird sie denken: »Klasse, der Herr Schmidt kann was, auf den kann ich mich verlassen!«, oder wird sie denken: »Gut, so schwierig wird es wohl nicht gewesen sein«? Sehen wir uns auch gleich die andere Möglichkeit an, nämlich dass Herr Schmidt keine Lösung gefunden hat. Was wird seine Chefin in diesem Fall denken? Wird sie sich innerlich sagen: »Gut, er hat sich immerhin ordentlich bemüht!«, oder wird sie sich denken: »Na, das hätte ich mir doch denken können, dass das nichts wird«? Stelle ich meinen Teilnehmern diese Situation jeweils mit den

Akzeptanz

beiden Möglichkeiten für das Kopfkino seiner Chefin vor, dann entscheiden sich mehr als 80 Prozent für den jeweils zweiten Gedanken, also »Gut, so schwierig wird es nicht gewesen sein!« im Falle des Erfolgs, und »Na, das hätte ich mir doch denken können, dass das nichts wird!« im Falle des Misserfolgs. Das heißt, ganz egal, ob Herr Schmidt liefert oder nicht, seine Leistung wird tendenziell negativ bewertet und nicht wirklich anerkannt oder geschätzt. Spielen Sie das gerne auch für sich gedanklich durch. Versetzen Sie sich in die Rolle der Chefin und überlegen Sie, was Sie in einer solchen Situation an ihrer Stelle denken würden.

Sehen wir uns die gleiche Situation mit einem Chef an, der auf Frau Müller mit genau dem gleichen Auftrag zukommt. Auch sie hat gut zu tun und auch sie erkennt sofort, wo die Schwierigkeiten liegen. Auch sie ist mittel erfreut. Allerdings weiß sie, wie professionelles Verhalten aussieht, und sagt, nachdem Sie das Blatt kurz studiert hat: »Hm, das ist eine spannende Fragestellung!« Sie macht eine kurze Pause. »Ein paar Herausforderungen sehe ich offen gestanden. Diese Zahl hier wird von einer anderen Abteilung eingepflegt. Und hier müssen wir die genaue Berechnungslogik klären. Ich sehe mir das an und lege Ihnen das Ergebnis nächste Woche auf den Tisch, okay?!« Nun lassen Sie uns auch hier gemeinsam die Perspektive wechseln. Was denkt sich der Chef, wenn Frau Müller so auf einen Auftrag reagiert? Vertraut er darauf, dass sie sich anstrengen und ordentlich reinhängen wird, oder hört sich das für ihn so an, als würde sie nur das Nötigste tun? Hat er das Gefühl, das Thema ist bei ihr in guten Händen?

Gehen wir gedanklich eine Woche weiter. Der Chef findet einen kurzen Bericht von Frau Müller auf seinem Schreibtisch. Nehmen wir an, sie hat eine Lösung gefunden. Was wird ihr Chef nun denken? Wird er denken: »Klasse, die Frau Müller kann was, auf die kann ich mich verlassen!«, oder wird er denken: »Gut, so schwierig wird es wohl nicht gewesen sein!«? Nun nehmen wir alternativ an, sie hat keine Lösung gefunden. Was wird ihr Chef in diesem

Fall denken? Wird er sich innerlich sagen: »Gut, sie hat sich immerhin ordentlich bemüht!«, oder wird er sich denken: »Na, das hätte ich mir doch denken können, dass das nichts wird!«? Präsentiere ich meinen Teilnehmern diese Situation mit den beiden Auswahlmöglichkeiten, dann entscheiden sich mehr als 70 Prozent für den jeweils ersten Gedanken, also »Klasse, die Frau Müller kann was, auf die kann ich mich verlassen!« im Falle des Erfolgs, und »Gut, sie hat sich immerhin ordentlich bemüht!« im Falle des Misserfolgs. Das heißt, ganz egal, ob Frau Müller liefert oder nicht, ihre Leistung wird tendenziell positiv bewertet, anerkannt und geschätzt.

Was aber unterscheidet die beiden Situationen? Über die Qualifikation von Frau Müller und Herrn Schmidt und wie sehr sie sich tatsächlich angestrengt haben, wissen wir nichts. Da geht es uns ähnlich wie ihren beiden Vorgesetzten. Auch sie kontrollieren ihre Mitarbeiter nicht rund um die Uhr, um beurteilen zu können, wie sehr sie sich für ein Thema reinhängen. Nehmen wir daher an, beide sind fachlich gleich gut und beide haben ähnlich viel Aufwand investiert. Dann beschränkt sich der Unterschied zwischen den beiden nur mehr auf die Art und Weise, wie sie auf den Auftrag reagiert haben, wie sie ihn entgegengenommen und wie sie ihn abgeliefert haben. Im Fall von Herrn Schmidt war das widerwillig und zurückhaltend. Ein Ergebnis gab es nur auf Nachfrage. Im Fall von Frau Müller war es offen, positiv und interessiert, dabei aber mit einem Verweis auf mögliche Herausforderungen. Den Prozess hat sie aktiv gestaltet, einen Termin genannt, diesen dann eingehalten und aktiv eine Handlung gesetzt. Objektiv gesehen haben Herr Schmidt und Frau Müller fast alles gleich gemacht, nur beim kurzen Kontakt mit der beziehungsweise dem Vorgesetzten haben sie sich unterschiedlich verhalten. Dieser Kontakt hat deutlich weniger Zeit in Anspruch genommen als die eigentliche Arbeit am Thema, und gleichzeitig haben diese paar Sekunden oder Minuten in einem Fall für eine überwiegend negative und im anderen Fall für eine überwiegend positive Wahrnehmung gesorgt.

Aus diesem kleinen Gedankenexperiment lässt sich ein einfacher Rat ableiten: Seien Sie bei der Zusammenarbeit mit Entscheidern grundsätzlich der Mutmacher, also offen, positiv und interessiert. Gibt es Herausforderungen, die unmittelbar abzusehen sind, dann weisen Sie darauf hin. Der Entscheider wird das zu schätzen wissen. Seien Sie aktiv, machen Sie Vorschläge und handeln Sie. Vermeiden Sie hingegen die Rolle des Miesmachers. Es hilft ihnen nicht und es nützt auch keinem anderen. Der Mutmacher hingegen wird geschätzt, weil er es dem Entscheider einfach macht, weil er dem Entscheider gefühlt ein Problem abnimmt, statt es noch größer zu machen.

Lassen Sie es leicht aussehen

Kennen Sie das Kaninchen mit der Uhr aus *Alice im Wunderland*? Es hat es immer schrecklich eilig und sagt, als Alice es zum ersten Mal trifft, schon halb im Davonlaufen sein Sprüchlein auf:

> *»Oh seht, oh seht,*
> *ich komme viel zu spät.*
> *Grüß Gott und bald auf Wiedersehen,*
> *muss gehen, muss gehen, muss gehen!«*[48]

In meinen Jahren als Berater von Konzernen und später als Mitarbeiter in großen Unternehmen musste ich feststellen, dass sich viele Mitarbeiter ganz ähnlich verhalten. »Walk fast, look worried«, haben wir das in der Beratung lachend genannt: Gehe schnell und schau besorgt. Es entbehrte nicht einer gewissen Ironie, dass dieses Verhalten ganz besonders von jenen Mitarbeitern gepflegt wurde, die in unserer Wahrnehmung nicht besonders viel zu tun hatten. Da wir Berater damals deutlich mehr und gleichzeitig deutlich entspannter arbeiteten, fanden wir dieses Verhalten in erster Linie amüsant. Erst viel später habe ich verstanden, was das Ziel solchen Verhaltens war. Die Mitarbeiter und Führungskräfte arbeiteten daran, von anderen als gestresst und daher arbeitsam und fleißig wahrgenommen zu werden. Sie wussten, dass ein grimmiger Blick und ein flotter Schritt hohe Arbeitsbelastung signalisierten. Und sie glaubten, dass eine wahrgenommene hohe Arbeitsbelastung bei Kollegen und Entscheidern anerkannt und geschätzt wird. Der erste Teil dieser Hypothese mag noch stimmen. Wer sich beeilt und mit unstetem Blick durch die Gänge huscht, dem mag man unterstellen, dass er viel arbeitet. Der zweite Teil der Hypothese ist aber ist ein großes Missverständnis, wenigstens was die Entscheider betrifft. Die meisten Entscheider schätzen nämlich weniger die Arbeitsleistung als vielmehr das Ergebnis, weniger den Input als den Output. Wer aber zur Schau trägt, dass er gestresst ist, der signalisiert, dass er am Ende seiner Kräfte und überlastet ist. Versetzen Sie sich mal in die Rolle einer Führungskraft! Würden Sie einem solchen Mitarbeiter ein wichtiges Projekt oder mehr Verantwortung übertragen? Würden Sie jemandem mehr Verantwortung geben, der schon jetzt unter der Last von Arbeit und Verantwortung zusammenzubrechen droht? Wohl kaum! Lassen Sie Ihre Arbeit daher im Zweifel eher leichter aussehen, als sie tatsächlich ist. Lassen Sie es leicht aussehen, und der Entscheider wird Ihnen mehr zutrauen und mehr auf Ihre Leistungsfähigkeit und Kompetenz vertrauen.

Um das zu illustrieren, hier ein Dialog zwischen Julia und Max, der durch die Gänge hetzt und gestresst wirkt.

> *Julia: »Bist du überfordert?«*
>
> *Max: »Nein.«*
>
> *Julia: »Sieht aber so aus.«*

Max war der Versuchung erlegen, »Walk fast, look worried« zu seiner Leitlinie zu erklären. Beeindrucken konnte er damit vielleicht seine Kollegen, aber nicht seinen Auftraggeber und auch nicht die

Geschäftsführung. Ihnen war es schlicht egal, wie viele Stunden Max im Büro verbrachte. Für sie zählte nicht der Einsatz, sondern das Ergebnis. Und wenn sie sich die Frage stellten, ob sie ein noch größeres und noch schwierigeres Projekt eher Julia zutrauten, die einen frischen und entspannten Eindruck machte, oder Max, der bereits bei diesem Projekt den Eindruck vermittelte, er sei hart am Limit, dann war die Antwort schnell klar.

Sprechen Sie die Sprache der Entscheider

»Die Optimierung der strategischen Kernkompetenzen ist zentral für die Hebung der Synergien.« Meine ich so etwas, wenn ich von der Sprache der Entscheider spreche? Nein, denn dieser Satz ist Kommunikationsmüll. Das Vorurteil, dass Manager so reden, ist genau das: ein Vorurteil. Wenn ein Manager nämlich so spricht, dann hat er seine Zeit und die seines Gegenübers verschwendet. Kaum etwas mögen Manager weniger als Zeitverschwendung, daher vermeiden sie es auch, bedeutungslose Begriffswolken von sich zu geben, die sich hochtrabend anhören, aber letztlich nichts bedeuten. Die meisten akzeptieren es auch nicht, wenn man das in der Kommunikation mit ihnen tut. Dennoch gibt es diese Satzungetüme mit »Synergien«, »Potenzialen«, die »gehoben« werden müssen, und »Ressourcen«, die »optimiert« werden müssen. Es gibt sie immer dann, wenn Manager gar nichts oder etwas möglichst Unverbindliches von sich geben wollen. Das ist zufällig oft dann der Fall, wenn Manager in der Öffentlichkeit auftreten. Denn dort wollen oder dürfen sie nicht zu einfach und konkret sprechen. Wenn das Unternehmen an der Börse notiert ist, dann braucht es für jede Aussage, die für den Kapitalmarkt relevant ist, eine Ad-hoc-Meldung. Andernfalls gibt es einen Rüffel durch die Börsenaufsicht. Wenn das Unternehmen im Privatbesitz ist, dann gibt es überhaupt wenige Gründe für einen Manager, über das, was im Unternehmen passiert, in der Öffentlichkeit zu reden. Das meiste, was nach draußen geht, könnte dem eigenen

Unternehmen schaden. In der Folge hört man in den Medien von Topmanagern eine unappetitliche Mischung aus Management- und Politikersprech. Und nachdem wir wenig anderes hören, glauben wir, Manager würden so sprechen und so müsse man auch mit ihnen sprechen. In der Realität im Unternehmen stellt man aber fest, dass sie das nicht tun, und sie wollen auch nicht, dass man so mit ihnen spricht. Entscheidersprache ist genau das Gegenteil dessen, was viele glauben. Die Sprache der Entscheider ist klar und verständlich.

Vermeiden Sie Expertensprache

Kürzlich musste ich zum Baumarkt, um eine neue Halogenglühbirne zu kaufen. Oder heißt das einfach nur Halogenlampe? Ich hatte mir das gute Stück jedenfalls zu Hause zurechtgelegt, es war eine 60-Watt-Birne, so viel wusste ich. Im Baumarkt angekommen, hatte ich klare Vorstellungen, was ich brauche, aber leider die Lampe nicht dabei. Schon auf dem Weg raus, kurz vor der Wohnungstür hatte mir meine Frau noch zugerufen, ich möge doch den Müll mit runternehmen. Und wo ich schon dabei wäre, könnte ich doch bitte auch gleich Milch, Eier und Tomaten einkaufen. Nein, Tomaten hätten wir noch, aber Joghurt für die Kinder wäre gut. Ich hatte alles brav erledigt, nur die Halogenlampe lag noch zu Hause bei der Wohnungstür. Noch mal nach Hause fahren kam nicht infrage. Das muss doch auch ohne die Lampe gehen, so jedenfalls dachte ich. Mutig ging ich auf den ersten Verkäufer zu, den ich fand, und schleuderte ihm siegesgewiss entgegen »Ich brauche bitte eine Halogenglühbirne mit 60 Watt.« Er war ganz offensichtlich schon durch mein Erscheinen genervt, nun gab er mir mit einem stummen Schulterzucken zu verstehen, dass … ja, was denn eigentlich? Ich lebe mittlerweile seit 20 Jahren in Wien, bin aber noch immer weit davon entfernt, die vielen verschiedenen nonverbalen Unmutsäußerungen der lokalen Bevölkerung korrekt deuten zu können. Der Verkäufer jedenfalls hob die Schultern, zog einen Mundwinkel nach unten und schwieg mich beleidigt an. »Ich brauche bitte eine Halogenglühbirne mit 60 Watt. Was müssen Sie denn sonst noch wissen?«, hakte ich tapfer nach. Der Verkäufer schaute mich mitleidig an »E14 oder E27?« Ich verstand kein Wort und schaute ihn verdutzt an. Hatte ich die Lampe nicht ordnungsgemäß inspiziert und eine wesentliche Information vergessen? Ich kam mir gerade vor wie der letzte Depp.

Lassen Sie uns kurz die Szene verlassen, um an einen ganz anderen Ort zu wechseln. Der Entscheider sitzt an seinem Schreibtisch und liest konzentriert eine Unterlage. Er hat vor einer Viertelstunde damit begonnen. Normalerweise liest er sehr schnell, aber hier ist das anders. Mit dem Stift markiert er immer wieder Ausdrücke wie »strategiekonforme Architekturausgestaltung«, »automatisierter Schnittstellenabgleich« oder »Transport vom Test- ins Produktivsystem«. Er versteht nur Bahnhof. Fünf Minuten später weiß er eines ganz sicher: Er hat gerade 20 Minuten seiner Lebenszeit verschwendet. Das macht ihn sauer, denn Zeit ist kostbar, und das gilt ganz besonders für seine eigene Zeit. Er spürt aber noch etwas. Ist es Unsicherheit? Ist es das Gefühl, unterlegen zu sein, das Gefühl, nicht zu verstehen, was andere sehr wohl kapieren? Das macht ihn fast noch wütender, denn er fühlt gerade, dass sein Status als Entscheider infrage gestellt wird.[49] So etwas kann er keinesfalls dulden. Wer wagt es, ihn, den Entscheider, wie einen Idioten aussehen zu lassen?! »Na, warte«, denkt er, »dem werde ich's zeigen!« Laut ruft er: »Frau Maier, kommen Sie doch mal, ich brauche einen Termin mit dem Kerl!«

Sie ahnen vielleicht schon, von wem die Unterlage stammt, an der sich unser Entscheider da abgekämpft hat. Sie ist von Max und seinem Team. Der Termin, der Max nun bevorsteht, wird mit Sicherheit nicht besonders lustig. Dabei hat Max aus seiner Sicht alles richtig gemacht, ähnlich wie der Verkäufer im Baumarkt. Beide haben sie einfach nur die korrekten Fachausdrücke verwendet, um einen Sachverhalt vollkommen richtig zu beschreiben. Der

Verkäufer im Baumarkt hat mich gefragt, ob ich eine Lampe mit Standardfassung (E27) oder kleiner Schraubfassung (E14) suche. Max hat das Migrationskonzept für das neue ERP-System kurz, knapp und fachlich einwandfrei dargestellt. Beide haben alles richtig gemacht und doch wieder nicht. Indem sie ihre Empfänger nämlich mit Fachchinesisch bombardiert haben, haben sie diese – vermutlich ohne es zu wollen – dumm aussehen lassen. Sie haben ihnen das Gefühl gegeben, ahnungslos zu sein und sich nicht auszukennen. Unterschwellig haben sie damit die Botschaft transportiert: »Ich bin klug, denn ich verstehe, und du bist weniger klug, denn du verstehst nicht.« Das mag sich nach einer Kleinigkeit anhören, kann aber große Auswirkungen haben.

Ich denke noch mal an die Situation damals im Baumarkt. Wie ging es mir und wie habe ich mich gefühlt? Ich fühlte mich nicht gut. Ich mochte den Verkäufer nicht, er war mir unsympathisch. Ich fühlte mich schlecht beraten. Letztlich habe ich die Lampe gefunden, die ich gesucht habe, aber ein gutes Gefühl gegenüber dem Verkäufer und dem Laden wollte sich nicht mehr einstellen. Noch heute gehe ich nur widerwillig hin, und nur, wenn es unbedingt sein muss. Nehmen Sie diesen Gefühlscocktail und denken Sie an den Entscheider. Wie geht es ihm mit Mitarbeitern, die ihm das Gefühl geben, er sei ihnen unterlegen, und die ihm die Zeit stehlen, indem sie ihn mit Fachchinesisch zutexten, egal ob schriftlich oder mündlich? Ist er beeindruckt von ihrer Kompetenz oder doch eher genervt? Schätzt er es, dass sie sich fachlich besser auskennen als er, oder sieht er seinen Status gefährdet?

Mein Rat an dieser Stelle ist denkbar einfach: Verzichten Sie, wenn Sie in einer Organisation »nach oben« kommunizieren, auf Fachausdrücke, soweit Sie nur können. Verwenden Sie nur Abkürzungen und Fachtermini, von denen Sie vollkommen sicher sein können, dass sie von allen Empfängern auch wirklich verstanden werden. Dass sich niemand über die Unverständlichkeit beschwert, reicht nicht aus. Es genügt nicht, dass niemand sagt: »zu viel Expertenkauderwelsch!«, denn dafür müsste jemand zugeben, dass er kein Experte ist und nicht versteht. Prüfen Sie die Verständlichkeit Ihrer Unterlagen aktiv. Natürlich bedarf es auch hier eines gewissen Fingerspitzengefühls. Ihrem Vorgesetzten, der in den meisten Themen fast gleich tief drin ist wie Sie, können Sie deutlich mehr zumuten als dessen Vorgesetzten, und diesem wiederum mehr als dem Geschäftsführer oder der Vorstandsvorsitzenden. Wenn Sie sich nicht sicher sind, wo in der Organisation Ihre Unterlage noch landen könnte, dann machen Sie es im Zweifel besser eine Spur einfacher und weniger fachlich. Widerstehen Sie der Versuchung, durch Fachsprache besonders kompetent wirken zu wollen. Dass Sie es tatsächlich schaffen, damit Ihre Kompetenzwahrnehmung beim Entscheider zu verbessern, ist nicht sicher. Gerade die Allergrößten ihres Faches gestalten ihre Vorträge und Unterlagen so, dass sie der interessierte Laie verstehen kann und dennoch nichts an Tiefe verloren geht. Als Beispiele dürfen die beiden Physiker Stephen Hawking und Richard Feynman gelten. Beide haben sich mit Themen beschäftigt, die unvorstellbar komplex und schwierig sind. Beide haben es geschafft, ihr Publikum so anzusprechen, dass es verstehen konnte, ohne davor ein Physikstudium zu absolvieren.

Wenn Sie es aber nicht tun, wenn Sie bei Ihrer Expertensprache bleiben, dann gebe ich Ihnen ein Versprechen: nämlich dass Sie dem Entscheider die Zeit stehlen und dass Sie, indem Sie seinen Status angreifen, die Beziehung nachhaltig stören. Und wenn die Beziehung erst mal gestört ist, dann wird es auch schwierig mit der Entscheidung.

Kompliziert mag niemand

»Meine gastronomische Kapazität kennt keine Limitation«,[50] schmatzt Homer Simpson, während er das Frühstück in sich reinschaufelt. Seine Frau Marge hatte ihm ein Programm »Abnehmen im Schlaf« bestellt. Leider war das Programm ausverkauft, und man hatte ihm stattdessen »Wortschatzerweiterung« geschickt. Beim Abnehmen half das dem guten Homer nicht, aber immerhin konnte er nun wortreich und intellektuell anmutend erklären, wie es um seinen Appetit steht.

Was bei den Simpsons noch ganz lustig sein mag, hat sich in vielen Disziplinen richtiggehend zur Plage ausgewachsen. Vor vielen Jahren an der Uni hatte ich es etwa mit soziologischen Texten zu tun, bei denen ich jeden Satz erst mit dem Stift strukturieren musste, um ihn anschließend dreimal zu lesen. Dann hatte ich wenigstens eine Chance, ihn zu verstehen, und auch nur dann, wenn ich verstand, dass »Idiom« nichts anderes als »Sprache« und »Axiom« dasselbe wie »Grundsatz« bedeutet. Ich fühlte mich an den Lateinunterricht erinnert, wo wir immer erst die Sätze auseinandernehmen mussten, bevor wir mit der Übersetzung beginnen konnten. Allerorten fand sich eine Ansammlung von komplizierten und kompliziertesten Worten, wo es ein einfacher Ausdruck auch getan hätte. Und es ist nicht nur wissenschaftliche Literatur, die uns so etwas zumutet, auch die Schriftsteller haben ihr Scherflein beigetragen. So schön die deutschsprachige Literatur der letzten Jahrhunderte ist, wir tun uns schwer mit diesem Erbe. Wir können offenbar nicht unterscheiden zwischen einem wunderschönen Satz in Thomas Manns *Der Zauberberg*, der über eine halbe Seite geht, und dem, was wir anderen Menschen antun, wenn wir solche Sätze im beruflichen Alltag verwenden. Denn natürlich ist es literarisch großartig, wie James Joyce in *Ulysses* ein Kapitel mit nur einem einzigen Satz füllt. Aber verständlich, praktikabel und alltagstauglich ist es nicht.

Das wirklich Schlimme aber ist: Eine solche Sprache ist nicht nur für den Empfänger anstrengend, sie bringt auch dem Sender keinen Vorteil. Bauen Sie heute noch lange Sätze mit komplizierten Worten? Hoffen Sie darauf, dass man daraus auf Ihre hohe Intelligenz und Ihre überragende Kompetenz schließt? Wenn ja, dann

Akzeptanz

habe ich schlechte Nachrichten für Sie. Daniel Oppenheimer von der Princeton University hat das in seiner Studie »Consequences of Erudite Vernacular Utilized Irrespective of Necessity«[51] (»Konsequenzen von gelehrter Ausdrucksweise unabhängig von der Notwendigkeit«) gezeigt. Er nahm sich die Texte von Kandidaten für ein Masterstudium vor. Die Texte selbst ließ er unangetastet, nur die einzelnen Wörter ersetzte er durch einfachere oder kompliziertere Wörter. Die Ergebnisse sind verblüffend. Alle Texte, die derart vereinfacht oder verkompliziert wurden, sind gut lesbar und hören sich vernünftig an. Die Texte mit den einfachen Wörtern lesen sich wie aus einem populärwissenschaftlichen Buch, also angenehm und unaufgeregt. Die Texte mit den komplizierten Worten lesen sich wie aus einer Doktorarbeit. Die inhaltliche Tiefe scheint Sie in jedem Satz förmlich anzuspringen. Oppenheimer hat sich aber nicht auf diesen subjektiven Eindruck beschränkt. Er ließ die Texte den Prüfern vorlegen, die über den Zugang zu den Masterstudien entschieden. Natürlich wussten die nicht, dass es sich um ein Experiment handelt, sondern hielten die Texte für das Werk echter Kandidaten. Die Ergebnisse sind ernüchternd, wenigstens für all diejenigen, die heute in der Kompliziertheit der Sprache ihr Heil suchen. Die einfachen Texte wurden deutlich besser bewertet. Entgegen der verbreiteten Annahme sorgt die Verkomplizierung eines Texts nicht dafür, dass ein Autor für intelligenter gehalten wird. Es dürfte sogar das genaue Gegenteil zutreffen. Komplizierte Texte führten seltener dazu, dass die Prüfer die Aufnahme als Masterstudent empfahlen, als das bei einfachen Texten der Fall war. Dieser Trend war unabhängig von der ursprünglichen Qualität des Texts. Eine Verkomplizierung konnte weder die Schwächen eines mittelmäßigen Texts verschleiern noch machte sie bereits sehr gute Texte attraktiver.[52]

Die Lehre daraus ist einfach. Hat man Sie in der Schule gelehrt, lange, verschachtelte Sätze mit intellektuell klingenden Wörtern zu bauen, dann betrachten Sie das als schlechten Rat für eine Karriere außerhalb des Literaturbetriebs. Formulieren Sie kurz und knackig, besser aktiv als passiv. Sagen Sie weniger oft »Frau Müller brachte sich mit dem Vorschlag ein, wir mögen uns weniger oft zu Wort melden«, wenn Sie stattdessen auch sagen können: »Frau Müller sagte, wir sollen die Klappe halten.« Gerade bei der Kommunikation in Unternehmen schlägt Klarheit Intellektualität um Längen. Und das nicht nur im Sinne des Unternehmens oder des Entscheiders, sondern auch im Sinne dessen, der etwas sagt.

Zahlen, Daten und Fakten sind wichtig – und zu wenig

Vor ein paar Jahren – meine Frau war gerade mit unserem ältesten Sohn Daniel schwanger – begannen wir uns nach einer Wohnung umzusehen. Den Stadtteil unserer Wahl hatten wir identifiziert, nun wollten wir uns endgültig sesshaft machen und unsere Ersparnisse in ein Eigenheim investieren. Bereits nach einer knappen Woche hatten wir eine wunderschöne Wohnung entdeckt. Sie war groß genug für ein oder zwei weitere Kinder, gut aufgeteilt, mit großer Terrasse. Meine Frau begann bereits gedanklich mit den Renovierungs- und Verschönerungsmaßnahmen, schließlich war die Wohnung nicht mehr ganz neu. Hier das neue Bad, dort ein wenig an der Küche arbeiten, den Boden müssten wir wohl neu machen, vielleicht eine Fußbodenheizung? Klarer Fall, sie hatte ihre ganz persönliche Kaufentscheidung bereits getroffen. Der Preis, den die Maklerin aufrief, war zwar für uns eine Menge Geld, für die gute Lage schien er uns aber recht günstig. Das machte mich skeptisch. Bei der Besichtigung von Keller und Garage fanden wir dann erste verdächtige Zeichen, die meiner Skepsis weitere Nahrung gaben. An den Keller- und Garagenwänden waren kreisrund verspachtelte Flecken. Hier waren offenbar Löcher gebohrt und dann wieder verschlossen worden. Hatte jemand Proben entnommen? War der Keller denn undicht? Das wäre natürlich ein Problem und würde den günstigen Kaufpreis erklären. Schließlich musste ein Gutachter her, wir wollten schließlich Gewissheit, bevor wir unser gesamtes Vermögen in eine Wohnung investierten.

Akzeptanz

Das Gutachten war etwa 20 Seiten dick und führte anhand vieler Fotos und unter Beschreibung der Messmethoden aus, dass … ja was eigentlich? Das war gar nicht so leicht zu erkennen. In langen Kolonnen wurden Zahlen, Daten und Fakten wiedergegeben. Immer wieder fanden sich Diagramme, in denen sich Linien über das Blatt schlängelten. Aber was das alles für uns und unsere Kaufentscheidung bedeutete, stand dort nirgends. Das Gutachten und ich, wir kommunizierten vollkommen aneinander vorbei. Dabei waren meine Fragen an den Gutachter ganz einfach gewesen: Muss der Keller saniert werden? Wenn ja, wie viel kann das kosten? Und in letzter Konsequenz: Soll ich die Wohnung zu diesem Preis kaufen? Das Gutachten hingegen hielt sich mit solchen Banalitäten erst gar nicht auf, sprach eine ganz andere Sprache. Es ging um Normen, um verbaute oder nicht verbaute Anschlüsse, um Betondicken und Schüttungen. Wenn doch wenigstens davon die Rede gewesen wäre, wie viel Wasser hineinrinnt und wie viel im Vergleich dazu normal oder akzeptabel wäre … aber nichts da! Seite für Seite gab es Zahlen und technische Erklärungen. Was fehlte, war das Wichtigste. Was hieß das alles für uns? Ich war irritiert und genervt. Ich hatte das Gutachten konzentriert durchgelesen, mir nach ein paar Seiten einen roten Stift genommen, und eine Stunde später sah das Gutachten aus wie ein Schlachtfeld nach einem mittelalterlichen Gemetzel. Alles war blutrot. Bevor ich das Gutachten in die Hand bekommen hatte, wollte ich drei einfache Fragen beantwortet haben. Nun waren es plötzlich 30, und auf die meisten davon wollte ich nur deshalb eine Antwort, damit ich verstehen konnte, was da stand. Mir schwirrte der Kopf. Tags darauf sprach ich ausführlich mit dem Gutachter. Er wehrte sich tapfer, wollte weiterhin über Zahlen und Daten sprechen. Er schien auch nicht recht zu verstehen, warum die Zahlen und Grafen für ihn eine klare Sprache sprachen, während ich rein gar nichts verstand. Nach einer halben Stunde Drängen hatte ich ihn soweit, und er begann, die Zahlen für mich zu entschlüsseln und zu interpretieren. Er versicherte mir, der Schaden sei sanierbar, wenn auch mit relativ hohen Kosten. Letztlich entschlossen wir uns, die Wohnung zu kaufen. Heute leben wir mit unseren drei Kindern dort, fühlen uns pudelwohl und haben die Entscheidung nie bereut.

Leider machen die meisten Präsentationen, Unterlagen und Reports in Unternehmen genau den gleichen Fehler wie das Gutachten, das ich damals vor mir hatte. Expertinnen und Experten legen Zahlen und Daten vor, die aus ihrer Sicht vollkommen klar sind und in eine ganz bestimmte Richtung weisen. Sie haben tagtäglich damit zu tun, daher brauchen sie auch keinen erklärenden Text dazu. Für sie ist die Zahlenkolonne oder die Grafik so aussagekräftig, wie sie nur sein kann. Sie sind Opfer des »Curse of Knowledge«[53], des Fluchs des Wissens. Sie wissen, was sie wissen, und arbeiten mit diesem Wissen. Wie die meisten Menschen, die sich Wissen erworben haben, können sie sich aber nicht vorstellen, wie es sich anfühlt, das alles nicht zu wissen. Sie können sich schlicht nicht vorstellen, dass jemand angesichts der gleichen Informationen nichts oder etwas vollkommen anderes versteht. In der Folge legen sie Informationen vor, die aus ihrer Sicht eine klare Sprache sprechen, während der Entscheider konzentriert darüber brütet und irgendwann kopfschüttelnd resigniert.

Wozu das führen kann, zeige ich Ihnen am Beispiel einer Controlling-Abteilung, mit der ich einige Zeit gearbeitet habe. Die Berichte und Reporte, die im Wochen- und Monatsrhythmus erzeugt wurden, waren nach den geltenden Standards erstellt. Ein paar Jahre zuvor hatte ein angesehener Grafik- und Darstellungspapst bei der Gestaltung geholfen. Die Diagramme und Tabellen waren schön gestaltet und gut lesbar. In der Fußnote fanden sich ausführliche Kommentare. Kurz, es waren Reporte, wie man sie sich nur wünschen konnte, alles tipptopp. Und doch brauchte es nur eine einzige Frage, um die heile Welt der schönen Berichte ins Wanken zu bringen. Ich zog ein beliebiges Blatt aus einem der Reporte. Oben auf der Seite stand, worum es sich handelte, die Entwicklung der Storni im Verhältnis zur Absatzmenge, darunter ein aufwendig gestaltetes Diagramm mit verschiedenen Säulen und

Linien, in der Fußzeile einige Kommentare. Ich fragte einfach nur: »Was bedeutet dieses Blatt für den verantwortlichen Manager?« Erst Ruhe, dann die Rückfrage: »Was meinen Sie damit? Das ist die Entwicklung der Storni im Verhältnis zur Absatzmenge.« Ich antwortete: »Das ist mir klar. Das steht ja auf dem Blatt. Aber was heißt die dargestellte Entwicklung für den Manager? Was soll er tun? Und was bedeuten diese beiden Buckel und Täler in der Entwicklung für ihn und für seine Mitarbeiter? Ich zeigte auf zwei Ausbuchtungen nach oben und unten in einer der Linien. Wir diskutierten ein paar Minuten über die Auswertung, bis schließlich klar wurde, dass alles so sei, wie es sein soll. Der Verlauf entsprach der Planung, die Abweichungen waren durch ungenaue Abgrenzung entstanden, auf der Basis dieser Auswertung gab es keinen Handlungsbedarf für den Manager. Ich fragte weiter: »Wie hat der Manager reagiert, als er diese Auswertung gesehen hat?« Eine junge Kollegin wusste es. »Er hat die Auswertung an seine Führungskräfte geschickt und sich erkundigt, was da los ist. Dieselbe Frage hat er auch uns gestellt.« – »Und Sie haben wie darauf reagiert?« Die Kollegin dachte kurz nach. »Wir haben ein paar Detailauswertungen gemacht und sie ihm geschickt«, sagte sie. »Das war eine Menge Arbeit. Er hat uns dann noch ein paar Fragen gestellt, die wir wieder beantwortet haben.« – »Und dann?«, hakte ich nach. »Dann war schon der nächste Report da, und das Thema war nicht mehr so wichtig.« Ich stellte mich ans Flipchart. »Wie viel Arbeit ist da reingeflossen?« Wir schätzten die Zahlen und kamen auf etwa 15 Stunden bei dem Manager und seinen Mitarbeitern und etwa 25 Stunden, verteilt auf mehrere Controllerinnen und Controller. Ich fasste zusammen: »In Summe 40 Stunden, das heißt, ein Mitarbeiter wurde eine ganze Woche lang beschäftigt? Und das rund um eine Auswertung, bei der alles in Ordnung war und bei der es keinen Handlungsbedarf gab?« Allen war sofort klar, was ich meinte. Diesen Aufwand hätte man einsparen können, indem die Frage »Was heißt das für den Empfänger?« vor dem Versand des Berichts gestellt und diskutiert worden wäre. Das Ergebnis hätte man in den Bericht aufnehmen können, am besten gleich als

Überschrift für die Auswertung. Der kreativste Vorschlag für die Überschrift des Blatts kam wieder von der Kollegin. »Bitte gehen Sie weiter, hier gibt es nichts zu sehen!« Denn genau das hätte der Manager tun sollen. Er hätte sich nicht weiter mit der Auswertung beschäftigen und seine Zeit an einer Stelle einsetzen sollen, wo es tatsächlich Handlungsbedarf gab. Seither investiert diese Controlling-Abteilung etwas mehr Zeit in die Interpretation ihrer Berichte und stellt diese Interpretation nicht nur in der Fußzeile, sondern in der Überschrift auf jeder Seite ihres Berichts zur Verfügung. Dadurch ist die Zufriedenheit bei den Empfängern deutlich gestiegen. Natürlich gibt es immer wieder Diskussionen, ob die Interpretation der Controller hundertprozentig korrekt ist und ob es da oder dort nicht eine differenzierte Sicht brauche. Mit einem Abteilungsleiter kam es sogar zu echten Auseinandersetzungen, weil der Handlungsbedarf in seinem Bereich plötzlich auch für andere sichtbar wurde. In Summe hat das den Controllerinnen und Controllern aber deutlich mehr genützt als geschadet. Sie werden nicht mehr als »Zahlenknechte« oder »Erbseninnenwandpolierer« angesehen, sitzen mit den Entscheidern am Tisch und werden um ihre Meinung und ihren Rat gefragt. Ein angenehmer Nebeneffekt ist, dass die Business Units weniger Detailauswertungen anfragen, um die Daten besser zu verstehen. Das Verstehen und das Interpretieren der Daten wurden zu einer Vorleistung durch das Controlling, die den Managern Mehrwert bringt. Die Controller kostet sie im ersten Schritt etwas Zeit, die sie durch weniger Detailauswertungen aber mehrfach einsparen.

Die Realität in den meisten Unternehmen sieht allerdings anders aus. Viele Experten versuchen noch immer, den Entscheider auf jenen Wissensstand zu bringen, den sie selbst bereits haben, nur damit er auch sieht und versteht, was sie sehen und verstehen. Dazu fordern sie lange Termine, in denen sie ihre Arbeit bis ins letzte Detail erklären. Entscheider resignieren immer wieder, und zwar notgedrungen. Wenn es niemanden gibt, der ihnen in einfacher Sprache vermittelt, was das alles heißt und was es für sie bedeutet, dann müssen sie halt in den sauren Apfel beißen und selbst tief in die Materie eintauchen. Effizient ist das allerdings nicht. Und die Sympathien des Entscheiders gewinnt man als Experte auch nicht, wenn man ihm das eigene Fachgebiet im Detail näherbringt. Der Weg in die andere Richtung ist deutlich kürzer und auch erfolgversprechender. Übersetzen Sie als Expertin oder Experte Ihre Botschaften nicht nur in Laiensprache, sondern interpretieren Sie diese auch. Stellen Sie sich die Frage »Was bedeutet das für den Entscheider?« am besten lange bevor er sie Ihnen stellt.

Das kann im Extremfall so weit gehen, dass Sie Zahlen, Daten und Fakten in Ihren Ausführungen auf die hintersten Seiten verbannen, sie radikal zusammenkürzen oder sogar ganz weglassen. Was sich für manchen Experten wie die Horrorvorstellung eines Entscheidens ohne Fakten anhört, ist in Wahrheit nur die Konsequenz eines zu Ende gedachten, vollkommenen Perspektivwechsels. Dafür dürfen Sie sich folgende Frage beantworten: Kann ein Topmanager seine Entscheidung ausschließlich auf der Basis von Zahlen, Daten und Fakten treffen? Oder aber benötigt er Ihre Expertise, um diese Zahlen, Daten und Fakten in den richtigen Kontext zu setzen, um sie korrekt zu beurteilen? Wenn Letzteres zutrifft, dann entscheidet der Entscheider in Wahrheit nicht auf der Basis von Zahlen, Daten und Fakten, sondern auf der Basis Ihrer Empfehlungen und Ihrer Erklärungen. Weil das so wichtig ist und so sehr allem widerspricht, was wir wissen und glauben, noch mal: Entscheider sind häufig keine Experten. Meist sind sie klug und in der Lage, Sachverhalte rasch zu erfassen und an den richtigen Stellen Fragen zu stellen. Häufig wirkt das dann so, als seien sie selbst tief im Thema, weil sie sogar Experten Fragen stellen können, die diese aus der Reserve locken. Allerdings und nochmals: Sie sind keine Experten. Auf der Basis der Zahlen, Daten und Fakten allein können sie sich zwar eine Meinung bilden, aber oft nicht die richtige, weil es ihnen an Fachwissen fehlt. Dieses Problem können wir auch nicht mit noch mehr Zahlen, noch mehr Details und noch dickeren Unterlagen lösen. Das hat übrigens nichts damit zu tun, dass Details unwichtig seien und Entscheider sich oft nicht dafür interessieren. Es geht um etwas völlig anderes. Entscheider brauchen Experten, damit sie sich aus all den Informationen eine valide Meinung bilden können. Wenn die Entscheider das auf der Basis von Zahlen und Daten alleine nicht können, dann haben diese alleine – an dieser Stelle – auch keinen Wert. Das heißt, Sie können sie ganz weglassen, sie radikal zusammenstreichen oder ins Backup schieben. Und nochmals: Das passiert nicht deshalb, weil sie nicht wichtig wären. Sie kommen raus oder nach hinten, weil sie ohne Interpretation und Bewertung keinen Mehrwert liefern. Der Mehrwert entsteht bei der Übersetzung der Zahlen für den Entscheider. Alles klar? In letzter Konsequenz können Sie all das, was Ihrer Erklärung und Interpretation bedarf, getrost weglassen oder für die Nachfrage bereithalten.

Auf der Basis dieser Erkenntnis haben sich in den letzten Jahren meiner Arbeit mit Entscheidern im Konzern auch meine Unterlagen immer mehr von Zahlenfriedhöfen in Berichte mit einer klaren Interpretation, Bewertung und Empfehlung gewandelt. Bei Vorständen und Geschäftsführern, deren Vertrauen ich genossen habe, sah das dann etwa wie folgt aus. Die Unterlagen waren sehr dünn und beschränkten sich auf eine einfache Beschreibung der Entscheidungssituation, ergänzt nur um die allerwichtigsten Zahlen. Alle weiteren Informationen hatte ich vorsorglich dabei, holte sie aber nur hervor, wenn sie ausdrücklich gewünscht wurden, was selten der Fall war. Für diese Unterlagen wurde ich häufig gelobt, eine Entscheidung gab es fast immer sehr schnell. Und wenn es einmal keine Entscheidung gab, dann hatte das sehr gute Gründe, etwa eine noch fehlende Abstimmung im Kreis der Entscheider. Und auch dafür waren meine Unterlagen Gold wert, weil sie ohne Experten als Simultanübersetzer auskamen.

 Akzeptanz

Sagen Sie weniger, fragen Sie mehr

Überzeugen, so könnte man meinen, geht nur, indem man etwas sagt. Dabei vergessen wir auf eines der wirkungsvollsten Instrumente, das uns zur Verfügung steht: die Frage.[54] Leider scheint uns das Fragenstellen bereits gründlich ausgetrieben worden zu sein. Erinnern Sie sich noch an die Aufgabenverteilung in der Schule? Wer stellt die Fragen? Ganz klar, das macht der Lehrer. Und wer gibt Antworten, hoffentlich die richtigen? Das ist Aufgabe der Schüler. Sei es bewusst oder unbewusst, viele Menschen übertragen dieses Muster, das sie über viele Jahre begleitet hat, auch auf ihr Berufsleben. Der Ranghöhere fragt, der Rangniedrigere antwortet. Je hierarchischer die Organisation, desto eingefahrener ist dieses Muster. Bei einer Versicherung wurde mir von Mitarbeitern sogar schon mal gesagt, dass es doch nicht gehe, den Vorgesetzten oder gar – Gott behüte – dessen Vorgesetzten etwas zu fragen. Die oben stellen die Fragen, die unten antworten, so müsse das sein. Alles andere würden die Manager als Anmaßung empfinden.

Mit einer derart strikten Aufgabenverteilung vergeben wir einiges an Möglichkeiten. Denn wenn ich eine Entscheidung vorbereiten will, dann sollte ich den Entscheider und seine Motive verstehen. Das erreiche ich am einfachsten und schnellsten, indem ich frage.

Was die meisten Menschen stattdessen machen: Sie vermuten. Dem Finanzchef sind Zahlen wichtig und dass die Kosten nicht zu hoch sind. Die Vertriebschefin legt Wert darauf, dass ihre Mitarbeiter gut verkaufen, dem Produktionschef sind seine Prozesse wichtig und der Vorstandsvorsitzenden geht es vor allem um die Strategie. Diese Annahmen sind allesamt nachvollziehbar, und doch sind sie trügerisch. Erstens können Sie mit einer solchen Annahme auch mal danebenliegen. Vielleicht sind dem Finanzchef die Zahlen mal egal, wenn er ein wirklich wichtiges Projekt auf den Weg bringen kann? Vielleicht ist es der Vertriebschefin wichtiger, dass ihre Mitarbeiter gute Kundengespräche führen, als dass sie mit administrativer Arbeit belastet werden? Zweitens hilft Ihnen eine solche Annahme nicht wirklich weiter, auch wenn sie stimmt. Was bedeutet denn die Tatsache, dass dem Finanzchef die Zahlen wichtig sind, für das Projekt? Aus einer so allgemeinen und globalen Annahme lässt sich keine Handlungsempfehlung für die Entscheidungsvorbereitung ableiten, daher ist sie – auch wenn sie zutrifft – wertlos für uns.

Fragen können uns dabei helfen, besser zu verstehen, wie der Entscheider tickt und was ihm wichtig ist. Die Macht und Wirkung von Fragen gehen aber über ihren Wert bei der Einholung von Informationen hinaus. Sie haben noch weitere Vorteile. Ist Ihnen bewusst, was eine Frage im Kopf Ihres Gegenübers macht? Ganz egal, wie Ihre Antwort auf diese Frage lautet, sie hat Sie – wenigstens kurz – zum Nachdenken gebracht. Eine Frage löst beim Gegenüber nämlich einen Antwortimpuls aus.[55] Das bedeutet nicht, dass jeder auf jede Frage automatisch antwortet. Es bedeutet aber, dass sich der Befragte auf die Suche nach einer Antwort macht. Lassen Sie uns das ausprobieren:

▶ Was haben Sie vorgestern zu Mittag gegessen?

▶ Wie hieß Ihre beste Freundin oder Ihr bester Freund im Kindergarten?

▶ Wie viele Schritte sind es etwa von Ihrem Schlafzimmer bis zum Bad?

Merken Sie es? Ganz automatisch haben Sie auf jede Frage, die ich Ihnen gestellt habe, nach einer Antwort gesucht. Auf Ihre Antworten habe ich natürlich keinen Einfluss. Die sollen und dürfen von Ihnen kommen. Auch die Entscheidung, ob Sie diese Antworten aussprechen oder für sich behalten, liegt bei Ihnen. Indem ich Sie frage, kann ich aber die Richtung Ihrer Gedanken lenken. Ich kann beeinflussen, worüber Sie nachdenken. Das würde mir mit

 Akzeptanz

Botschaften nie gelingen. Das müssen Sie mir übrigens gar nicht glauben, wir probieren das einfach mal aus:

- Vorgestern hatte ich zu Mittag Spaghetti bolognese.
- Mein bester Freund im Kindergarten hieß Christian.
- Von meinem Schlafzimmer bis zum Bad sind es etwa 20 Schritte.

Diese Antworten lösen bei Ihnen wahrscheinlich gar nichts aus. Das ist einerseits so, weil es auf Aussagen hin keinen Antwortimpuls gibt, der uns zum Nachdenken zwingt. Zum anderen sind das natürlich meine Antworten und nicht Ihre. Und damit sind wir beim nächsten großen Pluspunkt von Fragen. Sie sorgen fast automatisch für einen Wechsel der Perspektive. Wenn ich etwas sage, dann stehe ich im Mittelpunkt. Das mag gut für mein Ego sein, okay. Wenn ich aber eine Entscheidung haben möchte, dann geht es nicht um mich und mein Ego, sondern um den Entscheider. Mit einer einfachen Frage an den Entscheider wie »Was halten Sie davon?« lenke ich die Aufmerksamkeit in Sekundenschnelle und ganz automatisch weg von mir auf den Befragten hin. Es geht nicht mehr um mich, es geht um sie oder ihn. Und unabhängig davon, ob ich mich für mein Gegenüber tatsächlich interessiere, transportiert eine Frage doch immer Interesse. Interesse macht sympathisch und verbessert die Beziehung.

Die meisten Menschen stellen viel zu wenige Fragen. Vielleicht aus einem falschen Verständnis der eigenen Rolle, vielleicht, weil sie glauben, Fragen zu stellen erwecke den Anschein von Unwissen und Unsicherheit. Dabei ist es genau umgekehrt. Um eine gute Frage zu stellen, muss ich mich in ein Thema hineingedacht haben. Daher signalisiert eine Frage gerade nicht, dass ich mich nicht auskenne, sondern dass ich mich beschäftigt habe und interessiere. Bei Vorstellungsgesprächen für einen Job ist es heute ein absolutes Muss, als Bewerber kluge Fragen zu stellen. Stellen Sie keine Fragen, dann wird das häufig als Signal für mangelndes Engagement und geringes Interesse gewertet.[56] Fragen schaden dem Bild, das Sie beim Entscheider hinterlassen, nicht nur nicht, sie nützen diesem Bild sogar. Außerdem haben Sie nur, indem Sie fragen, die Chance, etwas Neues zu erfahren, das Ihnen dabei helfen kann, eine Entscheidung punktgenau vorzubereiten. Allerdings genügt es nicht, einfach Fragen zu stellen, es sollten auch die richtigen sein.

Fragen im Problemraum oder im Lösungsraum?

Neulich hatte ich einen wichtigen Termin, die beste Ehefrau von allen aber einen Einwand: Meine Frisur sei keine mehr, ich müsse da dringend etwas unternehmen. Nun war bei Petra, der Friseurin meines Vertrauens, so kurzfristig kein Termin mehr frei. Es musste also ein anderer Friseur sein. »Wird schon nicht so schlimm werden«, dachte ich, nahm beim Friseur, den mir Google empfohlen hatte, Platz und antwortete auf die Frage, wie ich's denn gerne hätte: »Hinten und an den Seiten so kurz wie's geht, ohne dass dabei die Kopfhaut durchscheint, und oben ein wenig kürzer als jetzt. Aber wenn Sie einen anderen Vorschlag haben …?« Damit, so glaubte ich, hatte ich meinen Teil der Arbeit getan. Weit gefehlt, der junge Friseur wollte es genauer wissen: »Soll ich das mit der Maschine schneiden?« Ich zuckte mit den Schultern und lächelte ihn an. Das interpretierte er offenbar als »Ja«, denn mit der Haarschneidemaschine in der Hand folgte die nächste Frage: »Wie viele Millimeter?« Ich verstand nur Bahnhof. »Auf wie viele Millimeter soll ich die Maschine einstellen?« präzisierte er, »acht oder doch besser zwölf Millimeter?« Ich hatte keine Ahnung, was das eine wie das andere für mich bedeutete, wollte mir aber keine Blöße geben. Tapfer antwortete ich also »Acht!«, und der Friseur nahm – jetzt, da er alles wusste, was er wissen wollte – zügig seine Arbeit auf.

Akzeptanz

Zurück bei der besten Ehefrau von allen, fiel das Urteil kritisch aus. »Oh Gott, da sieht man ja durch! Hat der das etwa mit der Maschine geschnitten? Hast du ihm das denn nicht gesagt?!« Schon, aber ... Was mir da beim Friseur passiert ist, das sehe ich in ähnlicher Form regelmäßig in Unternehmen: immer dann, wenn jemand »von unten« sich an jemanden »von oben« wendet. Ganz egal, ob der Mitarbeiter mit einer Frage zum Abteilungsleiter geht, die Führungskraft im mittleren Management sich an ein Vorstandsmitglied wendet oder die Projektmanagerin mit dem Projektauftraggeber spricht. Was aber passiert da eigentlich?

Wer in einer Organisation weiter unten ist, der ist häufig ein Experte. Denn wenn er auch nicht immer diese Bezeichnung trägt, so beschäftigt er sich doch tagein, tagaus mit einem – seinem – Thema, in dem er jedes Detail kennt und versteht. Das gilt für Mitarbeiter im Controlling wie im Einkauf, im Marketing wie in der Logistik. Wer dagegen weiter oben angesiedelt ist, der kommt zwar häufig aus einer Expertenrolle – auch Topmanager waren früher mal normale Mitarbeiter –, allerdings beschäftigt er sich mit so vielen unterschiedlichen Themen, dass er schlicht nicht so tief im Detail sein kann, wie das bei seinen MitarbeiterInnen der Fall ist. Das ist der erste Grund, warum es gefährlich sein kann, Managern Expertenfragen zu stellen. Es gibt aber noch einen weiteren.

Unabhängig von seiner Ausbildung, seinem Hintergrund und seiner fachlichen Expertise ist jeder Mensch in einer ganz bestimmten Hinsicht Experte für fast alles. Er ist nämlich ein Problemexperte. Das bedeutet nichts anderes, als dass jeder Mensch für jedes Problem, das ihn nur irgendwie betrifft, der beste Ansprechpartner für die Frage »Wo tut es mir weh?« ist. In diesem Sinne sind Sie und ich Problemexperten für Autos, die Weltpolitik wie die Regionalpolitik, die Fußballnationalmannschaft und den Klimawandel. Sie wissen genau, ob und wo es Ihnen bei diesen Themen wehtut. Logisch eigentlich: Niemand kann ein Problem so gut aus

Fragen im Problemraum oder im Lösungsraum?

Ihrer Sicht beschreiben wie Sie selbst. Das gilt natürlich auch für jede andere Person, also Ihren Vorgesetzten oder dessen Vorgesetzten. Jeder Mensch ist – wenigstens was seine eigene Sicht betrifft – ein Problemexperte. Allerdings sind nicht alle Menschen Lösungsexperten. Am einfachsten lässt sich das am Beispiel eines Arztes zeigen. Wenn ich zu meiner Ärztin gehe, weil ich mich kränklich fühle, dann bin ich der Problemexperte – tatsächlich bin ich der einzige Mensch, der beschreiben kann, wie es sich in meinem Körper anfühlt. Daher bin ich auch der einzige Mensch, der nach der Behandlung zuverlässig darüber Auskunft geben kann, ob das Problem noch immer da ist oder ob es erfolgreich beseitigt wurde, ich also geheilt bin. Allerdings bin ich kein Lösungsexperte. Ich weiß nicht, ob mein Leiden eher konventionell oder alternativ behandelt werden soll und ob ein Pulver, eine Spritze oder ein Verband das richtige Werkzeug ist. Die Lösungsexpertin ist meine Ärztin. Sie ist in der Lage, zu meinem Problem eine Lösung zu finden. Nur sie kennt den Lösungsweg und weiß, was alles auf diesem Weg zu tun ist.

Übersetzen wir diesen Gedanken auf das Verhältnis von Mitarbeiter (»unten«) und Manager (»oben«), dann finden wir auch hier diese Konstellation wieder. Der Manager ist Problemexperte, er weiß, was aus seiner Sicht nicht passt. Der Mitarbeiter als Fachkraft ist sowohl Problemexperte als auch Lösungsexperte. Auch er weiß, was aus seiner Sicht nicht passt. Darüber hinaus kennt er aber auch die technischen, betrieblichen oder juristischen Details, versteht eventuelle Fallstricke, weiß, was geht, und natürlich auch, was nicht geht. Er kann für das Problem des Managers eine Lösung anbieten. Was aber passiert meist, wenn Lösungsexperten (zum Beispiel Mitarbeiter) auf Problemexperten (zum Beispiel Manager) treffen? Genau das zeigt sich sehr schön an meinem Erlebnis mit dem Friseur. Im konkreten Beispiel war ich der Problemexperte. Ich habe das Problem erkannt (nach einem kleinen Hinweis meiner Frau). Ich war in der Lage, grob zu erklären, worin das Problem bestand – aus meiner eigenen Sicht.

Akzeptanz

Allerdings konnte ich die Lösung nicht fachmännisch beschreiben. Ich hatte auch keine Vorstellung, wie die Lösung zustande kommen kann. Und nachdem ich mir meiner eigenen Beschränktheit bewusst war, zeigte ich mich für alternative Vorschläge offen und teilte das dem Friseur auch mit. Der Friseur hingegen war vor allem Lösungsexperte. Er war in der Lage, eine Lösung für mein Problem zu finden und diese auch umzusetzen. Allerdings nahmen wir weder unsere unterschiedlichen Rollen sauber wahr noch gestanden wir sie uns wechselseitig zu. Im Dialog behandelte der Friseur mich ebenfalls wie einen Lösungsexperten und stellte mir Fragen, die ich aufgrund mangelnden Fachwissens nicht beantworten wollte oder konnte. »Mit der Schere oder mit der Maschine?« Keine Ahnung! »Wie viele Millimeter?« Noch weniger Ahnung! Und damit beging er einen Fehler, den auch viele Mitarbeiter begehen, die »nach oben« kommunizieren. Sie erkennen nicht oder wollen nicht so recht glauben, dass sie es nicht mit einem Lösungsexperten zu tun haben, und stellen Fragen, die nur ein Lösungsexperte beantworten soll und kann.

Gleichzeitig war auch ich nicht klar in meiner Kommunikation. Ich zuckte mit den Schultern, wo ich die Entscheidung hätte zurückweisen sollen, und gab eine Antwort, wo ich keine Ahnung hatte. Damit beging ich einen Fehler, den auch viele Manager machen, wenn sie von ihren Mitarbeitern gefragt und dabei wie ein Lösungsexperte behandelt werden. Diesen Kommunikationsfehler zwischen den Ebenen finde ich praktisch in jedem Unternehmen vor, mit dem ich arbeite. Da gibt es im Management Problemexperten, die das Problem grob beschreiben können, die verstehen, wo der Schuh aus ihrer Sicht drückt und die auf dieser Basis Aufträge verteilen oder Projekte anstoßen oder bewilligen. Und es gibt Lösungsexperten, die für das beschriebene Problem eine Lösung entwickeln und umsetzen sollen und können. Meist sind es Mitarbeiter, Projektmanager oder Team- und Abteilungsleiter. Und genau an der Schnittstelle zwischen »oben« und »unten« knirscht es mächtig. Das zeigt auch die Studie »Ökosystem

Projekt« sehr schön, die Prof. Ayelt Komus von der Hochschule Koblenz 2018 durchführte.[57]

Mehr als 700 Teilnehmer wurden befragt, welche Faktoren aus dem Projektumfeld den Erfolg oder Misserfolg eines Projekts besonders stark beeinflussen. Die größten Schmerzen treten auf, wenn Projektmanager es mit Projektauftraggebern und dem Topmanagement zu tun bekommen, nämlich bei der Verbindlichkeit von Entscheidungen, der Qualität von Vorgaben, der Change-Kultur bei Vorgesetzten und der Entscheidungsfreudigkeit. Für mich war das eine schöne Bestätigung eines Eindrucks, den ich auch in meiner Arbeit gewonnen habe. Denn von Projektmanagern höre ich häufig Sätze wie:

➤ »Um mein Thema/Projekt vernünftig zu erläutern, brauche ich zwei Stunden, bekomme aber nur 15 Minuten.«

➤ »Am Ende des Termins erhalte ich keine Entscheidung, dafür den Auftrag zu noch einer weiteren Analyse.«

➤ »Wenn doch eine Entscheidung fällt, dann wird die oft im nächsten Meeting hinterfragt und umgeworfen.«

Kennen Sie diese und ähnliche Sätze von sich und Ihren Kolleginnen? Haben Sie sich auch mal gefragt, wie es auf der anderen Seite aussieht? Genau das mache ich regelmäßig, indem ich Entscheider befrage, wie es ihnen denn so geht mit Berichten und Entscheidungswünschen aus Projekten. Das hört sich dann etwa so an:

➤ »Die meisten hier scheinen zu glauben, dass ihr Thema das wichtigste ist, und erwarten, dass ich mich ausführlich damit beschäftige. Dabei muss ich mich täglich gefühlt um hundert Themen kümmern.«

➤ »In Meetings stiehlt man mir die Zeit und behelligt mich mit unwesentlichen Details.«

 Akzeptanz

> »Man legt mir umfangreiche Unterlagen vor, auf deren Basis ich dennoch nicht entscheiden kann. Von den Dingen, die mich nicht interessieren, ist zu viel drin, dafür fehlen wichtige Punkte.«

Legt man diese beiden Klagelieder nebeneinander, dann zeigt sich die Geschichte eines großen Missverständnisses. Die einen (»die unten«) hätten gerne Anerkennung, Klarheit und verlässliche Entscheidungen. Die anderen (»die oben«) hätten auch gerne Klarheit, aber eine andere Art von Klarheit, und sie wünschen sich, dass man ihre Lebensrealität respektiert und zum Punkt kommt. Allerdings ist der skizzierte Dialog meist ein Monolog und findet bestenfalls im Gespräch mit den Kollegen, aber fast nie zwischen den beiden Gruppen statt. Daher stehen sich Projektmanager und Projektauftraggeber oftmals verständnislos gegenüber, manchmal fast feindlich und ohne Verständnis für die Sorgen und Nöte des anderen.

Was kann man tun und wer macht den ersten Schritt? Die Lösung ist überraschend einfach. Wenn Sie als Mitarbeiter, als Projektmanager oder als Führungskraft gut mit »denen da oben« zusammenarbeiten möchten, dann respektieren Sie den Entscheider als Person, in seiner Rolle und in seiner Lebensrealität. Akzeptieren Sie, dass die Rolle des Entscheiders (Problemexperte) sich von der eigenen Rolle (Problem- und Lösungsexperte) unterscheidet!

Bevor ich Ihnen eine Methode zeige, mit der Sie das in der Praxis umsetzen können, hier noch eine Anekdote einer befreundeten IT-Managerin in einem großen deutschen Konzern. Es ging um die Einführung eines neuen Dokumentenmanagementsystems. Nach langen Diskussionen und Grabenkämpfen auf operativer und unterer Führungsebene wurde das Thema dem Vorstand präsentiert. Die Investition in die Software, vor allem aber in die Implementierungsbegleitung, belief sich immerhin auf mehrere Millionen Euro. Ein Vorstandsmitglied hatte sich bereits intensiv mit Wissens- und Dokumentenmanagementsystemen beschäftigt, war aber natürlich nicht so weit im Detail wie die operativen Experten im Haus. In der Diskussion gab es schließlich einen Punkt, der alles entschied. Der Bereichsleiter IT, von seinen Mitarbeitern gut gebrieft, aber auch er kein Experte, stellte diesem informierten Vorstandsmitglied eine Frage: »Welche Funktionalitäten sind Ihnen beim neuen System denn besonders wichtig?«

Leider war das die falsche Frage. Sie fragen sich, warum? Weil es eine Frage ist, die nur ein Experte beantworten kann. Jemand, der mit solchen Systemen arbeitet, der weiß, wie es sich anfühlt und was es bedeutet, wenn man gewisse Funktionalitäten zur Verfügung hat oder eben nicht. Das Vorstandsmitglied war nun in einer schwierigen Situation. Er galt im Kreis der Vorstandskollegen als am besten informiert. Musste er die Frage beantworten können? Würde er sein Gesicht verlieren, falls er es nicht tat? Es geschah, was in solchen Situationen häufig geschieht: Er antwortete. Vielleicht, weil er glaubte, eine gute Antwort geben zu können, vielleicht, weil er der Meinung war, dass er eine Antwort geben müsse, um nicht gegenüber seinen Vorstandskollegen das Gesicht zu verlieren. Seine Antwort war gut gemeint, aber fachlicher und inhaltlicher Blödsinn. Die Experten am Tisch wussten das sofort, aber in dieser Runde den eigenen Vorstand zurechtweisen? Das wäre karrieremäßiger Selbstmord gewesen. Also wurde umgesetzt, was der Vorstand entschieden hatte – auch wenn das für das Unternehmen richtig teuer wurde.

Daher gilt: Wenn Sie jemandem, der kein Lösungsexperte ist, eine Frage stellen, die nur ein Lösungsexperte beantworten kann, dann wird es gefährlich. Wenn Sie Glück haben, lehnt derjenige die Frage ab, etwa mit den Worten »Dazu hätte ich gerne einen Vorschlag von Ihnen!« oder »Diese Frage gebe ich an Sie zurück. Die müssen Sie mir beantworten«. Das mag sich nicht besonders gut anfühlen, ist aber deutlich besser als die Alternative. Die nämlich bedeutet, dass Sie eine Antwort bekommen, die inhaltlich falsch sein kann und mit der sie dennoch weiterarbeiten müssen.

Akzeptanz

Dieses Prinzip hat bereits der Autobauer Henry Ford verstanden. »Wenn ich die Menschen gefragt hätte, was sie sich wünschen, dann hätten sie gesagt: schnellere Pferde.« Er wusste, dass er seine Kunden nicht nach der Lösung fragen darf. Kunden kennen und verstehen ihre Probleme, haben meist aber keine Vorstellung, wie eine Lösung aussehen könnte. Also fragen Sie weder Ihre Kunden noch Ihr Management danach, was sie sich wünschen, denn was sie sich wünschen, sind Lösungen. Nachdem sie aber meist keine Lösungsexperten sind, wünschen sie sich möglicherweise Lösungen, die nicht umsetzbar sind, oder aber Lösungen, die weit hinter den technischen Möglichkeiten zurückstehen. Fragen Sie sie stattdessen, wo der Schuh drückt. Fragen Sie sie nach den Problemen, die sie haben. Denn ein Problemexperte ist jeder, der ein Problem hat. Ein Lösungsexperte ist nur der, der auch die Kompetenz hat, ein Problem zu lösen.

Entscheider-Ergründung

Wie aber fragt man den eigenen Chef, den Projektauftraggeber oder den Vorstand nach seinen Problemen? »Chef, wo liegt denn Ihr Problem?« ist nicht die beste Formulierung, das leuchtet ein. Die meisten Menschen sprechen nicht gerne über Probleme. Das gilt umso mehr, wenn sie etwas weiter oben im Unternehmen angesiedelt sind, wo es auch mal politisch wird. Von einem Vorstand werden Sie auf eine so plumpe Frage wahrscheinlich gar keine Antwort bekommen. Wie dann? Die Lösung kommt von einem Kommunikationsexperten für eine der schwierigsten Gesprächssituationen überhaupt, der Kaltakquise am Telefon. Falls Sie nicht wissen, was das ist: Sie rufen bei jemandem an, den Sie nicht persönlich kennen, der also auch Sie nicht kennt, der nicht auf Ihren Anruf gewartet hat und der auch nicht mit Ihnen reden will. Es kommt aber noch besser. Diese Person versuchen Sie nun am Telefon zu einem Kauf oder zu einem Termin zu überreden. Schlimmer geht's nimmer! Telefonische Kaltakquise ist unter den

Fragen im Problemraum oder im Lösungsraum?

meisten Verkäufern etwa so beliebt wie Fußpilz. Sie haben es mit häufiger Ablehnung und Zurückweisung zu tun, bei relativ wenigen Erfolgserlebnissen. Allerdings: Die Gesprächsmuster, die in einem herausfordernden Gesprächsklima wie bei der Kaltakquise funktionieren, sind so mächtig, dass sie uns mit ein paar Anpassungen auch bei der Kommunikation im Unternehmen gute Dienste erweisen.

Der ungekrönte König der Kaltakquise am Telefon ist Tim Taxis, der mit seinem Buch *Heiß auf Kaltakquise*[58] einen Bestseller landete. Er hat eine einfache Methode entwickelt, mit der sich in wenigen Minuten das Problem des Kunden herausarbeiten lässt, ohne dass es dabei für das Gegenüber an irgendeiner Stelle unangenehm wird oder das Wort »Problem« auch nur genannt wird. Stellen Sie sich dazu kurz vor, Sie verkaufen Klimaanlagen. Sie sprechen mit Herrn Schmidt, dem Eigentümer und Geschäftsführer eines kleinen Handelsunternehmens. Nach einem kurzen Einstieg könnte das Gespräch etwa so aussehen:

Anrufer: »Herr Schmidt, wenn Sie an eine Klimaanlage für Ihr Büro denken, so wie Sie sich die vorstellen, was ist Ihnen wichtig? Worauf legen Sie da Wert?«

Herr Schmidt: »Na ja, der Preis muss passen, für eine Klimaanlage will ich kein Vermögen ausgeben.«

Anrufer: »Alles klar! Wenn Sie sagen, der Preis muss passen, was wünschen Sie sich ganz konkret?«

Herr Schmidt: »Ich sehe das als Unternehmer. Wenn es im Sommer im Büro nicht so heiß wird, dann sind meine Mitarbeiter produktiver und sicher auch zufriedener. Beides zusammen muss mir mehr bringen, als die Anlage kostet. Dann passt es für mich.«

 Akzeptanz

Anrufer: »Ah, ich versteh Sie! Sie hätten gerne, dass sich die Klimaanlage wirtschaftlich rechnet. Und was ist Ihnen noch wichtig? Woran denken Sie da?«

Herr Schmidt: »Das muss eine fix eingebaute Anlage sein. Von diesen Geräten, die im Raum herumstehen, halte ich gar nichts. Außerdem darf es keine Zugluft geben. Ich werde öfter mal krank, wenn es stark zieht, also das geht gar nicht.«

Anrufer: »Alles klar! Sie wollen es nicht nur im Sommer kühl im Büro haben, sondern auch gesund bleiben. Da geht's mir ähnlich. Was liegt Ihnen sonst noch am Herzen? Was fällt Ihnen da ein?«

Herr Schmidt: »Das ist eigentlich alles.«

Anrufer: »Aha. Und von den von Ihnen genannten Punkten: der Preis muss passen, fix eingebaute Anlage und keine Zugluft, was ist Ihnen da am wichtigsten?«

Herr Schmidt: »Ehrlich gesagt: keine Zugluft, meine Gesundheit ist mir sehr wichtig.«

Anrufer: »Alles klar! Und Ihnen persönlich, Herr Schmidt, was liegt Ihnen über die genannten Kriterien hinaus persönlich noch am Herzen?«

Herr Schmidt: »Hm, lassen Sie mich überlegen … ein befreundeter Unternehmer verkauft auch Klimageräte, mit dem habe ich auch schon mal gesprochen. Ganz zugfrei schafft der aber nicht, hat er mir gesagt. Also ganz offen: Ich kenne den ja gut, also Sie müssen mir schon sehr gute Argumente liefern, damit ich das mit Ihnen mache.«

Was meinen Sie, kann ein Gespräch am Telefon so laufen? Meiner Erfahrung nach kann es das. Das Gespräch kann aber auch in einem ganz anderen Kontext so ähnlich stattfinden. Etwa wenn der für Klimageräte verantwortliche Facility Manager oder Haustechniker mit einer Managerin bespricht, ob und welche Klimaanlage für das Büro beschafft werden soll. Diese Fragestruktur lässt sich also nicht nur am Telefon und mit einem potenziellen Kunden, sondern auch unternehmensintern und in einem persönlichen Gespräch sehr gut nutzen. Und zwar immer dann, wenn es darum geht, zu erfahren, was einem Kollegen, der Vorgesetzten oder dem Entscheider in Bezug auf eine Entscheidung wirklich wichtig ist.

Sehen wir uns diese Fragemethode etwas genauer an. Warum funktioniert sie so gut? Zu keinem Zeitpunkt im Gespräch wurde eine Frage gestellt, die auf der anderen Seite einen Lösungsexperten erforderte. Das bedeutet, es ist im Ermessen des Entscheiders, wie ausführlich und wie fachlich er jede Frage beantwortet. In aller Regel wird er so antworten, wie es seinem Wissensstand entspricht. Ist er zwar interessiert, aber kein Experte, dann wird er eher allgemeine Antworten geben. Kennt er sich hingegen fachlich aus, wird sich auch das in seinen Antworten widerspiegeln. Allen Antworten wird aber gemein sein, dass sie aus Sicht des Entscheiders wichtig sind. Damit sind sie auch für die Entscheidung relevant. Das kann so weit gehen, dass ein Entscheider zu einem Thema keinen Schmerz und damit keine Meinung hat und dass er damit in Ruhe gelassen werden will. »Ganz ehrlich, Herr Jocham, das Wichtigste an dem Thema ist mir, dass ich nie wieder etwas davon höre. Bitte kümmern Sie sich darum!« ist eine Antwort, die ich auch schon mal bekommen habe. Mit einer solchen Antwort kann ich sehr gut leben, denn auch in diesem Fall weiß ich, was dem Entscheider wichtig ist; nämlich dass ich ihn nicht mehr mit dem Thema behellige.

Bei allen Fragen handelt es sich um offene Fragen. Im Unterschied zu geschlossenen Fragen lassen sich diese nicht mit Ja oder Nein oder einer anderen kurzen Antwort beantworten. Während sich geschlossene Fragen sehr gut eignen, um konkrete Informationen abzufragen (»Wie viele PS hat das stärkste Auto, das Sie anbieten?«) oder um Entscheidungen herbeizuführen (»Wollen Sie eher den roten oder doch lieber den grünen Ferrari?«), sind offene Fragen gut, wenn Sie etwas über den anderen und seine Meinung, seine Wünsche und Bedürfnisse erfahren wollen. Indem Sie offen fragen, bringen Sie Ihr Gegenüber dazu nachzudenken. Dieses Nachdenken ist für Sie und in weiterer Folge für die Entscheidung außerordentlich wichtig. Dadurch schicken Sie den Entscheider nämlich schon sehr früh in einen Denkprozess, der andernfalls erst viel später durchlaufen wird, vielleicht sogar erst zu dem Zeitpunkt, da die Entscheidung getroffen werden soll. Dann ist es aber zu spät. Sie können nicht mehr darauf reagieren, erhalten vorerst keine Entscheidung, dürfen stattdessen nacharbeiten.

Die Frage »Was ist Ihnen wichtig?« greift darüber hinaus ein grundlegendes menschliches Bedürfnis auf, nämlich sich und seine eigene Meinung mitzuteilen. Ich frage Menschen immer wieder, wann sie das letzte Mal in ihrem Unternehmen danach gefragt wurden, was ihnen in Bezug auf ein bestimmtes Thema oder ein Projekt wichtig ist. Die meisten müssen dafür ein paar Wochen in ihrer Erinnerung zurückgehen. Manche können sich überhaupt nicht an eine solche Frage erinnern. Wahrscheinlich geht es Ihrem Vorgesetzen und auch Mitgliedern des Topmanagements nicht anders. Die meisten von uns freuen sich über eine solche Frage, bekommen sie aber so gut wie nie gestellt. Indem Sie diese Frage stellen, geben Sie Kollegen und Vorgesetzten Raum, sich mitzuteilen. Es ist eine sehr wertschätzende Frage, die Ihr Interesse signalisiert und die Ihnen Sympathiepunkte einbringt.

Ihnen bringt das mehrere Vorteile: Sie erhalten genau die Informationen, die Sie brauchen. Denn wenn Sie eine Entscheidung vorbereiten, dann wollen Sie sicherlich wissen, was dem Entscheider wichtig ist. Außerdem tun Sie etwas für die Beziehung. Die meisten von uns mögen nämlich Menschen, die sich ehrlich für unsere Meinung interessieren und die uns Fragen stellen, auf die wir gerne antworten. Hinzu kommt, dass der typische Arbeitstag eines Entscheiders häufig dicht gedrängt ist, ganz egal, ob es sich um einen Abteilungsleiter oder eine Topmanagerin handelt. Da bleibt meist wenig Zeit, sich in Ruhe zu überlegen, was einem in Bezug auf ein Thema besonders wichtig ist. Meist passiert das erst unmittelbar vor der Entscheidung oder mitten im Entscheidungsprozess. Für Sie ist das deutlich zu spät, denn Sie sollten ja schon lange vorher wissen, was dem Entscheider wichtig ist, damit Sie die Entscheidung entsprechend aufbereiten können. Diese Methode hat den Charme, dass Sie den Entscheider lange vor der Entscheidung – wann, das entscheiden Sie durch Ihre Fragen – durch diesen Denkprozess führen. Sie erhalten also die Informationen, die Sie benötigen, nicht erst als Antwort auf einen Entscheidungsvorschlag, sondern bereits sehr früh im Entscheidungsprozess. Schließlich enthält die Methode der Entscheider-Ergründung auch noch einen psychologischen Kniff, auf den wir im Kapitel »Der Griff in die Trickkiste: Die Psychologie des Überzeugens nutzen« noch genauer eingehen werden.

Entscheidungen richtig strukturieren

Bis hierher haben wir eine gute Basis gelegt, um den nächsten Schritt im Entscheidungsprozess zu tun, das heißt dem Entscheider eine Entscheidung vorzulegen. Wir haben uns angesehen, wie man an der Qualität von Entscheidungen arbeiten kann. Wir wissen, warum es hilft, die Perspektive zu wechseln, was Entscheider schätzen und wie man in Erfahrung bringt, was Entscheidern wichtig ist. Der nächste Schritt wäre also, eine Entscheidung vorzulegen, damit entschieden werden kann. Allerdings liegen auch hier noch einige Fallstricke bereit.

Beginnen wir mit einer einfachen Frage: Was braucht es für eine Entscheidung? Was ist erforderlich, damit ein Entscheider entscheiden kann? Ich bekomme auf diese Frage immer wieder die gleichen Antworten: Damit ein Entscheider eine Entscheidung treffen kann, braucht es eine Entscheidungsgrundlage, Informationen, Details, Zahlen, Daten und Fakten, eine Bewertung, eine Kosten-Nutzen-Analyse und eine Risikoabschätzung. Das mag richtig sein, denn viele Entscheider wollen all das oder wenigstens manches davon. Andere wiederum brauchen nichts davon. Auch das kommt vor. Was es aber unter allen Umständen braucht, damit eine Entscheidung getroffen werden kann, sind Alternativen oder Entscheidungsoptionen. Ohne Alternativen keine Entscheidung. An dieser Stelle beobachte ich immer wieder einen häufigen Fehler, den stellvertretend wieder Max machen darf.

Am Rande eines großen Projekts für einen Mittelständler taucht die Frage auf, welches CRM-System man einführen sollte. Zwar gibt es Widerstand vom Vertrieb, man fürchtet den gläsernen Mitarbeiter, aber eigentlich ist allen klar, dass moderner Vertrieb nur möglich

Entscheidungen richtig strukturieren

ist, wenn man auch Daten hat, um zu steuern. Und dafür braucht es nun mal ein Customer-Relationship-Management-System. Max kennt den Markt ganz gut, er weiß, welche Softwarelösungen was leisten und für wen sie sich eignen. Nachdem er die Branche des Kunden und den Verkaufsprozess dort verstanden hat, ist ihm vollkommen klar, dass es einen Anbieter gibt, dessen Lösung besonders gut passt. Er bereitet eine kurze Unterlage vor, macht einen Termin mit Geschäftsführung, Vertriebsleiter und IT-Leiter und stellt seinen Vorschlag vor. Es entspinnt sich eine angeregte Diskussion, an deren Ende der Vertriebsleiter zwei weitere und der IT-Leiter noch drei andere Lösungen ins Spiel bringt. Max soll sich die doch bitte mal ansehen. Erst mal keine Entscheidung also.

Julia geht ähnlich an die Sache heran wie Max. Auch sie versucht in einem ersten Schritt die Branche des Kunden zu verstehen, wie der Kundenkontakt und der typische Verlauf bis zum Abschluss aussehen. Dabei kommt sie zu einem ähnlichen Ergebnis: CRM können viele, aber ein Anbieter passt von seiner Größe, seiner Kundenorientierung und den Funktionalitäten besonders gut. Allerdings ist ihr klar, dass es sich mit einer Option schlecht entscheiden lässt. Sie hätte gerne noch zwei weitere Optionen, greift kurzerhand zum Telefon und ruft den Geschäftsführer, den Vertriebsleiter und den IT-Leiter an. Zu allen dreien sagt sie etwas das Gleiche: »Wir haben uns Ihr Geschäft angesehen und kennen auch den Markt für CRM ganz gut. Daher haben wir ein paar Vorschläge für Sie und auch schon eine klare Empfehlung. Unabhängig von unserer Arbeit: Sehen Sie denn noch ein CRM-System, das wir jedenfalls in die Analyse mit aufnehmen sollen?« Die Antworten sind kurz und knapp. Dem Geschäftsführer ist es egal, der Vertriebsleiter macht einen Vorschlag, er kennt ein System aus dem letzten Unternehmen, für das er gearbeitet hat. Auch der IT-Leiter nennt einen Favoriten. Auf dieser Basis bereitet Julia die Entscheidung vor. Sie bietet drei Optionen an, ihren eigenen Favoriten und die beiden, die ihr genannt wurden, alle mit einer knappen Beschreibung und einer Bewertung versehen. Nach kurzer Diskussion im

Termin entscheiden sich alle für den Vorschlag des Vertriebsleiters. Dem Geschäftsführer ist es nach wie vor egal, der IT-Leiter kann das System gut integrieren, und alle stimmen darin überein, dass der Vertriebsleiter und seine Mitarbeiter schließlich damit arbeiten müssen. Julia kann problemlos mitgehen. Ihr Favorit wäre ein anderer, aber das ist ihr nicht so wichtig. Sie will vor allem eine Entscheidung, die einerseits gut ist und mit der der Kunde andererseits leben kann. Beides hat sie erreicht.

Wie viele Optionen vorlegen?

Eine untere Grenze für die Anzahl an Entscheidungsoptionen, die Sie einem Entscheider vorlegen sollen, ergibt sich aus der Notwendigkeit, ihm eine Wahl zu lassen. Weniger als zwei Optionen empfinden viele Entscheider als Zumutung. Wenn man sie dazu nötigen will, einen Vorschlag einfach abzunicken, dann führt das meist nicht zu einer raschen Entscheidung, sondern zu Widerstand und mehreren Schleifen. Eine obere Grenze ist weniger leicht zu finden. Zwar gibt es eine Menge an Forschung zur Entscheidungslähmung (»analysis paralysis«) unter Konsumenten, also dem Effekt, dass die Wahrscheinlichkeit einer Entscheidung abnimmt, wenn die Anzahl an Wahlmöglichkeiten zu groß wird. So konnten Sheena Iyengar und Mark Lepper in einem berühmten Experiment zeigen, dass Konsumenten in einem Supermarkt deutlich mehr Marmelade kaufen, wenn nur sechs verschiedene Sorten angeboten werden, als wenn 24 Sorten verfügbar sind.[59] Allerdings sind diese Zahlen aus der Konsumentenwelt kaum auf Entscheidungssituationen im Business übertragbar. Bei jenen Anzahlen an Optionen, ab der die Entscheidungslähmung bei Konsumenten eine Rolle zu spielen beginnt, treffen wir bei Business-Entscheidungen nämlich längst auf andere Probleme.

Einerseits wird der zeitliche Aufwand für die Differenzierung und Erklärung der verschiedenen Optionen sehr groß. Andererseits

Entscheidungen richtig strukturieren

ist es regelmäßig eine ausdrückliche Forderung von Entscheidern, dass nicht alle Optionen vorgelegt werden, sondern nur die besten. Oder, um das in das Marmelade-Experiment zu übersetzen: Wenn allen klar ist, dass Kiwi, Stachelbeere und Guave sicher nicht gewählt werden, dann macht es auch keinen Sinn, sie als Optionen mit aufzunehmen und dem Entscheider vorzulegen. Meine persönliche Erfahrung ist, dass nicht mehr Optionen vorgelegt werden sollten, als sich gut auf einem DIN-A4-Blatt darstellen lassen. Das sind meistens drei oder höchstens vier, und diese Anzahl hat mir bisher auch immer genügt.

Welche Optionen vorlegen?

Bleibt die Frage, welche Optionen Sie dem Entscheider vorlegen sollten. Eine Möglichkeit ist, jene Varianten auszuwählen, die bei Ihrer Ideenfindung und der anschließenden Bewertung (siehe Kapitel »Alle Optionen auf den Tisch«) am besten abgeschnitten haben. Das sind üblicherweise jene Optionen, die das beste Verhältnis aus Nutzen und Aufwand oder Risiko erzielen. Oder es sind jene Optionen, die am besten auf die Wünsche und Bedürfnisse des Entscheiders passen (siehe Kapitel »Entscheider-Ergründung«). Bei beiden Betrachtungen bleibt aber ein Faktor außen vor, den wir gerade in hierarchischen Organisationen nicht unterschätzen dürfen. Die aus Expertensicht beste Lösung oder auch die Lösung, die am besten auf die Bedürfnisse des Entscheiders passt, ist möglicherweise mit Risiken für den Entscheider verbunden, denen dieser sich nicht aussetzen will. Daher unterscheide ich in der Betrachtung von Entscheidungsalternativen gerne zwischen der besten Lösung und jener Lösung, die sich am besten verteidigen lässt. In manchen Situationen ist die beste Lösung gleichzeitig jene, die sich am besten verteidigen lässt. Wann immer aber die beste Option außerhalb der Norm liegt, gibt es eine andere Lösung, die der Norm näher ist und sich besser verteidigen lässt.

Der Werbeguru Rory Sutherland erzählt dazu folgende Episode.⁶⁰ British Airways stellte fest, dass Manager vergleichsweise wenige Flüge vom Flughafen London City nach New York buchten und deutlich mehr von London Heathrow. Das war insofern erstaunlich, als London City näher an der Stadt und deutlich besser zu erreichen ist als Heathrow, also aus Sicht eines Geschäftsreisenden mit wenig Zeit die bessere Option darstellte. Es stellte sich heraus, dass die persönlichen Assistentinnen der Manager Heathrow als die »normale« Option ansahen, während London City als »außerhalb der Norm« gesehen wurde. Wer sich »normal« verhält, der macht nichts falsch, daher buchten die Assistentinnen häufiger die Verbindung, mit der sie nichts falsch machen konnten. Sie wählten die Option, die sich besser verteidigen ließ. Bei einer Verspätung ab Heathrow würde der Manager vermutlich der Fluglinie die Schuld geben. Bei einer Verspätung ab London City würde er eher der Assistentin die Schuld geben, schließlich hatte sie sich für einen Flughafen außerhalb der Norm entschieden.

Entscheidungsvorschläge innerhalb der Norm bieten den Vorteil, dass sie sich gut verteidigen lassen und dass sie somit mit einem geringeren Risiko für den Entscheider verbunden sind. Allerdings sind es häufig die mutigen Entscheidungen außerhalb der Norm, die ein Unternehmen wirklich voranbringen. Sollten Sie nun die mutigere Option vorlegen und die sichere Variante außen vorlassen oder umgekehrt? Für Ihre Arbeit in der Entscheidungsvorbereitung empfehle ich, das eine zu tun, ohne das andere zu lassen. Fallen die beste Variante und die am besten zu verteidigende Variante auseinander – und das tun sie gerade in Unternehmen, in denen es etwas politisch zugeht, häufig –, dann stellen Sie beide dar und machen Sie den Entscheider ausdrücklich darauf aufmerksam. Er wird es zu schätzen wissen, dass Sie seine Rolle in der Organisation mitdenken, und jene Option wählen, für die er sich bereit fühlt.

Entscheidungen richtig strukturieren

Wenn die wahrscheinlichste Entscheidung ist, erst mal keine Entscheidung zu treffen

Indem Sie mehr als eine Option anbieten und dabei sowohl die beste als auch die am besten zu verteidigende Variante anbieten, machen Sie schon mal vieles richtig. Dennoch kann Ihnen noch immer passieren, was in vielen Unternehmen das häufigste Ergebnis eines Meetings ist, in dem Sie auf eine Entscheidung gehofft hatten: Man entscheidet sich dafür, sich vorläufig nicht zu entscheiden. Wie sich erfahrene Nicht-Entscheider der Aufgabe zu entscheiden entledigen, haben wir uns schon kurz angesehen. Entweder die Zeit ist um, man müsse rasch zum nächsten Meeting. Und nein, man habe wirklich keine Minute länger Zeit. Oder aber man stellt eine Frage, auf die man unbedingt noch eine Antwort, besser noch eine weitere Analyse braucht, um entscheiden zu können. Man könnte diese unerfreulichen Meeting-Ergebnisse nun auf die versierten Nicht-Entscheider mit ihren ausgeklügelten Tricks schieben, der eigentliche Grund für die Nicht-Entscheidung lässt sich aber an ganz anderer Stelle finden.

Es fehlt in diesen Meetings nämlich eine entscheidende Option, die alles ändert. Dem Konzept »What You See Is All There Is« (WYSIATI) sind wir bereits begegnet. Damit wird das Phänomen bezeichnet, dass wir Optionen und Informationen, die nicht da sind, auch nicht vermissen. Wir tun so, als gäbe es sie nicht, entscheiden zwischen den vorliegenden Optionen und bilden uns eine Meinung auf der Basis jener Informationen, die vorhanden sind. Also sieht keiner der Beteiligten jene Option, die am häufigsten gewählt wird: nämlich die Option, sich erst mal nicht zu entscheiden. Was können Sie dagegen tun? Ganz einfach, führen Sie eine gleichberechtigte weitere Option ein, die ich die Null-Option nenne. Damit ist die Option gemeint, dass wir das Meeting beenden, ohne eine Entscheidung zu treffen, dass wir die Entscheidung also bis zum nächsten Termin vertagen. Die Null-Option beschreibt die Entscheidung, erst mal nicht zu entscheiden.

Welche Optionen vorlegen?

Das ist nicht etwa eine Provokation den Teilnehmern gegenüber, denen man damit unterstellt, sie wollten oder könnten nicht entscheiden. Vielmehr ist es ein sehr erwachsener Zugang, mit dem man den Anwesenden alle wichtigen Optionen zeigt und dem sprichwörtlichen Elefanten im Raum ein Gesicht gibt. Nach meiner Erfahrung entspannt das alle Beteiligten sehr. Einerseits die Entscheidungswerber, weil sie mit der Null-Option ihre Sorge herauslassen können, dass nicht entschieden wird, und auch diese Option darstellen und bewerten können. Andererseits die Entscheider, weil man sie wie erwachsene Menschen behandelt, denen man alle wichtigen Optionen zeigt, zwischen denen sie frei wählen können. Das wirklich Erstaunliche aber ist: Sobald die Null-Option als gleichberechtigte Option zur Verfügung steht, wandert sie ins Bewusstsein aller Anwesenden und wird deutlich seltener gewählt. Wenn Sie es also immer wieder mit Meetings zu tun haben, in denen nicht entschieden wird, dann stellen Sie ab sofort die Null-Option, das Vertagen der Entscheidung, als Variante dar, und machen Sie sich auf ein kleines Wunder gefasst!

Wie viele Argumente?

Mehr Argumente sind besser als weniger Argumente, stimmt's? Die gute Nachricht: Die Antwort lautet Nein, und gut ist diese Nachricht, weil Sie sich künftig eine Menge Arbeit sparen können. Die Strategieberatung McKinsey arbeitet schon länger mit dem Prinzip »The Rule of Three«, also der Regel der Drei, wenn es darum geht, die richtige Anzahl an Argumenten für eine Empfehlung zu finden.[61] Wenn Sie einen Vorschlag machen und gefragt werden, warum gerade diesen, dann sollten Sie antworten: »Es gibt es drei gute Gründe, warum wir das machen sollten. Erstens …, zweitens …, und schließlich …« In dieser Struktur zu argumentieren, hat mehrere Vorteile.

Entscheidungen richtig strukturieren

1. *Drei Gründe sind gut zu merken*
   Dreier-Kombinationen kommen unserem Kurzzeitgedächtnis entgegen und sind ganz allgemein gut zu merken. Das ist auch der Grund, warum längere Zahlen gerne in mehreren Dreier-Blöcken übermittelt werden. Überlegen Sie am besten mal, wie Sie Ihre Telefonnummer oder Bankverbindung einem anderen Menschen ansagen. Wahrscheinlich nutzen auch Sie dazu Zweier- und Dreier-Blöcke, also 24 456 98 351. Aus dem gleichen Grund lassen sich auch drei Argumente gut im Gedächtnis behalten. Nennen Sie mehr Argumente, dann können sich die Adressaten oft sogar weniger merken.

2. *Sie konzentrieren sich auf die drei wichtigsten Gründe*
   Nehmen wir an, Sie haben acht gute Gründe, mit denen Sie Ihren Vorschlag untermauern. Sind alle Argumente gleich stark? In aller Regel ist das nicht der Fall. Die Argumente unterscheiden sich in ihrer Qualität. Bei acht Argumenten könnten vier sehr gut sein, dazu zwei mittelmäßige und zwei eher schwache. Will jemand Ihre Empfehlung in Zweifel ziehen, dann hat er es in diesem Fall einfach. Er braucht nur eines der beiden schwächeren Argumente anzugreifen und zu entkräften. Das ändert zwar nichts an den anderen, starken Argumenten, zieht aber Ihre Glaubwürdigkeit in Zweifel. Mit der Beschränkung auf genau drei Argumente sind Sie einerseits dazu gezwungen, so lange zu überlegen, bis Ihnen drei gute Gründe einfallen. Anderseits sollten Sie, wenn sie mehr Auswahl haben, nur die drei besten wählen und mit diesen Ihre Argumentation stützen.

3. *Sie machen einen strukturierten und entschlossenen Eindruck*
   Indem Sie sich auf drei starke Gründe beschränken, hinterlassen Sie einen klaren, fokussierten und strukturierten Eindruck. Während die meisten anderen Menschen, wenn Sie vom Topmanagement fragend angesehen werden, nach immer noch weiteren Gründen suchen, um ihre Argumentation abzusichern, vermitteln Sie gerade dadurch Sicherheit, dass Sie sich

Welche Optionen vorlegen?

auf die drei wichtigsten Gründe beschränken. Wer sich sicher ist, der braucht nicht lange zu quatschen. Diesen Eindruck vermitteln Sie mit genau drei Gründen für Ihren Vorschlag.

Die besondere Wirkung der drei Gründe für ein Argument, eine Lösung oder ein Produkt wurde seither auch wissenschaftlich durch Suzanne Shu und Kurt Carlson mit ihrer Studie »When Three Charms but Four Alarms: Identifying the Optimal Number of Claims in Persuasion Settings«[62] belegt.

Alles steht kopf

Die spannendsten Analogien findet man nach meiner Erfahrung oft dann, wenn man nicht nach ihnen sucht. So hat mir eine Schatzsuche mit unseren Kindern einen Aspekt vor Augen geführt, der bei der Kommunikation mit Entscheidern regelmäßig danebengeht.

Die Schatzsuche

»Oma, Opa, Ihr müsst alle ganz schnell kommen!« Aufgeregt standen die beiden Jungs vor uns. Mein Bruder und ich standen bereits in der Küche, während die beiden aufgeregt auf und ab hüpften. Felix und Daniel hatten ein paar Stunden gebraucht, um eine große Schatzsuche für uns Erwachsene zu entwerfen. Da mussten nun auch wirklich alle dabei sein und mitmachen. Dass es bereits nach acht Uhr abends war und die Kinder nach dem anstrengenden Tag ins Bett gehörten, war offensichtlich. Aber da war nichts zu machen. Die Schatzsuche war wichtiger. Wir waren für ein paar Tage bei meinen Eltern zu Besuch, eine der wenigen Gelegenheiten, bei denen sich mein Sohn Daniel und mein Neffe Felix, beide acht Jahre alt, trafen. Bei Oma und Opa hatten sie ein riesiges Haus zur Verfügung, das mussten sie ausnutzen. Stolz präsentierten sie uns den ersten Hinweis, mit Bleistift auf einen Streifen Papier gekritzelt und sorgfältig zusammengerollt:

Droben im Geschoss, da gibt es Ritterkämpfe. Dort müsst ihr den Hinweis suchen.
Alles klar, im obersten Geschoss, im früheren Kinderzimmer eines meiner Brüder, war eine große Playmobil-Ritterburg. Dort

war wohl der zweite Hinweis versteckt. Wir vier Erwachsenen machten uns also auf den Weg, die Kinder liefen voraus. Sie waren schrecklich aufgeregt und es kostete sie sichtbar größte Mühe, das Versteck des zweiten Hinweises nicht zu verraten. Wir fanden ihn nach kurzer Suche.

Moritz, Rako, Bumbo und Sheriff füttert ihr schön, sonst gibt's nichts zu sehen.
Wir waren ehrlich baff. Nicht so sehr, weil wir zum Füttern der drei Ziegen eingeteilt wurden, die die Buben erst am Vortag auf die Namen Sheriff, Bumbo, Rako und Moritz getauft hatten. Wir waren beeindruckt, dass unsere Schatzsuche-Designer die Hinweise nun schon in Reimform ablieferten. Die Eltern- und Großelternherzen schwollen vor Stolz. Nach einer kurzen Fütterung – die Ziegen waren schon den ganzen Tag lang von den Kindern mit allerlei Gräsern und Sträuchern versorgt worden und hatten keinen großen Hunger mehr – nahmen wir uns nach der Reihe der weiteren kreativ versteckten Hinweise an.

Unter dem Ding, wo Oper immer sitzt, wenn er fernschaut.
Dass Opa auch ein großer Liebhaber der Oper war, hatten sie unabsichtlich mitverpackt. Wir hatten unseren Spaß und waren begeistert von unseren Kindern beziehungsweise Enkelkindern. Allerdings sitzt Opa nicht immer an der gleichen Stelle, wenn er fernsieht. Und es gibt auch mehr als einen Fernseher. Also verliefen wir uns ein paarmal, mussten wieder zurück, fanden schließlich den nächsten Hinweis:

Im ersten Stock, da gibt's was zu ruhen. Dort müsst ihr suchen.
Klarer Fall, unser Schlafzimmer im ersten Stock war das nächste Ziel. Bloß waren nicht alle Kinder den Strapazen des Tages so gut gewachsen wie die beiden großen Jungs. Sarah, vier Jahre, und Clemens, sechs Jahre, waren bereits im Bett. Wo? Natürlich genau dort, wo der nächste Hinweis versteckt war. Meine Frau war alarmiert und verteidigte den Schlaf unserer Jüngeren wie eine Löwin.

»Dort geht mir heute sicher niemand mehr rein!« Also mussten wir die Schatzsuche vorerst unterbrechen. Tags darauf ging es gleich um sieben Uhr weiter, und kaum eine halbe Stunde und mehrere Spuren später hatten wir den letzten Hinweis gefunden.

Hinweis zum Schatz: Dort unten, ganz unten, da gibt es eine englische Fahne. Dort liegt der Schatz.
Und wirklich: Auf dem Rad von Felix im Erdgeschoss war eine englische Flagge aufgemalt. Gleich dahinter war der Schatz verborgen. Unter einer großen Truhe fanden wir für jeden Erwachsenen ein Stück Schokolade, sauber in ein Blatt Papier eingewickelt. Die Kinder, inzwischen waren es vier, denn nun waren auch die beiden Kleineren dabei, waren unglaublich stolz auf ihr großes Werk. Und wir waren stolz auf sie.

Trichterförmiger Aufbau

Warum ich Ihnen das erzähle? Nicht etwa, weil ich meinen Vaterstolz mit Ihnen teilen will. Gut, ein klein wenig vielleicht … in erster Linie erzähle ich diese Geschichte aber, weil sie eine frappierende Ähnlichkeit damit aufweist, wie Mitarbeiter Entscheider an Entscheidungen heranführen. Oder besser: heranzuführen versuchen, denn besonders gut funktioniert es nicht. Der Schatz in der Schatzsuche der Kinder entspricht im Business-Kontext der zentralen Botschaft oder der Kernaussage. Darum geht es in letzter Konsequenz. Bei Entscheidungen ist das meist der Entscheidungsvorschlag. Zu diesem Entscheidungsvorschlag wollen wir den Entscheider hinführen. Das tun wir, indem wir ihn auf einen Weg mitnehmen, den wir uns vorher überlegt haben (die Schatzsuche). Häufig ist das unser eigener Weg, den wir gegangen sind, um auf den Vorschlag zu kommen.

Warum machen wir das so? Einerseits haben wir es über viele Jahre in der Schule so gelernt. Bei der Mathearbeit müssen wir erst den Lösungsweg hinschreiben, dann erst das Ergebnis. Wer es umgekehrt macht, der macht sich verdächtig. Wer nur die Lösung hinschreibt, der hat ganz offensichtlich geschummelt. Nach vielen Jahren Schule wird dieser Gedankengang an den Universitäten weiter vertieft. Bevor wir ein Ergebnis vorstellen dürfen, müssen wir erst erklären und herleiten, woher dieses Ergebnis kommt. Wir wurden also über viele Jahre darauf gedrillt, dass immer erst die Erklärung kommen muss und dass dann erst die Lösung kommen darf. So macht man das! Wir wollen schließlich, dass der Entscheider den gleichen Gedankengang, den wir durchlaufen haben, auch durchläuft, damit er zum gleichen Ergebnis kommt. Und auch dieses Motiv ist nachvollziehbar. Wie anders sollte jemand zum gleichen Ergebnis kommen wie wir? Dazu muss sie oder er doch gedanklich den gleichen Weg gegangen sein, oder?

Die beschriebene Vorgehensweise ist absoluter Standard und wird noch heute vielfach auch in Präsentationstrainings gelehrt. Und auch für Gutachten oder wissenschaftliche Arbeiten gilt ein solcher sogenannter trichterförmiger Aufbau, mit dem der Leser immer näher und näher an die Lösung herangeführt wird, bis er schließlich und unausweichlich auf sie trifft, als die Norm. Leider ist diese Vorgehensweise aber für die Kommunikation gegenüber einem Entscheider, ja ganz allgemein für die Kommunikation von Ergebnissen vollkommen ungeeignet.

Denn was kann uns passieren, wenn wir den Entscheider Schritt für Schritt an die Entscheidung heranführen wollen? Häufig geht uns die Zeit aus, denn wir beginnen mit den Details, auf denen sich alles Weitere aufbaut. Wenn wir aber mit den Details beginnen und es tauchen Fragen auf, dann betreffen diese Fragen die Details. Dann wird es noch mal detaillierter, und das braucht Zeit. Der Termin ist zu Ende, während wir uns noch immer durch technische, juristische oder inhaltliche Spezifika graben. Hinzu kommt, dass wir zwar die Details vorbereitet haben, aber für die Fragen zu den Details noch mal nachfragen oder Rücksprache halten müssen, und daher nicht weiterkommen. In beiden Fällen gibt es vorerst keine Entscheidung, es braucht einen weiteren Termin, und oft muss nachgearbeitet werden. Beides ist uns auch bei unserer Schatzsuche passiert. Wir mussten abbrechen und am nächsten Tag fortsetzen, weil es zu spät wurde und weil ein Schritt des Weges, den wir gemeinsam gehen wollten, nicht möglich war. Beides kenne ich aus meiner Tätigkeit als Berater, dann Projektmanager und schließlich Führungskraft. Und beide Gründe – die Zeit wird knapp und es fehlt uns noch ein Detail, ohne das wir nicht weiterkommen – haben immer und immer wieder dazu geführt, dass eine Entscheidung nicht oder erst viel später getroffen werden konnte. Wahrscheinlich ist es auch Ihnen schon so ergangen, wenn Sie versucht haben, den Entscheider chronologisch oder vom Detail her und hin zum großen Ganzen durch Ihre eigenen Gedanken und Überlegungen zu führen.

Den eigenen Gedankenprozess mit dem Entscheider oder den Entscheidern nochmals gehen zu wollen, hat aber noch zwei weitere gravierende Nachteile, und auch diese beiden haben wir bei unserer Schatzsuche kennengelernt. Wenn Sie den Entscheider Schritt für Schritt durch Ihre Gedanken führen, dann entscheiden auch Sie, wie weit Sie dafür ins Detail gehen. Sie entscheiden über die Struktur Ihrer Unterlage, über den Aufbau Ihrer Präsentation, darüber, was Sie zeigen und was Sie weglassen. Damit nehmen Sie aber dem Entscheider die Entscheidungsautonomie. Sie entscheiden, was Sie alles zeigen, also entscheidet der Entscheider nicht. Die meisten Entscheider aber wollen selbst entscheiden. Und das, worüber sie entscheiden wollen, beschränkt sich nicht auf die Strategie und große Entscheidungen, sondern es betrifft auch kleine und ganz banale Dinge. Zum Beispiel, wie das Meeting ablaufen wird. Wenn Sie aber mit den Details beginnen, dann hat der Entscheider keine Chance zu entscheiden, was er sehen und sich anhören möchte und was nicht. Das kann er nämlich erst ganz am Ende, wenn alle Zusammenhänge klar sind. Dann aber hat er sich ja schon alles angehört, und es ist zu spät. Wenn Sie versuchen zu entscheiden, wo eigentlich der Entscheider entscheiden will, dann werden Sie erstens nicht auf große Gegenliebe treffen und zweitens möglicherweise in Ihrem Schwung gebremst werden, weil der Entscheider Sie unterbricht und eine Frage stellt, oft nur, um die Kontrolle zurückzugewinnen.

Und wenn Sie in einem großen Unternehmen arbeiten und schon mal in Meetings mit Topmanagern gesessen haben, dann kennen Sie vielleicht auch die folgende Situation: Zehn Minuten nach Beginn des Meetings kommt die Sekretärin rein und hält dem Entscheider ein Blatt unter die Nase. Sieht aus wie ein wichtiger Brief. Er überfliegt die Unterlage und trifft eine Entscheidung: Bleibe ich im Meeting oder stehe ich auf und kümmere mich um das andere, offenbar sehr wichtige Thema? Wenn der Entscheider aufsteht und geht, vielleicht mit den Worten »Entschuldigen Sie mich, das hier ist wirklich wichtig, bitte machen Sie ohne mich weiter!«, dann wird in der verbleibenden Zeit sicher keine Entscheidung getroffen. Verbindlich entscheiden kann nur der Entscheider, das ist auch allen klar, aber keiner spricht es aus. Sobald der Entscheider draußen ist, wird Theater gespielt, ohne jeden Mehrwert. Das wirklich Gemeine aber: Das Schreiben, das die Sekretärin dem Chef unter die Nase gehalten hat, war unter Umständen gar nicht wichtig. Vielleicht handelte es sich stattdessen um ein einfaches und erprobtes Mittel, um Entscheider aus Terminen zu lotsen, auf die sie keine Lust mehr haben oder die ihnen nicht wichtig genug sind. Und das, ohne das so direkt aussprechen zu müssen und somit gesichtswahrend für alle Beteiligten. Bloß: Ihnen hilft das nichts. Sie wollten eine Entscheidung, und die haben Sie nicht erhalten.

Sie sehen, all das, was wir an Schulen und Universitäten gelernt haben, mag gut und richtig sein, aber wenn wir es mit Ansprechpartnern mit wenig Zeit und einer kurzen Aufmerksamkeitsspanne zu tun haben, dann eignet sich dieser trichterförmige Zugang nicht. Wenn wir gut mit Entscheidern kommunizieren wollen, dann müssen wir uns von einem solchen Zugang, bei dem wir chronologisch oder vom Detail aufbauend zum großen Ganzen berichten und bei dem das Wichtigste erst ganz am Schluss kommt, ein für alle Mal lösen.

Den Trichter auf den Kopf stellen – das Pyramidenprinzip

Sicher haben Sie auch schon mal eine E-Mail wie diese bekommen:

> *Liebe Alle, vorhin hat sich Karin bei mir gemeldet. Sie kann nicht wie geplant alle Daten für das Projekt bis morgen liefern. Einen Teil schafft sie bis morgen, aber nicht alles. Den Rest kann sie bis Ende der Woche liefern. Thorsten meint, mit einem Teil der Daten können wir gar nichts anfangen, für eine vernünftige Auswertung brauchen wir schon das gesamte Datenset. Damit wackelt auch unser Termin Ende der Woche, bei dem wir über die Ergebnisse sprechen wollten. Peter hat gesagt, er kann zum Wochenende ins Büro kommen (danke!) und die Auswertungen im System durchlaufen lassen. Dann hätten wir alle Ergebnisse am Montag und könnten uns am Dienstag zusammensetzen. Ich habe auch schon einen Slot gefunden, der bei allen geht. Ist das okay, wenn wir den Termin auf Dienstag nächster Woche schieben? Viele Grüße, Max*

Seien Sie ganz ehrlich – haben Sie tapfer bis zum Ende durchgehalten oder haben Sie irgendwo in der Mitte die Geduld verloren und abgebrochen? Aber selbst, wenn Sie durchgehalten haben, eines steht fest: Die meisten Entscheider hätten einfach nach den ersten paar Sätzen aufgehört zu lesen und die Nachricht als nicht wichtig genug eingeordnet, gelöscht oder ignoriert. Dabei hat Max nur das gemacht, was viele von uns machen, wenn sie wollen, dass man ihr Denken und Handeln nachvollziehen kann. Er hat berichtet, was der Reihe nach passiert ist.

Die Nachricht von Max an sein Team ist streng chronologisch aufgebaut, das heißt, er berichtet alles in genau der Reihenfolge, in der es passiert ist. Das hat den Vorteil, dass sich alle in Max hineinversetzen und seinen Vorschlag nachvollziehen können. Aber ist das notwendig? Reicht es denn nicht, dass Max schreibt, was er will, und alles andere nachreicht, wenn jemand danach fragt? Könnte Max nicht einfach die Reihenfolge umdrehen, das Wichtigste an den Beginn stellen und alle weiteren Informationen nach hinten stellen, für alle, die das interessiert?

Dann könnte die Nachricht (diesmal von Julia) etwa so aussehen:

Liebe Alle, ich schlage vor, den Termin zur Durchsprache der Ergebnisse auf Dienstag zu verschieben, in euren Kalendern gibt es dafür noch einen Slot. Kurz zum Hintergrund: Die Daten bekommen wir erst Ende der Woche, Peter kann am Wochenende ins Büro kommen (danke!), dann haben wir die Ergebnisse am Montag und könnten uns am Dienstag zusammensetzen. Viele Grüße, Julia

Alle, die wenig Zeit haben und denen die Details egal sind, lesen nur den ersten Satz, das reicht. Wer mehr wissen will, liest weiter, und zwar so lange, bis sie oder er weiß, was sie oder er wissen möchte. Für den Empfänger der Nachricht ist das viel angenehmer. Denken Sie dazu nur an lange Berichte oder Nachrichten, die Sie bis ganz ans Ende lesen mussten, um zu wissen, was das Ergebnis ist, und an all die E-Mails, bei denen Sie bis ganz nach unten scrollen mussten, um zu verstehen, ob und was Sie tun sollten! Der Empfänger spart bei pyramidal aufgebauten Nachrichten sehr viel Zeit, wenn er das will. Gleichzeitig bedeutet pyramidal kommunizieren für den Sender nicht automatisch mehr Aufwand. Wenn Sie wissen, was Sie aussagen wollen, was Sie empfehlen oder was jemand tun soll, dann genügt es, diese Kernaussage an den Beginn zu stellen und in weiterer Folge genau jene Fragen zu beantworten, die voraussichtlich im Kopf des Lesers aufpoppen.

Liebe Alle, ich schlage vor, den Termin zur Durchsprache der Ergebnisse auf Dienstag zu verschieben, in euren Kalendern gibt es dafür noch einen Slot.

WARUM?

Kurz zum Hintergrund: Die Daten bekommen wir erst Ende der Woche.

WAS MACHEN WIR JETZT?

Peter kann am Wochenende ins Büro kommen (danke!), dann haben wir die Ergebnisse am Montag und könnten uns am Dienstag zusammensetzen.

ALLES KLAR!

Das Prinzip dahinter wurde Ende der Sechzigerjahre von Barbara Minto, damals Beraterin bei McKinsey, entwickelt und nennt sich »Pyramidenprinzip« oder »pyramidales Prinzip«.[63] Die Grundgedanken des Pyramidenprinzips nach Minto sind die Trennung des Denkprozesses vom Schreib- oder Wiedergabeprozess und die Positionierung der Kernbotschaft an den Beginn. Die Trennung von Denkprozess und Wiedergabeprozess bedeutet, dass nicht einfach der Weg oder der chronologische Ablauf, der zu einem bestimmten Ergebnis geführt hat, wiedergegeben wird. Vielmehr wird erst der Denk- und dann erst der Wiedergabeprozess durchlaufen. Den Denkprozess müssen Sie ohnehin durchlaufen, um zu einem Ergebnis zu kommen. Bis hier ist also alles unverändert. Bei der Kommunikation aber gehen Sie nicht einfach den Denkprozess durch und schreiben ihn nieder oder erzählen ihn nach. Vielmehr fragen Sie sich: Was ist die zentrale Botschaft? Was ist die Kernaussage? Was soll mein Gegenüber wissen oder tun?

Der Weg, auf dem Sie zum Ergebnis gekommen sind – und das ist ein echter Paradigmenwechsel –, ist für die Wiedergabe egal. Das ist zwar für Sie erst mal ungewohnt, aber für den Empfänger ist es sehr angenehm, denn dieser Weg interessiert ihn meist nicht besonders. Ihn interessiert das Ergebnis, und darauf fokussiert das Pyramidenprinzip. Am Beginn steht die Kernaussage. Das kann das Ergebnis einer Untersuchung sein, die Lösung eines Problems oder – im Falle der Entscheidungsvorbereitung – unsere Empfehlung, das heißt unser Entscheidungsvorschlag. Alle weiteren Informationen, die diese Empfehlung stützen und begründen, kommen erst später und nur dann, wenn sich auch jemand dafür interessiert. Nur auf ausdrücklichen Wunsch des Empfängers gehen wir ins Detail und zeigen bei Interesse auch den Weg, den wir gegangen sind, um zum Ergebnis oder zur Kernaussage zu kommen. Pyramidal kommunizieren bedeutet daher nicht, dass Sie etwas weglassen. Es bedeutet nur, dass Sie die Reihenfolge auf den Kopf stellen und alle Details nur dann liefern, wenn sie ausdrücklich nachgefragt werden. Werden sie nicht nachgefragt, dann ist das auch nicht schlimm, denn die Kernaussage und damit Ihre Empfehlung fußt ja auf diesen Details.

Mit einer pyramidal aufgebauten Struktur lassen sich alle Probleme, die eine trichterförmige Struktur mit sich bringt, vermeiden. Sehen wir uns das anhand von ein paar Beispielen an.

Sie sind im Termin mit Entscheidern, haben eben Ihre Empfehlung abgegeben (die Sie davor kurz eingeleitet haben; wie das geht, sehen wir uns im nächsten Kapitel an), da kommt die Sekretärin in den Raum, geht zur Business-Unit-Managerin, der wichtigsten Person im Raum, hält ihr ein Blatt Papier unter die Nase und flüstert ihr etwas ins Ohr. Die Managerin schaut auf das Blatt, überlegt kurz, wägt offenbar ab, ob sie den Raum verlassen oder doch besser bleiben soll. Gegenüber der trichterförmigen Kommunikation haben Sie nun zwei entscheidende Vorteile. Hätten Sie Ihre Präsentation klassisch trichterförmig aufgebaut, dann wären Sie wahrscheinlich gerade beim Projektfortschritt und den erreichten Meilensteinen. Der Managerin wäre die Entscheidung zu gehen vergleichsweise leichtgefallen. Heute aber haben Sie mit Ihrer Empfehlung begonnen und den Satz nachgeschoben: »Sie wollen sicher wissen, welche Varianten wir uns noch angesehen haben und wie wir zu dieser Empfehlung gekommen sind?!« Es geht also schon zu Beginn des Meetings um die wirklich wichtigen Dinge.

Die Wahrscheinlichkeit, dass die Managerin bleibt, ist allein dadurch gestiegen. Vielleicht möchte sie noch wissen, welche Optionen betrachtet wurden und was genau für Ihren Vorschlag spricht, bevor sie das Meeting guten Gewissens verlassen kann. Vielleicht ist das, was auf dem Blatt Papier steht, aber wirklich wichtig und sie muss gleich weg – denn auch das kann Ihnen passieren –, dann muss das in diesem Fall kein Problem sein. Beim Hinausgehen könnte sie etwa sagen: »Entschuldigen Sie mich, das hier ist wirklich wichtig, bitte machen Sie ohne mich weiter! Ach ja, ich unterstütze Ihren Vorschlag.« Und weg ist sie. Das Ergebnis gegenüber dem trichterförmigen Aufbau Ihrer Präsentation aber ist ein anderes. Zwar wird im verbleibenden Termin wieder nur Theater gespielt, schließlich fehlt die wichtigste Person. Die Entscheidung aber ist getroffen und sie wird auch nicht mehr infrage gestellt.

Ein weiterer Vorteil des Pyramidenprinzips ist, dass nicht Sie entscheiden, wie weit der Entscheider ins Detail gehen muss, sondern der Entscheider das selbst entscheiden kann. Auf die Frage »Wollen Sie zu dieser Variante noch mehr Details wissen?« folgt dann oft die Antwort »Danke, das reicht, ich lese mir das später durch«. Manchmal geht es auch tief bis in die letzten Details, und auch das ist gut, wenn es der Entscheider ausdrücklich will. Wenn Sie eine Frage stellen, dann müssen Sie mit einer Antwort rechnen. Wie sie konkret ausfällt, darauf haben Sie wenig Einfluss, wie ich einmal miterleben durfte. Auf die Frage des Konzernjuristen »Stört es Sie, wenn ich Ihnen noch ein paar juristische Feinheiten erläutere?« antwortete der angesprochene Vorstand trocken mit »Ja!«. Das mag nicht besonders höflich sein, aber immerhin ist es ehrlich. Gleichzeitig spart es allen Anwesenden viel Zeit. Hat der Entscheider genug gesehen und gehört, warum sollte man ihn dann mit noch mehr Informationen zuschütten? Der Jurist in unserem Fall kennt die Informationen ohnehin und muss nicht unbedingt selbst hören, was er zu sagen hat. Schließlich sind Termine da, um zu einem Ergebnis zu gelangen, und nicht, um einem Mitarbeiter so viel Sendezeit beim Vorstand zu geben, wie er es sich wünscht.

Das Pyramidenprinzip hat noch einen letzten großer Vorteil gegenüber der trichterförmigen Kommunikation: Fokus und Aufmerksamkeit liegen von Beginn an auf der Kernaussage. Damit kann jeder alles Folgende in Bezug auf die Kernaussage hinterfragen und einordnen. Wenn Sie Ihren Vortrag, Ihre Präsentation oder Ihre Unterlage hingegen trichterförmig aufbauen, dann passiert das genaue Gegenteil. Was genau, das sagt uns wieder die Psychologie in Verbindung mit der Gehirnforschung. Bereits im Jahr 1956 hat George Miller von der Universität Harvard seine bahnbrechende Studie »The Magical Number Seven, Plus or Minus Two«[64] vorgelegt. Darin zeigte er, dass ein durchschnittlicher Mensch sieben Objekte in seinem Kurzzeitgedächtnis behalten kann und dass dieser Wert zwischen fünf (sieben minus zwei) und neun (sieben plus zwei) schwanken kann. Das bedeutet: Wenn Sie einem Menschen eine Zahlenfolge rasch vorlesen, wie zum Beispiel diese hier:

1 8 5 6 5 2 2 7 8 4 2 7 2 1 3 4 7 0 8 2 6 4

... dann wird kaum jemand dabei sein, der sich weniger als die ersten fünf Zahlen merken kann, und kaum jemand, der sich mehr als die ersten neun Zahlen merken kann. Aus dieser Erkenntnis wurde eine Vielzahl weiterer Regeln abgeleitet, die unsere beschränkte Informationsverarbeitungskapazität berücksichtigen, wie etwa:

➤ Ein Vorgesetzter sollte nicht mehr als sieben direkte Mitarbeiter *(direct reports)* haben.

➤ Ein Meeting sollte nicht mehr als sieben Teilnehmer haben.

➤ Man sollte nicht mehr als sieben Ziele gleichzeitig verfolgen.

Für die Kommunikation mit Entscheidern ist die sogenannte Miller'sche Zahl 7±2 aus einem anderen Grund wichtig. Immer dann, wenn Sie jemandem mehr als sieben Informationen geben, dann gehen alle über sieben hinausgehenden Informationen entweder verloren oder sie werden ins Langzeitgedächtnis transferiert. Am effektivsten lässt sich das durch das Bilden von Mustern und Kausalzusammenhängen bewerkstelligen. Das heißt, wenn Sie mit Informationen bombardiert werden und möglichst viele davon behalten möchten, dann bilden Sie ganz automatisch Verknüpfungen zwischen den Informationen oder erkennen ein Muster. Beides hilft Ihnen dabei, möglichst viele Informationen aufzunehmen. Allerdings bilden Sie dabei Ihre Muster, abhängig davon, was Sie wissen und welche Erfahrungen Sie gemacht haben. Wie Sie das, was Sie da zu sehen oder zu hören bekommen, bewerten und verknüpfen, entscheidet sich alleine in Ihrem Gehirn, wahrscheinlich ohne dass Sie es wahrnehmen. Wenn Sie dem Entscheider etwas in einer trichterförmigen Struktur vorlegen, dann passiert in seinem Gehirn das Gleiche. Um sich möglichst viele Informationen merken zu können, wird er sie bewerten, strukturieren und in einen Zusammenhang bringen. Wie er das macht, darauf haben Sie keinen Einfluss. Das Ergebnis ist immer wieder erstaunlich:

Max präsentiert vor dem Projektlenkungsausschuss, beginnt mit den Details, führt aus und erklärt, zeigt Zwischenergebnisse und Ergebnisse, um ganz zum Schluss zu sagen: »Meine Damen und Herren, Sie werden mir sicher alle darin zustimmen, dass wir auf dieser Basis den Lieferanten Z beauftragen sollten.« Max blickt in die Runde der vier Lenkungsausschussmitglieder, die vor ihm sitzen. Ein Herr nickt bedächtig, eine Dame schüttelt energisch den Kopf und die beiden anderen Teilnehmer sehen ihn entgeistert an. Einer meldet sich zu Wort: »Ich war mir sicher, Sie würden uns den Lieferanten X vorschlagen.« – »Und ich«, meldet sich ein anderer, »hätte darauf wetten können, dass Sie empfehlen werden, vorerst keinen Lieferanten zu beauftragen, sondern dass Sie noch weitere Informationen einfordern wollen.« Max ist verwirrt. Hatte er nicht glasklar hergeleitet, dass Lieferant Z die beste Wahl ist? Doch, das hatte er, allerdings nach seiner eigenen Logik. Aus

Alles steht kopf

seiner Sicht, mit seinem Wissen und mit seiner Erfahrung konnte man auf der Basis aller Informationen nur zu diesem Schluss kommen. Seine Zuhörer haben die Informationen allerdings auf der Basis ihres eigenen Wissens und ihrer eigenen Erfahrungen eingeordnet und bewertet. Dabei sind sie zu einem anderen Ergebnis gekommen. Daher auch diesmal: keine Entscheidung.

Julia geht es anders an. Sie beginnt: »Sehr geehrte Damen und Herren, Ihre Zeit ist wertvoll, ist es daher okay, wenn ich gleich zum Punkt komme?« Alle Anwesenden nicken. »Sie hatten uns gebeten, uns mehrere Lieferanten anzusehen. Wir habe drei in die engere Wahl genommen, unsere Empfehlung lautet, mit dem Lieferanten Z zusammenzuarbeiten.« Julia macht eine kurze Pause. »Sie wollen sicher wissen, wie wir zu dieser Einschätzung kommen, oder?« Wieder nicken alle, und Julia beginnt zu erklären. Zehn Minuten später sind alle Punkte geklärt, für die sich die Mitglieder des Lenkungsausschusses interessieren. Alle unterstützen Julias Vorschlag. Es wird Lieferant Z. Julia hat die Entscheider gar nicht erst dazu verleitet, sich auf der Basis von Detailinformationen ein verzerrtes Bild zu machen. Indem sie die Kernaussage, ihre Empfehlung, in den Mittelpunkt und an den Beginn gestellt hat, waren alle Gedanken auf diese Kernaussage fokussiert.

Kürzlich hatte ich ein längeres Gespräch mit einem IT-Manager, der mir sein Leid klagte. Die meisten seiner Ansprechpartner außerhalb der IT, ganz egal aus welcher Ebene, erzählten ihm ausführlich über ihre Probleme und Befindlichkeiten, bei denen sie von der IT Unterstützung wollten. Allerdings hatte er genau das Problem, das sich bei trichterförmiger Kommunikation häufig einstellt. Er konnte sich das alles nicht merken und auch Aufschreiben war schwierig, da ja während der Gespräche noch nicht absehbar war, was letztlich relevant sein würde und in welcher Struktur er seine Aufzeichnungen anlegen sollte. Ich habe ihm geraten, seine Ansprechpartner ein Stück weit an das Pyramidenprinzip heranzuführen, und ihm dabei zu folgender Vorgehensweise geraten.

Die Schatzsuche

Immer dann, wenn nach den ersten Minuten nicht klar ist, worum es voraussichtlich gehen wird und wohin das alles führen soll, hakt er bei der nächsten Gesprächspause ein und stellt eine kurze Frage. »Damit ich das, was Sie mir da sagen, noch besser einordnen kann, eine kurze Frage: Was hätten Sie gerne von mir, wenn unser Termin vorbei ist?« Das Gegenüber ist meist überrascht, gibt dann aber bereitwillig Auskunft, was sie oder er gerne hätte. Bei dem IT-Manager ist das oft mit einem großen Aha verbunden, denn ab diesem Zeitpunkt kann er besser einordnen, welche Informationen für ihn relevant sind und welche nicht. Er erkennt rasch, wo er einen Beitrag leisten kann und wo es einen anderen Ansprechpartner braucht. Er kann diese Termine deutlich abkürzen, weil er nur noch dort nachhakt, wo er weitere Informationen braucht. Und schließlich sind auch seine Gesprächspartner zufriedener, weil jene Informationen, die sie teilen, auch zu einem Ergebnis führen und nicht am Ende des Gesprächs im Töpfchen »Da kann ich leider nicht helfen!« landen. Kennen Sie vergleichbare Situationen und geht es Ihnen ähnlich? Wenn ja, dann fordern Sie einfach die pyramidale Kommunikation ein, ohne es so zu nennen. Fragen Sie dazu früh nach der Kernbotschaft und sparen Sie allen Beteiligten damit Zeit und Mühe!

Pyramidal kommunizieren heißt zum Punkt kommen

»Mensch, kommen Sie endlich mal zum Punkt!« Manchmal bricht sich die aufgestaute Ungeduld Bahn und Topmanager sagen ganz offen, was sie sich wünschen, nämlich dass Mitarbeiter zum Punkt kommen. Was sie damit meinen? Sie meinen damit, dass Sie bitteschön schnell und ohne große Umwege sagen sollen, was Sache ist und was Sie wollen. Das kann ein Ergebnis sein, ein Lösungsvorschlag oder eine Empfehlung, ein Wunsch oder eine Forderung. Wann immer Sie den Satz »Kommen Sie zum Punkt!« oder einen ähnlichen hören, dann wissen Sie ab sofort, dass Sie nicht pyramidal kommuniziert haben und dass es jetzt höchste

Zeit wäre, damit zu beginnen. Wer pyramidal kommuniziert, der adressiert dieses typische Bedürfnis vieler Entscheider nämlich ganz automatisch. Wenn Sie die Kernaussage an den Beginn stellen, dann kommen Sie ganz automatisch zum Punkt, Sie sagen das Wichtigste zuerst.

Inzwischen wissen Sie, dass auch Sie einige Vorteile haben, wenn Sie mit der Kernaussage und damit mit der Spitze der Pyramide starten, statt den Trichter zu bemühen. Es sollte also in Ihrem Interesse sein, zum Punkt zu kommen. Wie machen Sie das, wenn Sie sich nicht ganz sicher sind, ob das auch Ihr Gegenüber will? Ganz einfach, Sie stellen eine Frage, auf die ich noch von jedem Entscheider ein eindeutiges »Ja!« oder »Ja, bitte!« als Antwort bekommen habe. Fragen Sie einfach:

»Darf ich gleich zum Punkt kommen?!«

Warum funktioniert dieser Satz nicht nur am Telefon so gut,[65] sondern auch in Terminen mit Managern? Nun, zum einen überlassen Sie die Entscheidung – wenigstens gefühlt – dem Manager. Damit adressieren Sie ein typisches Bedürfnis von Entscheidern. Zum anderen stellen Sie das in Aussicht, was sich viele Entscheider wünschen, nämlich dass Sie gleich zum Punkt kommen. Daher führt diese Frage nach meiner Erfahrung ausnahmslos immer zu Zustimmung und einem guten Start in den Termin. Ich persönlich bin ein so großer Fan der Vorteile des pyramidalen Prinzips, dass ich es auch nutzen möchte, wenn mir kein Entscheider gegenübersitzt. Daher nutze ich den Satz »Ist das okay, wenn ich gleich zum Punkt komme?« oder eine ähnliche Formulierung grundsätzlich in jedem Meeting, in dem ich über Ergebnisse sprechen will, und hole mir damit die Zustimmung, dass ich mit der Kernaussage beginnen darf, ohne vorher lang und breit erklären zu müssen, wie ich dazu gekommen bin.

Der Pitch

Sie haben also einen Vorschlag, dazu mehrere Optionen. Sie kommen gleich zum Punkt, auch das ist gut. Was aber, wenn Sie zwar rasch Ihre Empfehlung anbringen wollen, aber nicht gleich im ersten Satz? Sie werden immer wieder mal in die Situation kommen, dass Sie eine Entscheidung nicht auf ausdrücklichen Auftrag hin vorbereiten, sondern eine Idee entwickeln und diese dann verkaufen wollen. In dieser Situation finden sich Verkäufer regelmäßig. Nehmen wir an, Sie verkaufen Telefonverträge. Ihre Kernbotschaft ist klar, sobald der Kunde auch nur die geringste Kaufabsicht geäußert hat. Und das hat er ja allein dadurch getan, dass er Ihren Laden betreten hat. Die Kernbotschaft heißt in diesem Fall wohl »Kaufen Sie bei uns!«. Allerdings werden Sie nur wenig verkaufen, wenn Sie derart mit der Tür ins Haus fallen. Die Kernbotschaft sollen und dürfen Sie gerne an die Frau oder an den Mann bringen, sobald der richtige Zeitpunkt gekommen ist. Davor aber sollten Sie die Kernbotschaft vorbereiten.

Auch wenn Sie einen Vorschlag machen wollen oder wenn Sie ein Problem lösen möchten, um dessen Lösung man Sie nicht ausdrücklich gebeten hat, für das Sie aber die Zustimmung anderer brauchen, sollten Sie die Kernbotschaft vorbereiten. Nehmen wir an, Sie sind die persönliche Assistentin eines Bereichsleiters und hätten gerne, dass die Meetings Ihres Chefs mit seinen Führungskräften kürzer werden. Sie müssen Ihren Chef nämlich organisieren und kommen langsam an die Grenzen des Möglichen, weil diese Meetings so viel Zeit wegknabbern. Vielleicht hat Sie Ihr Chef nicht gebeten, sich dafür eine Lösung zu überlegen, also brauchen Sie einen Einstieg, der nicht gleich mit der Kernaussage beginnt. Zum Chef zu gehen und zu sagen: »Chef, wir sollten künftig immer einen Timer auf den Tisch stellen, damit jeder Tagesordnungspunkt nur so lange dauert, wie wir dafür veranschlagt haben«, kann funktionieren. Wahrscheinlich braucht es aber einen etwas smootheren Einstieg, mit dem Sie Ihren Chef auf die Kernaussage hinführen. Diese Vorbereitung bis zur Kernbotschaft nennt man auch »Pitch«. Wenn Sie sich die Kernaussage an der Spitze der Pyramide vorstellen, dann ist der Pitch ein kleiner Trichter, den Sie noch mal oben draufsetzen. Während also die Pyramide mit der Kernaussage beginnt, endet der Pitch mit der Kernaussage. An der Spitze der Pyramide treffen sich die beiden.

Ein guter Pitch kann buchstäblich Gold wert sein. Stellt ein Start-up seine Idee bei einem Investor vor oder im Fernsehen vor Millionen von Zuschauern, dann entscheidet der Pitch oftmals darüber, ob investiert wird oder nicht. Und auch wenn die Entscheidung nicht unmittelbar auf der Basis des Pitchs fällt, so entscheidet der Pitch doch darüber, ob es überhaupt weitergeht. Wer einen guten Pitch liefert, hat die Chance auf die Investition. Ist der Pitch schlecht, dann gibt es keine zweite Chance, dann ist es vorbei. Während Pitches in der Welt der Start-ups und teilweise in der Welt des Verkaufens heute weitverbreitet sind, fristen sie in den Unternehmen selbst noch ein Schattendasein. Gut, wer sein Projekt intern verkaufen möchte, weil er Geld und Mitarbeiter dafür benötigt, der macht vielleicht heute schon einen Pitch. Den allermeisten Menschen ist aber nicht bewusst, dass ein einfacher Pitch bei jeder kleinen und kleinsten Entscheidung, bei jedem Vorschlag und in jeder E-Mail sehr wertvoll sein kann.

Situation, Komplikation, Lösung, Punkt!

Fassen wir kurz zusammen. Die Kernaussage kommt relativ zu Beginn, das entspricht dem Entscheiderbedürfnis, dass Sie zum Punkt kommen. Der Zeitpunkt, zu dem Sie Ihre Kernaussage bringen, sollte gleichzeitig der Zeitpunkt maximaler Aufmerksamkeit aufseiten des Entscheiders sein. Wie können Sie dafür sorgen, dass Ihr Chef maximal aufmerksam ist? »Bitte alle zuhören, jetzt kommt was Wichtiges!« ist es eher nicht, das sorgt eher für eine Abwehrhaltung. Die größtmögliche Aufmerksamkeit erreichen

Der Pitch

Sie, wenn Ihr Gegenüber eine Frage hat. Fragen wollen beantwortet werden, das macht sie so besonders. Wenn es Ihnen also gelingt, im Kopf Ihres Gegenübers eine Frage zu platzieren, dann ist der ideale Boden für Ihre Antwort bereitet. Welche Frage sollte idealerweise im Kopf Ihres Gegenübers auftauchen, die Sie beantworten können? Diese Frage kann etwa »Was sollen wir machen?« oder »Was soll ich tun?« oder auch »Was machen wir denn nur?« lauten. Gelingt es Ihnen, dass der Entscheider kurz vor Ihrer Kernaussage diese oder eine ähnliche Frage im Kopf hat, dann haben Sie schon fast gewonnen. Ihre Lösung beziehungsweise Ihr Vorschlag ist dann hochwillkommen. Wie aber bringen Sie die Frage in den Kopf des Entscheiders? Dazu braucht es ein Problem oder eine Komplikation. Es braucht ein Problem, für das der Entscheider eine Lösung haben will. Damit ist der Pitch fast schon fertig, es fehlt nur noch ein kleines Puzzlestück. Beginnen Sie Ihre Ausführungen immer mit einem Problem, dann wird man Sie über kurz oder lang als die Person wahrnehmen, die immer mit Problemen kommt. Das kann dazu führen, dass Sie als Miesmacher und Hauptbedenkenträger gesehen werden statt als Mutmacher. Damit Ihnen das nicht passiert, stellen Sie einfach vor das Problem die Ausgangssituation. Fertig ist der Pitch, den ich Ihnen gerade von hinten nach vorne durchdekliniert habe. In der richtigen Reihenfolge geht der Pitch dann so:

➤ Situation: beschreibt die Ausgangssituation, und zwar so, dass die Empfänger problemlos zustimmen können. Entweder weil sie wissen, dass es so ist, oder weil es vollkommen nachvollziehbar ist.

➤ Komplikation: »Leider …«, »Allerdings …«, »Jedoch …« beschreibt die Komplikation beziehungsweise das Problem, das es einen Zusammenhang mit der Situation gibt. Die Komplikation deutet nicht unbedingt auf die Lösung hin, allerdings muss die Lösung genau dieses Problem adressieren.

> Implizite Frage: muss nicht ausgesprochen werden. Es genügt, dass die Frage im Kopf des Empfängers entsteht.

> Lösung: beschreibt die Kernaussage, häufig eine Empfehlung, verbunden mit einer konkreten Handlungsaufforderung.

Fertig ist der Pitch. Diese Struktur ist gleichzeitig das Rückgrat für jede Geschichte.[66] Vor ein paar Monaten habe ich das mit einer größeren Gruppe getestet. Wir haben uns Dutzende Werbungen angesehen und daraufhin untersucht, ob sich die Struktur »Situation, Komplikation, implizite Frage, Lösung« dort wiederfindet. Das Ergebnis: Bei allen Spots, die auch nur halbwegs akzeptabel waren, fanden wir diese Struktur, manchmal sogar mehrere Male in einem Spot. Nur einige wenige Spots, die keinem so recht gefallen haben, kamen ohne diese Struktur aus.

Lassen Sie uns diese Systematik gleich gemeinsam an einem Beispiel durchgehen, nämlich an der Frage, wie wir unsere Vorschläge transportieren sollten, da sind wir nämlich schon gut im Thema:

> Situation: Heute wird es von den meisten Mitarbeitern über alle Branchen hinweg erwartet, dass sie nicht nur auf Anweisung arbeiten und »Dienst nach Vorschrift« machen. Vielmehr gehört es zum Profil eines modernen Arbeitnehmers, dass er sich auch aktiv einbringt, Vorschläge macht und Lösungen präsentiert.

> Komplikation: Leider können das die meisten Mitarbeiter mehr schlecht als recht. Zwar erkennen sie, wo es hakt, und entwickeln auch Lösungsvorschläge, allerdings tun sich viele schwer damit, das so zu kommunizieren, dass das Problem verstanden und die Lösung dann auch umgesetzt wird.

> Implizite Frage: Was kann ich tun?

> Lösung: Lernen Sie, wie man einen Pitch macht. Mit einer einfachen Systematik bereiten Sie Ihre Anliegen und Vorschläge so auf, dass sie häufig ohne den geringsten Widerstand angenommen werden.

Na, sind Sie schon überzeugt? Denken Sie schon: »Ja, ich möchte unbedingt lernen, wie man einen Pitch macht!«? Wenn nein, dann kann ich Ihnen das nicht verdenken, denn diesem Pitch fehlt noch ein wichtiges Element.

Die Bedeutung im Mittelpunkt – Lust und Schmerz

Wir sind im Kapitel »Zahlen, Daten und Fakten sind wichtig – und zu wenig« bereits darauf eingegangen. Was zählt, ist nicht so sehr das, was ist, sondern vielmehr das, was das (was ist) für unser Gegenüber bedeutet, was es ganz konkret heißt. Dem Pitch, den wir eben durchgegangen sind, fehlt diese Bedeutung für das Gegenüber beziehungsweise die Bedeutung ist darin nur leicht angedeutet. Daher meine Frage an Sie: Was bedeutet es denn, wenn Sie als Mitarbeiterin oder Mitarbeiter großartige Ideen haben, diese aber nicht umgesetzt werden, weil Sie sie nicht verkaufen können? Und was würde es für Sie bedeuten, wenn Sie wie schon bisher gute Vorschläge machen und einbringen, diese aber einer nach dem anderen angenommen werden, ganz im Unterschied zu den Vorschlägen Ihrer Kolleginnen und Kollegen? Wenn Sie darauf eine Antwort finden, dann funktioniert der Pitch.

Allerdings reicht es nicht, dass Sie diese Antwort für sich beantworten. Der Pitch richtet sich an einen Empfänger, also muss Ihr Ziel sein zu verstehen, was die Komplikation beziehungsweise das Problem für sie oder ihn bedeutet. Häufig sind die Empfänger unserer Pitches nämlich gar nicht spontan in der Lage, sich vorzustellen, was das aktuelle Problem für sie bedeutet und was die Lösung daran ändern würde. Daher ist es Ihre Aufgabe, den

Pitch mit dieser Bedeutung anzureichern. In aller Regel wird Ihnen das der Empfänger des Pitchs nicht nur nicht übel nehmen, er wird sich sogar ausdrücklich dafür bedanken. Denn wenn die aktuelle Situation ein für ihn bedeutsames Problem beinhaltet, dessen Bedeutung ihm bisher noch nicht in vollem Ausmaß bewusst war, dann tun Sie ihm einen großen Gefallen, wenn Sie das transparent machen.

Die passende Bedeutung für den Empfänger des Pitchs können Sie etwa auf der Basis von Vermutungen finden. Sie können sich in seine Situation hineindenken und hineinfühlen. Noch besser funktioniert es aber, wenn Sie im Vorfeld eine saubere Entscheider-Ergründung durchgeführt haben. Am besten funktioniert Ihr Pitch, wenn Sie genau die Punkte, von denen der Entscheider gesagt hat, dass sie ihm wichtig sind, im Pitch ansprechen. Ein Pitch, der auf diese Bedeutung eingeht, wird eine viel stärkere Wirkung entfalten als einer, bei dem Sie die Bedeutung vollständig dem Empfänger überlassen. Der Pitch adressiert im ersten Schritt die Bedeutung im Negativen und damit den Schmerz, wenn das Problem weiter besteht. Im zweiten Schritt adressiert er die Bedeutung im Positiven und damit die Lust, wenn das Problem weg ist. Die Struktur des Pitchs bleibt gleich, allerdings gibt es jeweils eine Ergänzung bei Komplikation und Lösung.

- Situation
- Komplikation + »Das bedeutet (für Sie) …«
- Implizite Frage
- Lösung + »Das bedeutet (für Sie) …«

Sie sehen, dass wir nun sowohl bei der Komplikation als auch bei der Lösung die Bedeutung für unser Gegenüber ausdrücklich betonen. Sehen wir uns das Ergebnis gemeinsam an.

Der Pitch

- Situation: Heute wird es von den meisten Mitarbeitern über alle Branchen hinweg erwartet, dass sie nicht nur auf Anweisung arbeiten und »Dienst nach Vorschrift« machen. Vielmehr gehört es zum Profil eines modernen Arbeitnehmers, dass er sich auch aktiv einbringt, Vorschläge macht und Lösungen präsentiert.

- Komplikation: Leider können das die meisten Mitarbeiter mehr schlecht als recht. Zwar erkennen sie, wo es hakt, und entwickeln auch Lösungsvorschläge, allerdings tun sich viele schwer damit, das so zu kommunizieren, dass das Problem verstanden und die Lösung dann auch umgesetzt wird (bis hierhin ist alles unverändert). <u>Das bedeutet für Sie</u>, dass Sie zwar theoretisch eine Mitarbeiterin oder ein Mitarbeiter sind, wie man sie oder ihn sich vorstellt, dass das aber keiner merkt. Das heißt, Sie bringen Ihre PS nicht auf die Straße, und wenn Sie nicht lernen, wie Sie sich und Ihre Vorschläge besser verkaufen, dann wird man Ihnen irgendwann den Stuhl vor die Tür stellen, obwohl Sie gut sind. Bloß bemerkt das keiner, und der arrogante Kollege, der eigentlich ein Dünnbrettbohrer ist und sich nur besser verkauft, bekommt die Anerkennung und Wertschätzung, die eigentlich Ihnen zusteht.

- Implizite Frage, diesmal hoffentlich eine Spur betroffener: Was kann ich tun?

- <u>Lösung</u>: Lernen Sie, wie man einen Pitch macht. Mit einer einfachen Systematik bereiten Sie Ihre Anliegen und Vorschläge so auf, dass sie häufig ohne den geringsten Widerstand angenommen werden (bis hierhin wieder alles unverändert). <u>Das bedeutet für Sie</u>, dass Ihre Vorschläge künftig nicht mehr zerredet oder abgewehrt, sondern ohne langes Diskutieren umgesetzt werden. Das heißt, Sie werden als wertvolle Mitarbeiterin oder wertvoller Mitarbeiter anerkannt und geschätzt. Den Dünnbrettbohrer-Kollegen stellen Sie locker und für

alle sichtbar in den Schatten. Denn Sie können Ihre Ideen nicht nur verkaufen, Sie haben auch die inhaltliche Tiefe und Kompetenz.

Na, was meinen Sie? Spricht Sie dieser Pitch mehr an als der letzte? Wenn ich bei der Bedeutung Punkte getroffen habe, die Ihnen wichtig sind, dann sollte das so sein. Wichtig an dieser Stelle ist, dass das, was Sie bei der Komplikation und der Lösung unterstellen, nicht aus der Luft gegriffen, sondern wahr ist. Sie sollten einen Pitch nie, und zwar wirklich niemals dazu verwenden, um geschickt die Unwahrheit zu sagen und Entscheidungen voranzubringen, die dem Entscheider und dem Unternehmen schaden, statt ihnen zu nützen. Zum einen ist es moralisch verwerflich, zum anderen ist es keine Strategie, die langfristig von Erfolg gekrönt ist. Früher oder später wird man Sie nämlich erwischen, denn genau dafür gibt es Kontrollinstanzen in großen Unternehmen. In diesem Sinne: Bleiben Sie bei der Wahrheit, Sie werden auch damit bemerkenswerte Ergebnisse erzielen.

Auf dieser Basis können Sie ab sofort mit wenig Aufwand jeden beliebigen Vorschlag, jede Idee und jedes Thema verkaufen. Das beginnt mit der E-Mail, die Sie in Form eines Pitchs strukturieren, bevor Sie nach zwei oder drei Sätzen mit der Kernaussage zum Punkt kommen, und geht bis zur internationalen strategischen Positionierung, die Sie dem Vorstand in Pitch-Form näherbringen können. Wann immer Sie einerseits rasch zum Punkt kommen wollen und andererseits die Kernaussage etwas vorbereiten möchten, ist ein einfacher Pitch in der gezeigten Logik das ideale Werkzeug.

Das Entscheidungsumfeld

Wie Sie eine Entscheidung von einem einzelnen Entscheider bekommen, wissen Sie jetzt. Sie wissen, wie Sie mit dem Entscheider

Das Entscheidungsumfeld

sprechen, wie Sie erfahren, was ihr oder ihm wichtig ist, Sie wissen, wie Sie Entscheidungsoptionen am besten strukturieren, wie Sie zum Punkt kommen und wie Sie die Kernbotschaft mit einem Pitch einleiten. Damit sind Sie für Situationen, in denen es nur einen Entscheider gibt, gewappnet. Und das deckt auch schon die meisten Entscheidungssituationen ab. Denn viele Entscheidungen, bei denen es vordergründig ein Entscheidungsgremium gibt, werden tatsächlich von nur einem maßgeblichen Entscheider getroffen. Im Projekt entscheidet ein Lenkungskreis, aber wenn es um die Wurst geht, schauen alle auf Herrn Maier. Die Geschäftsführung entscheidet gemeinschaftlich, aber wenn es ans Entscheiden geht, warten alle erst mal, was Frau Schmidt zu sagen hat. Solche Konstellationen gibt es häufig. Bevor Sie also darüber nachdenken, auf die folgenden Tipps für den Umgang mit Entscheidungsgremien zurückzugreifen, sollten Sie sich fragen, ob Sie es tatsächlich mit mehreren Entscheidern zu tun haben oder ob es nicht in Wahrheit ein Mitglied des Entscheidungsgremiums ist, an dem alles hängt. Am einfachsten lässt sich das daran erkennen, dass im Gremium nur mehr diskutiert, aber nicht mehr entschieden wird, wann immer diese Person nicht dabei ist. Wenn das so ist, dann haben Sie bereits alle Werkzeuge an der Hand. Haben Sie es aber tatsächlich mit mehreren Entscheidern zu tun, dann können Ihnen die folgenden Tipps helfen.

Ein Entscheidungsgremium überzeugen

In seinem Projekt berichtet Max einmal pro Monat an den Projektlenkungsausschuss. Darin sind die Geschäftsführerin und der Geschäftsführer vertreten, darüber hinaus der Leiter der IT und der Leiter der Logistik, für den er das Projekt abwickelt. Zum Projektstart macht Max mit jedem Einzelnen einen kurzen Termin aus, um besser zu verstehen, was sie sich im Projekt wünschen und was gar nicht geht. Für den Service, der mit dem Projekt implementiert werden soll, stellen sich für Max mehrere Fragen: Soll es eine

Cloud-Lösung sein oder soll die Applikation auf eigenen Servern laufen? Soll eine Standardlösung zum Einsatz kommen, die nach Bedarf noch angepasst wird, oder soll es eine eigenständige Lösung sein, die genau auf die Bedürfnisse des Unternehmens abgestimmt ist? Soll es sich um eine Einmalinvestition handeln oder soll eine Art Abo-Modell zur Anwendung kommen? Und schließlich: Soll die Lösung von einem europäischen Unternehmen kommen oder sind Partner aus Übersee auch okay – Stichwort Datenschutzgrundverordnung?

Zwei Wochen später hat Max alle vier Termine hinter sich und ist verzweifelt. Der IT-Leiter bevorzugt eine Cloud-Lösung, der Geschäftsführer eine Server-Lösung, den beiden anderen ist es egal. Der IT-Leiter wünscht sich eine Standardlösung, der Logistik-Leiter und die Geschäftsführerin hätten lieber eine eigenständige Lösung, dem Geschäftsführer ist es egal. Uns so ist es bei jedem einzelnen Punkt. Die Anforderungen der verschiedenen Ansprechpartner sind in jedem einzelnen Punkt widersprüchlich, und Max weiß, dass es keine Lösung geben kann, die diese widersprüchlichen Anforderungen erfüllt. Das macht er im ersten gemeinsamen Termin transparent, woraufhin sich wilde Diskussionen entspinnen, die bis zum Ende des Meetings anhalten. Eines ist Max klar: Es wird Wochen dauern, diesen Flohzirkus wieder einzufangen, bevor das Projekt operativ starten kann.

Julia macht vieles ähnlich wie Max, und dann doch ganz anders. Auch sie macht Termine mit den vier wichtigsten Stakeholdern aus, um besser zu verstehen, was sie sich wünschen. Auch sie identifiziert die gleichen vier Fragen, die sie geklärt haben will, bevor das Projekt operativ losgeht. Allerdings fragt sie die einzelnen Stakeholder nicht danach, denn sie weiß, dass zu den meisten Punkten zwar jede und jeder eine Meinung hat, vermutet aber, dass nur einer der vier, nämlich der IT-Leiter, wirklich Ahnung hat. Sie beschließt, keine schlafenden Hunde zu wecken, und stellt allen die gleiche Frage:

Das Entscheidungsumfeld

»Wenn Sie an unser Projekt für die Logistik denken, was ist Ihnen da wichtig?«

Kommt Ihnen diese Frage bekannt vor? Wir haben sie bereits im Kapitel »Entscheider-Ergründung« kennengelernt. Auf diese Frage erhält Julia sehr unterschiedliche Antworten. Während der IT-Leiter über Cloud und Server, über Standardsoftware und Eigenentwicklungen, über Investition und Software als Service spricht, geht es dem Logistik-Leiter fast ausschließlich um die Usability und dass seine Mitarbeiter später auch wirklich mit der Lösung arbeiten. Der Geschäftsführer, der gleichzeitig für Finanzen zuständig ist, nennt Julia eine verbindliche Obergrenze für die Projektkosten, und der Geschäftsführerin ist das Thema im Grunde egal, wenn das Projekt nur dafür sorgt, dass die Logistik insgesamt besser wird. Damit kann Julia arbeiten, denn diese Anforderungen bringt sie im Projekt unter. Vor allem aber hat sie jeden Stakeholder abgeholt, ohne Widersprüche zu erzeugen.

Der wichtigste Unterschied zwischen Max und Julia ist, dass er Fragen im Lösungsraum, sie aber Fragen im Problemraum gestellt hat (siehe Kapitel »Fragen im Problemraum oder im Lösungsraum?«). Fragen Sie Menschen danach, wie die Lösung aussehen soll, dann erhalten Sie häufig eine Antwort, auch wenn Ihr Ansprechpartner kein Experte ist. Diese Antworten mögen richtig sein oder falsch, Sie müssen dann damit weiterarbeiten. Genau das ist Max passiert. Er hat Dinge abgefragt, die für einige Mitglieder des Projektgremiums schlicht egal waren – bis sie danach gefragt wurden. Ab diesem Zeitpunkt waren sie plötzlich wichtig, und es wurde schwierig, bei all den verschiedenen Meinungen einen Konsens zu finden. Julia hingegen hat danach gefragt, was jedem Einzelnen wichtig ist, und darauf hat sie eine Antwort bekommen. Bei den Antworten gab es fast keine Überschneidungen, daher auch keine Widersprüche. Vielmehr hatte Julia noch immer genügend Raum, in dem sie sich mit ihrem Projekt bewegen konnte.

Aus dem Bedürfnis, möglichst genaue Anweisungen zu bekommen, verhalten sich viele Experten und auch Führungskräfte so ähnlich wie Max. Sie fragen danach, wie es sich die Entscheider wünschen, legen ihnen oft mehrere Optionen zur Auswahl vor. Im Anschluss bemerken sie, dass alle Wünsche und Anforderungen gar nicht gleichzeitig erfüllbar sind, und dann beginnt das Geziehe und Gezerre, um irgendwie einen Kompromiss zu finden. Tappen Sie nicht in diese Falle, wenn Sie es mit mehreren Entscheidern zu tun haben. Bleiben Sie konsequent bei der Fragetechnik, die ich Ihnen im Kapitel »Entscheider-Ergründung« gezeigt habe, und Sie werden Raum gewinnen, in dem Sie sich mit Ihrem Thema oder Ihrem Projekt frei bewegen können. Die Zustimmung jedes einzelnen Entscheiders erhalten Sie deutlich einfacher, weil Sie bei aller Freiheit noch immer adressieren können, was jeder und jedem Einzelnen wichtig ist.

Entscheidungen über mehrere Ebenen

Mit Entscheidungen über mehrere Ebenen haben Sie es immer dann zu tun, wenn Ihr Vorgesetzter (oder Ihr Entscheidungsgremium) nicht eigenständig entscheiden kann, sondern auch noch die Zustimmung einer hierarchisch höheren Instanz benötigt. Entscheidungen über mehrere Ebenen sind deutlich schwieriger zu bekommen, weil der direkte Kontakt zum Entscheider fehlt. Sie können dann einige der Methoden, die Sie bislang kennengelernt haben, nicht nutzen. Um den Entscheidungsprozess dennoch gestalten zu können, haben Sie folgende Möglichkeiten:

1. *Sprechen Sie direkt mit dem Entscheider*
   Wenn das für Ihren Chef okay ist, dann nehmen Sie ihm nicht nur Arbeit in der Entscheidungsvorbereitung ab, sondern bieten Sie ihm auch an, die Abstimmung mit seinem Vorgesetzten zu übernehmen, natürlich jeweils nach Abstimmung mit Ihrem Chef. Das ist der offensivste Zugang, und in manchen

Branchen, die eine eher konservative und starre Führungskultur pflegen, wie etwa Banken und Versicherungen oder im öffentlichen Dienst, wäre ein solcher Vorschlag wohl ein Sakrileg und völlig indiskutabel. In anderen Branchen und Unternehmenskulturen ist es das Normalste auf der Welt, dass ein Mitarbeiter in bestimmten Fällen Teile der Rolle seines Vorgesetzten übernimmt. Am besten, Sie machen einen solchen Vorschlag von der Kultur abhängig, die bei Ihnen im Unternehmen herrscht. Wie Sie Ihrem Chef diesen Vorschlag verkaufen können, wissen Sie ja schon – am besten mit einem Pitch.

2. *Coachen Sie Ihren Chef*
Die Strategien und Methoden, die Sie nutzen, um von Ihrem Chef Entscheidungen zu bekommen, kann auch Ihr Chef nutzen, um von seinem Vorgesetzten eine Entscheidung zu erhalten. Die Voraussetzung dafür ist, dass Ihr Chef das auch will. Dass es eine Entscheidung gibt, sollte also nicht nur in Ihrem, sondern auch in seinem Interesse sein. Sollte es noch ein wenig Überzeugungsarbeit brauchen, dann machen Sie einfach einen Pitch und achten Sie speziell darauf, was es für Ihren Chef bedeutet, wenn es keine Entscheidung gibt, und was es für ihn heißt, wenn doch. Im Anschluss können Sie ihm entweder dieses Buch in die Hand drücken oder Sie bieten ihm an, ihn im Umgang mit seinem Vorgesetzten ein wenig zu unterstützen. Das kann funktionieren, setzt aber eine hohe Offenheit Ihres Chefs voraus.

3. *Machen Sie die Entscheidung kleiner*
Wollen Sie Gesamtstrategie Ihres Arbeitgebers ändern oder erreichen, dass ab sofort im gesamten Unternehmen nur mehr agil gearbeitet wird? Wenn Sie das möchten, dann müssen Sie mit Ihrem Vorschlag bis in den Vorstand, möglicherweise bis in den Aufsichtsrat gehen. Dass Ihnen ein solcher Coup gelingt, ist wenig wahrscheinlich. Häufig ist es aber gar nicht notwendig, so große Entscheidungen zu erwirken. Nehmen

wir agiles Arbeiten als Beispiel. Damit die gesamte Organisation ab sofort agil arbeitet, brauchen Sie einen Beschluss des Vorstands, und damit das in einem bestimmten Bereich passiert, einen Beschluss der Bereichsleiterin. Für die Abteilung oder ein bestimmtes Projekt reicht aber schon die Zustimmung Ihres Vorgesetzten. Wann immer Sie die Entscheidung so klein machen können, dass Ihr Chef das allein entscheiden kann und das Ziel damit in Sichtweite bleibt, dann holen Sie sich erst mal diese Entscheidung. Schlagen Sie keine flächendeckende Umsetzung vor, sondern erst mal ein Pilotprojekt. Machen Sie es Ihrem Chef auch hier einfach. Ist auch ein Pilotprojekt noch zu groß, dann finden Sie eine Portionsgröße für die Entscheidung, die sie oder er alleine treffen kann und die sie oder ihn auch nicht unnötig in der Organisation unter Druck setzt. Wenn Ihr Vorschlag gut ist, dann ist ein isolierter Bereich, in dem Sie Erfolge vorweisen können, die beste Basis, um darauf die nächstgrößere Entscheidung aufzubauen.

4. *Arbeiten Sie im Hintergrund mit*
Es mag hierarchische Konstellationen und Entscheidungssituationen geben, bei denen all das nicht funktioniert. Sie bekommen keinen direkten Entscheiderkontakt, Ihr Chef lässt sich nicht von Ihnen coachen oder beraten und die Entscheidung lässt sich auch nicht so klein machen, dass Ihr Chef selbstständig entscheiden kann. In diesem Fall können Sie noch immer im Hintergrund mitarbeiten und die Entscheidung so vorbereiten, dass die Erfolgswahrscheinlichkeit steigt. In meiner Zeit im Konzern etwa habe ich regelmäßig Entscheidungen vorbereitet, die der Vorstand in den Aufsichtsrat getragen hat. Natürlich konnte ich nicht statt meines Vorstands in den Aufsichtsrat gehen. Ich konnte meinen gut 20 Jahre älteren, sehr erfahrenen und mit allen Wassern gewaschenen Vorstand auch schlecht coachen. Schließlich konnte ich oft auch an Umfang und Größe der Entscheidung nichts ändern. Also habe ich meine Methoden im Hintergrund genutzt, die Unterlagen

streng pyramidal aufgebaut, Management-Summarys nach meinen Methoden geschrieben und an jedem Schräubchen gedreht, das ich zur Verfügung hatte. Waren meine Unterlagen die einzigen, die pyramidal aufgebaut waren? Darauf können Sie wetten! Hat sich jemand beschwert? Ganz im Gegenteil! Sie können viele der Strategien und Methoden einfach nutzen, und man wird es Ihnen eher danken, als dass man Sie dafür kritisieren wird.

Wiedervorlage von Entscheidungen

Manchmal ist die Zeit für eine Entscheidung aber auch einfach noch nicht reif. Das heißt nicht, dass die Entscheidung schlecht oder falsch wäre oder dass Sie etwas falsch gemacht haben. Gerade wenn Sie es mit dem Topmanagement zu tun haben, kann es Strömungen im Hintergrund geben, von denen Sie nichts mitbekommen, oder aber die Hidden Agendas, die Hintergedanken der Topmanager, sind ganz besonders gut versteckt. Dann ist die Zeit noch nicht reif, die Entscheidung darf noch warten. Dann dürfen Sie Ihren Entscheidungsvorschlag erst mal zur Seite legen. Wie aber können Sie eine solche Entscheidung wieder aus der Schublade holen und wann ist der richtige Zeitpunkt?

Zuerst zum richtigen Zeitpunkt. Bekommen Sie das Signal, dass Ihr Thema erst mal kein Thema ist, dann fragen Sie am besten gleich bei dieser Gelegenheit nach, wann Sie die Entscheidung wieder vorlegen sollen oder was erfüllt sein muss, um die Entscheidung wieder vorzulegen. Häufig bekommen Sie darauf eine Antwort, das heißt einen Zeitpunkt oder sogar eine Hintergrundinformation zu den Umständen, warum jetzt eben nicht der richtige Zeitpunkt ist. Dann legen Sie die Entscheidung einen Monat, ein halbes Jahr oder ein Jahr später vor, es ist ja so vereinbart. Oder aber Sie achten darauf, ob die Bedingung für die Wiedervorlage erfüllt ist. Haben Sie keinen Zeitraum bis zur Wiedervorlage vereinbart oder sind Sie selbst der

Meinung, es sei an der Zeit, dann legen Sie die Entscheidung in Verbindung mit einem Pitch vor. Wenn Sie zum Beispiel Ihrem Chef, dem Verantwortlichen für die internationale Produktion, die Investition in eine neue Produktionsstraße nochmals vorlegen, könnte dieser Pitch etwa so aussehen:

Situation
Vor sechs Monaten haben wir uns über die Investition einer neuen Produktionsstraße in unserem Werk in Bremen unterhalten. Damals haben Sie mir das Signal gegeben, dass wir das Thema vorerst nicht weiterverfolgen sollten.

Komplikation
Allerdings hat sich die Situation seither verschärft. Wir haben in dem Werk für die nächsten neun Monate eine Auslastung von 17 Prozent über Plan. Wenn wir drei Schichten fahren, dann schaffen wir das gerade so, allerdings bringen wir die Wartungsfenster nicht mehr zur Gänze unter, dabei sind wir schon jetzt bei der Qualität am unteren Limit. Das bedeutet, dass wir mit Qualitätsproblemen rechnen müssen und entweder ganze Chargen verschrotten müssen und mit den Lieferungen in Rückstand geraten oder – was noch schlimmer wäre – von einigen unserer wichtigsten Kunden Reklamationen wegen mangelnder Qualität erhalten. In beiden Fällen sehen wir beim Vorstand nicht gut aus.

Antwort
Wir haben uns drei Optionen angesehen, wie wir mit dieser Situation umgehen können. Unser Vorschlag ist, den Plan von der Neuinvestition im Bremer Werk wieder aufzugreifen. Für uns bedeutet das, dass wir einerseits unsere Qualitätsprobleme bis zum Ende des nächsten Jahres komplett in den Griff bekommen. In der Zwischenzeit können wir die Kapazität in Breslau etwas hochfahren. Außerdem haben wir damit beim deutschen Betriebsrat einen Stein im Brett. Das könnte auch dem Vorstand gefallen. Wollen Sie wissen, welche Varianten wir uns angesehen haben und wie wir uns das alles vorstellen?

Ich vermute mal, Ihr Vorgesetzter wird sich Ihren Vorschlag sehr gerne anhören. Bei einem solchen Pitch zur Wiedervorlage einer Entscheidung geht es wie bei jedem anderen Pitch darum herauszuarbeiten, was die Komplikation und die Antwort für den Entscheider bedeuten. Der Pitch zur Wiedervorlage wird in aller Regel ein anderer sein als der ursprüngliche Pitch.

Wie erkennen Sie, ob es politisch wird?

Schließlich gibt es manchmal Entscheidungssituationen, in denen politisch entschieden wird und in denen beim besten Willen nicht zu erfahren ist, was genau Sie tun können, damit die Entscheidung getroffen wird. Das kann so sein, weil verschiedene Bereiche oder Vorstandsbereiche nicht miteinander können und taktieren. Es kann aber auch sein, dass ein Entscheider sich nicht in die Karten schauen lässt, sich die Entscheidung bis zum letzten Moment vorbehält, um dann nach Gutsherrenart entscheiden zu können, wie es ihm beliebt. Das passiert nach meiner Erfahrung nicht besonders häufig, aber es kommt vor.

In solchen Situationen kommen Sie auch mit den in diesem Buch vorgestellten Methoden nicht weiter. Sie können Qualität liefern, so viel Sie wollen, Sie können auf die Bedürfnisse des Entscheiders eingehen, Sie können alles richtig machen und dennoch zu keinem Ergebnis kommen. Wenn Ihnen eine solche Situation begegnet, dann sollten Sie keine weitere Energie auf diese Entscheidung verschwenden. Es wäre schade um Ihre Zeit. Wie aber erkennen Sie, ob Sie in einer solchen Situation sind? Am einfachsten geht das im Rahmen der Entscheider-Ergründung. Wenn politisch gespielt und entschieden wird, dann erkennen Sie das an den Antworten, die Sie hier bekommen. Ich gebe Ihnen mal ein Beispiel:

Sie: »Wenn Sie an das Projekt zur Harmonisierung unseres Produktportfolios nach dem Merger denken … was ist Ihnen da wichtig? Worauf legen Sie da Wert?«

Entscheider: »Es soll nicht zu viel kosten.« – Vorsicht Nebelgranate! Begriffe wie »Kosten«, »Service«, »Qualität«, »Lieferzeit« et cetera helfen Ihnen keine Spur weiter. Das merken Sie daran, dass Sie auf der Basis einer solchen Antwort nicht in der Lage sind, die Entscheidung besser vorzubereiten. Denn was bedeutet »nicht zu viel kosten« schon? Das kann in Wahrheit jede beliebige Summe sein. Wann immer Sie es mit solchen Nebelgranaten zu tun haben, dann sollten Sie um Konkretisierung bitten, zum Beispiel wie folgt:

Sie: »Ah, ich verstehe, das Projekt soll nicht zu teuer werden. Wenn Sie sagen, ›es soll nicht zu viel kosten‹, woran denken Sie dann konkret?«

Entscheider: »Das kann ich Ihnen wirklich nicht sagen. Da erwarte ich eigentlich von Ihnen einen Vorschlag! Sonst noch was?!«

Sie: »Was ist Ihnen an dem Projekt noch wichtig? Woran denken Sie da?«

Entscheider: »Dass Sie alle einbinden.« – Da kommt auch schon die nächste Nebelgranate. Denn »alle« einbinden, das geht nicht. Also wieder die Bitte um Konkretisierung:

Sie: »Alles klar, Sie wollen, dass alle mit im Boot sind. Wenn Sie sagen ›alle einbinden‹, wer ist Ihnen da besonders wichtig? An wen haben Sie da gedacht?«

Entscheider: »Na, alle! Hören Sie, ich habe hier wirklich zu tun. Sonst noch was?«

Sie: »Von den beiden Punkten, die Sie genannt haben, also ›es soll nicht zu viel kosten‹ und ›dass wir alle einbinden‹, was ist Ihnen da am wichtigsten?«

Entscheider: »Die sind beide gleich wichtig. Jetzt muss ich aber wirklich, Sie entschuldigen mich!«

Haben Sie es gemerkt? Das war eben ein Gespräch, aus dem Sie keine einzige nützliche Information gewinnen konnten. Der Entscheider hat zweimal eine Nebelgranate geworfen und war dann auf Nachfrage nicht bereit, seine Anforderung zu konkretisieren. Schließlich war er auch nicht bereit, die beiden von ihm genannten Punkte zu priorisieren, das heißt zu sagen, was ihm wichtiger ist. Beides sind klare Zeichen dafür, dass Sie hier nicht weiterkommen. Es handelt sich hier nicht um Antworten, die Ihnen dabei helfen, die Entscheidung so vorzubereiten, wie sich der Entscheider das wünscht. Es handelt sich um Antworten, die nichts aussagen und dem Entscheider für die Zukunft maximale Bewegungsfreiheit bieten. In meiner Karriere ist mir ein solches Verhalten eines Topmanagers einige wenige Male begegnet und es waren immer Situationen, in denen es fast ausschließlich um Unternehmenspolitik ging. Wenn Sie versuchen, besser zu verstehen, was dem Entscheider wichtig ist, und Sie bekommen solche Antworten, dann wissen Sie, dass es hier nichts zu gewinnen gibt. Tun Sie, was nötig ist, aber investieren Sie nicht unnötig Zeit dafür, Entscheidungen zu erwirken. Die Strategien und Methoden, die Sie kennengelernt haben, funktionieren dann kaum noch. Das Einzige, was in solchen Situationen noch zählt, ist Macht.

Entscheidungen in der VUKA-Welt

Zum Entscheidungsumfeld gehört nicht nur die Organisation, in der eine Entscheidung fällt, sondern auch die Welt um diese Organisation herum. Das sollte Grund genug dafür sein, diese Welt ein wenig unter die Lupe zu nehmen. Die Welt ist VUKA, sie ist volatil, unsicher, komplex und ambivalent.[67]

Volatil ist die Welt, weil die Stabilität früherer Tage verloren gegangen ist. Der Arabische Frühling brachte im Jahr 2010 die politischen Systeme von Ägypten bis Marokko innerhalb weniger Monate ins Wanken, die bis kurz davor zwar als undemokratisch, aber stabil galten.

Unsicher ist die Welt, weil auf den ersten Blick überschaubare Auslöser riesige und vollkommen unerwartete Folgen haben können. In den USA wurden Anfang der 2000er-Jahre massenhaft Hypothekenkredite an einkommensschwache und mittellose Bürger vergeben. Dass die daraus resultierende Immobilienblase und deren Platzen Schockwellen um den gesamten Globus schickt und damit fast zum Kollaps des weltweiten Finanzsystems und ab 2008 zu einer jahrelangen Rezession führen würde, das war schlicht nicht vorstellbar. An diesen Beispielen zeigt sich nicht nur, wie unsicher vieles geworden ist, sondern auch wie komplex. Viele Zusammenhänge und Wechselwirkungen verstehen wir einfach nicht mehr, und damit können wir auch viele Auswirkungen nicht mehr abschätzen.

Und schließlich ist die Welt ambivalent, also widersprüchlich. Wir haben Hunderte Freunde auf Facebook oder Instagram und fühlen uns doch einsam. Wir retten Banken und machen dafür Schulden, nur um zu sehen, dass diese Banken wieder Gewinne machen.[68] Man kann nun trefflich darüber streiten, ob VUKA ein neues Phänomen ist oder ob die Welt schon immer VUKA war und wir es bloß nicht so sehr gemerkt haben. Schließlich war die Geschwindigkeit vor der Globalisierung und Digitalisierung geringer, und wir konnten uns in aller Ruhe anpassen. Die viel wichtigere Frage aber lautet: Wie gehen wir in der heutigen VUKA-Welt mit Entscheidungen um? Schaffen wir es in einem solchen Kontext überhaupt noch, nachhaltige Entscheidungen zu treffen?

Das Entscheidungsumfeld

Für das Entscheiden und somit für die Entscheidungsvorbereitung in der VUKA-Welt gibt es aus meiner Sicht zwei wichtige Regeln. Befinden Sie und Ihr Arbeitgeber oder Kunde sich in einem Umfeld, das noch ruhig und gemächlich ist, dann können Sie diese Regeln – vorerst – ignorieren. Arbeiten Sie aber schon jetzt in einer Branche, in der die Disruption zur regelmäßigen Erfahrung gehört und in der sich alle paar Monate die Kundenanforderungen, die Geschäftsmodelle oder die Produkte ändern können, dann sind die folgenden beiden Punkte für Sie wichtig:

1. *Treffen Sie schnelle Entscheidungen*
   Sobald wir anerkennen, dass sich die Welt ändert, muss das auch Auswirkungen auf unsere Entscheidungen haben. Denn Entscheidungen treffen wir in die Zukunft gerichtet. Daher ist es nicht so sehr wichtig, ob diese Entscheidungen in der Welt unserer Eltern und Großeltern richtig gewesen wären, denn diese Zeiten sind vorbei. Was zählt, ist auch nicht, ob sie für die Welt heute richtig sind. Letztlich zählt es nur, ob diese Entscheidungen in der Welt der Zukunft richtig sind, in der Welt, in der diese Entscheidungen wirken. Die Zukunft aber kennen wir nicht und sie ist deutlich schwieriger vorherzusagen, als die meisten Menschen glauben und als viele selbsternannte Experten behaupten.[69] Wenn wir akzeptieren, dass die Zukunft kaum vorhersehbar ist und wenn wir anerkennen, dass Entscheidungen für diese Zukunft gemacht sein müssen, dann bleibt uns nur eine Möglichkeit: Wir müssen schnell entscheiden, denn nur dann treffen unsere Entscheidungen auf die Welt von heute. Damit Organisationen schneller entscheiden, braucht es die Bereitschaft, Entscheidungen zu dezentralisieren. Wenn jede Entscheidung über zig Hierarchieebenen rauf- und runtergespielt werden muss, dann macht das eine Organisation langsam. Die Antwort darauf kann nur sein, jenen Mitarbeitern, Abteilungen und Bereichen, die am meisten von der Dynamik im Markt spüren, mehr Entscheidungsbefugnisse und mehr Verantwortung zu geben. Damit schnelle Entscheidungen

199

Alles steht kopf

nicht nur erlaubt sind, braucht es eine Fehler- und Scheiterkultur. Das heißt nicht, dass Mitarbeiter für offensichtliche Dummheiten oder grob fahrlässiges Verhalten gelobt und gestreichelt werden sollten. Es bedeutet vielmehr anzuerkennen, dass bei hoher Geschwindigkeit Fehler passieren. Diese Fehler lassen sich nur um den Preis einer geringeren Geschwindigkeit vermeiden. Und es bedeutet, dass nicht jede Idee und jedes Projekt zum Erfolg führen kann, sondern dass die eine oder andere Initiative scheitern wird, auch wenn der Gedanke dazu brillant und die Umsetzung fehlerlos war. Vergessen wir darauf, an der Kultur zu arbeiten, dann werden die Mitarbeiter klug genug sein, ihre neuen, erweiterten Entscheidungsbefugnisse nur mit größter Vorsicht zu nutzen. Es braucht das Bewusstsein, dass schnell entscheiden auch bedeuten kann, eine getroffene Entscheidung rasch wieder zu ändern. Schließlich braucht es viel mehr Menschen in den Organisationen, die in der Lage sind, Entscheidungen so vorzubereiten, dass sie rasch getroffen werden können. Dieser letzte Punkt ist der einzige, der von den Mitarbeiterinnen und Mitarbeitern umgesetzt werden kann und der keine Initiative oder Genehmigung durch das Management braucht. Zu diesem letzten Punkt will dieses Buch einen Beitrag leisten.

2. *Bewerten Sie Entscheidungen auch nach den Optionen, die Ihnen verbleiben*
Entscheiden bedeutet immer auch verzichten. Entscheiden Sie sich dafür, Ihre gesamten Ersparnisse für ein Auto auszugeben, dann haben Sie kein Geld mehr, um die Anzahlung für Ihre Traumwohnung zu leisten. Entscheiden Sie sich für eine Kooperation mit einem Geschäftspartner, dann können Sie nicht gleichzeitig mit dessen schärfstem Konkurrenten zusammenarbeiten. Bestücken Sie Ihre Geräte mit einer Software, dann entscheiden Sie sich damit gegen alle anderen. In der Natur jeder Entscheidung liegt es, dass Sie mit der Entscheidung die Anzahl Ihrer Optionen reduzieren. Die Engländer sagen dazu

»You can't have your cake and eat it, too«, Sie können den Kuchen nicht gleichzeitig aufessen und dann noch immer haben. Allerdings können Sie eine Entscheidung auch danach beurteilen, wie viele Optionen Ihnen später noch bleiben. In einer Welt, die sich schnell und unvorhersehbar wandelt, sollten Sie Entscheidungsoptionen besser bewerten, die Ihnen Optionen offenlassen, und solche schlechter bewerten, die Ihnen weitere Entscheidungsoptionen nehmen und Sie auf Jahre binden.

Spreche ich mit Mitarbeitern aus sehr traditionell geprägten Branchen wie etwa dem Baugewerbe, dann kommt immer mal die Frage, wie sich in einer VUKA-Welt nachhaltig Entscheidungen treffen lassen. Was man tun kann, damit die Entscheidungen des letzten Jahres nicht wieder infrage gestellt werden. Was man machen kann, damit die berechenbare Welt der Vergangenheit zurückkehrt, dass man wieder guten Gewissens viele Jahre lang in die Zukunft planen kann, im Vertrauen, dass die Pläne auch halten. Meine Antwort wollen die Fragesteller meist nicht hören. Ist die Welt VUKA, dann lässt sich heute nicht sagen, welche Entscheidung in einem Jahr oder in zehn Jahren noch Bestand hat. VUKA als Realität anzuerkennen bedeutet auch zu akzeptieren, dass Veränderung Teil des Lebens ist. Erfolgreich werden vor allem jene sein, die nicht der Welt von gestern nachtrauern, sondern die sich auf die neue Welt einstellen.

Die Entscheidungsunterlage

Legen Sie Ihrem Vorgesetzten eine Entscheidung vor, dann geht das manchmal in ausschließlich mündlicher Form, in den meisten Fällen braucht es dazu aber eine Entscheidungsunterlage. Sehr viele Unternehmen verwenden zur Erstellung solcher Unterlagen ein Präsentationsprogramm wie Microsoft PowerPoint, manche arbeiten auch mit Textverarbeitungsprogrammen. Insbesondere die Präsentationsprogramme haben einen schlechten Ruf und werden von vielen Kolleginnen und Kollegen regelrecht gehasst. Die Frage nach einer guten oder weniger guten Entscheidungsunterlage hat allerdings wenig mit dem verwendeten Werkzeug (also dem Programm) und sehr viel mit der Nutzung dieses Werkzeugs und der Struktur der Unterlage zu tun. Wie man Präsentationsprogramme so nutzt, dass das Ergebnis für den Empfänger erträglich wird, dazu darf ich Ihnen die beiden Standardwerke *Das Präsentationsbuch*[70] und *Wie aus Zahlen Bilder werden*[71] von Gene Zelazny ans Herz legen. Hier widmen wir uns ausschließlich der Struktur, denn diese hat nach meiner Erfahrung den größten Einfluss darauf, ob eine Entscheidung getroffen wird oder ob nur eine längere Diskussion stattfindet.

Um zu verstehen, wie eine gute Entscheidungsunterlage aufgebaut ist, denken Sie nicht an irgendeinen Entscheider, sondern an den Schattenriss eines Topmanagers, das heißt an den Vorstandschef eines DAX-Konzerns. Sie kennen keinen? Dann geht es Ihnen wie den meisten. Dennoch erweist uns dieser Vorstand einen guten Dienst, weil wir aus seinem Verhalten und seinen Bedürfnissen ableiten können, wie die ideale Entscheidungsunterlage nicht nur für ihn, sondern auch für Manager deutlich weiter unten im hierarchischen Gefüge aussieht. Ich gebe Ihnen mal ein Bild, was ein solcher Vorstandschef (und es sind tatsächlich fast immer Männer) im Gepäck hat, wenn er auf Reisen oder ins Wochenende geht. Er verlässt das Büro, und seine Sekretärin (und hier sind es tatsächlich fast immer Frauen) hat ihm bereits das Marschgepäck bereitgemacht: einen, gerne auch mal mehrere Leitz-Ordner voll mit Papier, auf dass er das alles im Taxi, am Flughafen, im Flugzeug oder auf der Veranda am Wochenende lesen möge. DAX-Vorstand sein bedeutet auch verdammt schnell lesen können müssen, sonst wird die Zeit sogar mit der 80-Stunden-Woche knapp. Die Unterlage, die Sie erstellt haben, hat es durch den strengen Filter der Sekretärin geschafft, sie ist bei dem dicken Stapel Papier mit dabei. Die erste Hürde haben Sie also genommen. Versetzen Sie sich nun mal in die Lage des

Die Entscheidungsunterlage

Vorstands mit seinen vielen Hundert Seiten Papier. Was denken Sie: Wie wahrscheinlich ist es, dass er Ihre etwa 20-seitige Unterlage von vorne bis hinten konzentriert durchliest? Wie wahrscheinlich ist es, dass er gerade Ihrem Thema oder Projekt eine halbe Stunde seiner Zeit widmet und dafür andere Unterlagen in seinem Gepäck ignoriert? Ganz ehrlich, das können Sie vergessen. Das wird schlicht und ergreifend nicht passieren. Wenn Sie Glück haben (und wir werden noch sehen, wie Sie dem Glück etwas auf die Sprünge helfen können), dann sieht er sich die Seite nach dem Deckblatt noch an, aber das war's dann wahrscheinlich auch. Für Sie bedeutet das, dass Sie ihm mit dem Deckblatt einen Grund geben sollten, einmal umzublättern, und dass das Blatt nach dem Deckblatt richtig, richtig gut sein sollte. Dieses Blatt sollten Sie nicht etwa für ein Inhaltsverzeichnis verschwenden. Dem pyramidalen Prinzip folgend findet sich hier das Management-Summary, und die Aufgabe des Management-Summarys ist es, dem Entscheider alle Informationen zu geben, die er rund um die Entscheidung braucht.Das

Management-Summary

Das Management-Summary ist aus zwei Gründen so besonders wichtig. Zum einen ist es der Teil einer Unterlage, der zuerst gelesen wird. Die Qualität dieser ersten Seite prägt die Wahrnehmung des Entscheiders, und zwar nicht nur die Wahrnehmung der Unterlage, sondern auch die Wahrnehmung Ihres Themas und letztlich auch Ihrer Person. Zum anderen ist es häufig der einzige Teil Ihrer Unterlage, der konzentriert gelesen wird. Und das bedeutet: Nur wenn mit dem Management-Summary bereits alles klar ist, weiß der Manager, worum es geht und was man von ihm erwartet. Das Management-Summary ist daher ein zentrales Element jeder Unterlage, die sich an den Bedürfnissen eines Entscheiders orientiert.[72] Hier meine wichtigsten Tipps für das perfekte Management- Summary:

203

1. *Schreiben Sie immer ein Management-Summary*

Wann immer wir etwas schreiben, egal, ob es sich um einen Artikel, einen Bericht oder eine Entscheidungsunterlage handelt, dann sollten wir es den Empfängern und Lesern leicht machen. Ein Management-Summary tut genau das, es macht es dem Leser leicht. Der Leser kann selbst entscheiden, ob er nur einen groben Überblick möchte oder ob er ins Detail gehen will. Besonders Menschen mit wenig Zeit lieben das.

2. *Schreiben Sie das Management-Summary, bevor Sie die eigentliche Unterlage erstellen*

Durch das Schreiben des Management-Summarys, noch bevor Sie den Bericht oder die Entscheidungsunterlage erstellen, wird die Story rund, und Sie vermeiden, dass nicht erforderliche Informationen in die Unterlage rutschen. Diese Informationen müssen Sie dann auch nicht auf PowerPoint-Slides geben, das spart Arbeit. Denn wie entstehen die vielen Unterlagen für Vorgesetzte und Topmanager? Ganz einfach, man flippt durch ein paar bestehende Unterlagen und nimmt sich die Blätter, Slides oder Charts, die gerade passen. Das Ergebnis sind Unterlagen, die nicht rund sind, die nicht gut zu lesen sind und die auch selten zu Entscheidungen führen. Machen Sie es anders: Schreiben Sie das Management- Summary (im Entwurf) gleich zu Beginn, das spart Ihnen später sehr viel Arbeit, weil Sie nur mehr jene Slides produzieren, die Sie für die Unterlage benötigen.

3. *Nehmen Sie sich Zeit für ein richtig, richtig gutes Management-Summary*

Das Management-Summary ist ein entscheidender Teil Ihrer Unterlage. Es setzt den Rahmen für alles Weitere. Und häufig ist es der einzige Teil der Unterlage, der konzentriert gelesen wird. Gerade für Mitarbeiter, die viel Zeit und Energie in umfangreiche

Unterlagen investieren, ist das schwer zu glauben. Und noch schwieriger ist es, das zu akzeptieren. Da investiere ich Zeit und Mühe, und der Manager liest das nicht einmal?! Denken Sie es mal von der Seite des Entscheiders her: Der Manager hat chronisch wenig Zeit. Außerdem ist es für ihn häufig nicht so relevant, wie etwas genau funktioniert, sondern ob und dass es funktioniert. So habe ich schon viele Vorstandsmeetings erlebt, bei denen wir nicht über das Management-Summary hinausgekommen sind und bei denen dennoch (oder gerade deshalb) entschieden wurde. Sehen Sie das Management-Summary daher als Auftakt für Ihre Unterlage. Würden Sie ein Buch lesen, bei dem die erste Seite richtig schlecht ist? Investieren Sie daher Zeit und Energie in das beste Management-Summary, das Sie schreiben können.

4. *Verwenden Sie Ihren Pitch als Basis für das Management-Summary*

Haben Sie für Ihr Anliegen einen Pitch erstellt? Wenn ja, dann sollte dieser auch das Rückgrat für Ihr Management-Summary sein. Indem Sie mit der Ausgangssituation beginnen (*Situation*), schaffen Sie den Rahmen und holen Ihre Adressaten ab. Dann skizzieren Sie das Problem und zeigen, was dieses Problem für das Unternehmen und für Ihren Adressaten bedeutet (*Komplikation*). Gelingt es Ihnen, jene Punkte zu treffen, die Ihren Ansprechpartnern wirklich wichtig sind, dann ist deren Aufmerksamkeit nun sehr groß, und gleichzeitig sind sie für einen Vorschlag sehr empfänglich. Schließlich unterbreiten Sie einen Vorschlag (*Lösung*). Ist Ihr Pitch sauber ausformuliert, dann können Sie ihn oft eins zu eins als Text für das Management-Summary übernehmen.

5. *Stellen Sie das Management-Summary ganz an den Beginn der Unterlage*

Der ideale Platz für das Management-Summary ist unmittelbar nach dem Titelblatt. Dadurch wird die maximale Aufmerksamkeit auf das gelenkt, was auch dem Entscheider am wichtigsten ist: worum es geht und was entschieden werden soll. Für viele Mitarbeiter ist das erst mal ungewohnt. Gleich zu Beginn, falle ich da nicht mit der Tür ins Haus? Doch, das tun Sie, und zwar im positiven Sinn! Wenn Sie statt des Management-Summarys das Inhaltsverzeichnis oder die Agenda voranstellen, dann erlauben Sie, dass sich die Leser ungünstige Gedanken machen. Etwa …

»Im Inhaltsverzeichnis/auf der Agenda fehlt mir Punkt XY.«

»Was, 30 Seiten bis zum Back-up?! Hoffentlich holt mich meine Sekretärin bald aus dem Meeting!«

Indem Sie das Management-Summary voranstellen, lenken Sie die Aufmerksamkeit des Entscheiders dorthin, wo sie sein soll: auf die zentralen Botschaften in der richtigen Reihenfolge und in kompakter Form.

6. *Geben Sie ALLE wichtigen Informationen in das Management-Summary*

Wichtig sind alle Informationen, die es braucht, damit der Entscheider eine Entscheidung treffen kann. Dazu gehören insbesondere der Entscheidungsbedarf, Ihre Empfehlung und die weitere Vorgehensweise beziehungsweise die nächsten Schritte. Als Regel gilt: Wenn der Entscheider Ihnen vertraut, dann sollte das Lesen des Management-Summarys das Lesen der restlichen Unterlage vollständig überflüssig machen.

Das ist mal eine starke Ansage! Und genau das entspricht meiner jahrelangen persönlichen Erfahrung. Wenn ich zu »meinem« Vorstand gegangen bin, dann hatte ich natürlich immer eine Unterlage dabei. Ihm hat es aber regelmäßig gereicht, das Management-Summary zu lesen und auf dieser Basis ein paar kluge Fragen zu stellen. Wenn ich die zu seiner Zufriedenheit beantworten konnte, dann hat das vollauf genügt. Wir mussten nicht weiter ins Detail gehen und in der Unterlage blättern.

7. *Geben Sie NUR wichtige Informationen in das Management-Summary*

Das Management-Summary sollte kurz sein. Das erreichen Sie nur, indem Sie die für die Entscheidung nicht maßgeblichen Informationen weglassen. Als Regel gilt: Die meisten vergangenheitsorientierten Informationen sind wenig entscheidungsrelevant. Auch hier machen es die meisten anders: Zu Beginn kommt die Historie, wie lange wir schon an dem Thema arbeiten, wie viele Arbeitstage schon reingeflossen sind und welche Meilensteine wir erreicht haben. Die unterschwellige Botschaft: »Schauen Sie doch mal, wie fleißig wir gearbeitet haben! Und wenn's geht, dann loben und anerkennen Sie das bitte auch!«

Das ist ein Missverständnis. Die Anerkennung der meisten Entscheider erhält man nicht, indem man viel Zeit investiert, brav und fleißig arbeitet, sondern indem man Ergebnisse erzielt. Daher sollten Entscheidungsunterlagen zukunfts-, ergebnis- und entscheidungsorientiert sein. Das macht sie deutlich kürzer, spart Zeit und schafft Akzeptanz beim Entscheider.

8. *Beginnen Sie das Management-Summary mit der Ausgangssituation und der Problemstellung*

Diese Struktur kennen Sie bereits aus dem Kapitel »Situation, Komplikation, Lösung, Punkt!«. Die Ausgangssituation (*Situation*) benötigt der Entscheider, um sich zurechtzufinden. Er ist im Unterschied zu Ihnen ja nicht täglich mit dem Thema konfrontiert, hat sich eben mit einer völlig anderen Sache beschäftigt und muss erst in Ihr Thema hineinfinden. Mit der Ausgangssituation setzen Sie einen Rahmen, an dem sich der Entscheider orientieren kann. Die Problemstellung (Komplikation) braucht es, um dem

Entscheider vor Augen zu führen, dass es einen Entscheidungsbedarf gibt. Die Amerikaner haben dazu den Spruch »If it ain't broke, don't fix it«, wenn es nicht kaputt ist, dann repariere es nicht. So ähnlich ist das bei Entscheidungen. Damit der Entscheider versteht, dass es etwas zu entscheiden gilt, braucht es ein Problem, am besten eines, das ihn betrifft.

9. *Schreiben Sie das Management-Summary in Bullet Points*

Bullet Points bringen Struktur, an der man sich orientieren und festhalten kann. Und sie schaffen eine klare Abgrenzung zwischen den einzelnen Gedanken und Aussagen. Für den Leser ist das leichter und schneller zu verarbeiten. Kommt ein Absatz, dann signalisiert das eine Pause, um das Gelesene und Gehörte gedanklich abzuschließen. Die Strukturierung mit Bullet Points und Absätzen hat noch einen Riesenvorteil gegenüber Fließtext. Einzelnen Absätzen können Sie zustimmen oder sie ablehnen. Damit können Sie gedanklich einen Haken machen, wann immer Sie zustimmen.

10. *Formulieren Sie in ganzen Sätzen!*

Gerade in Präsentationen wird häufig versucht, besonders kurz und knackig zu formulieren, indem man sich auf Schlagworte oder Satzbausteine beschränkt. Das ist zwar kurz, aber häufig nicht klar und eindeutig. Sie lesen »Verbesserung der Durchlaufzeit«, aber was ist damit gemeint? Etwa dass die Durchlaufzeit verbessert worden ist? Oder dass die Durchlaufzeit verbessert werden muss? Oder aber dass die vorliegende Entscheidung zu einer Verbesserung der Durchlaufzeit führen soll? Ganze Sätze haben den Vorteil, dass sie unmissverständlich sind.

11. *Heben Sie wichtige Worte und Satzbausteine hervor*

Indem Sie die wichtigsten Teile des Management-Summarys durch fette Schrift, Unterstreichen oder eine andere Schriftfarbe hervorheben, können Sie besonders wichtige Botschaften betonen. Damit helfen Sie dem Entscheider, weil Sie ihm schon beim Lesen einen Priorisierungsvorschlag machen. Was ist wichtig? Was kann ich überfliegen? Hier hilft es zu verstehen, wie Entscheider ticken ... die meisten Manager in Toppositionen schätzen zwei Dinge ganz besonders:

▸ Kommen Sie zum Punkt!

▸ Machen Sie Vorschläge, aber überlassen Sie dem Entscheider die Entscheidung!

Wenn Sie wichtige Worte und Satzbausteine hervorheben, dann tun Sie genau das. Sie spitzen zu, Sie kommen zum Punkt. Und Sie machen einen Vorschlag, was wichtiger und weniger wichtig ist. Die Entscheidung aber, was er selbst wie wichtig nimmt, überlassen Sie dem Entscheider. Schließlich darf er auch ins Detail gehen, wenn er das möchte.Die

Die Struktur einer Entscheidungsunterlage

Der ideale Aufbau der Entscheidungsunterlage orientiert sich an den Prinzipien, die wir bereits kennengelernt haben. Dabei denken wir wieder an den DAX-Vorstand von vorhin. Nicht, dass Sie und ich es besonders häufig mit ihm zu tun bekommen, aber in seiner extremen Ausprägung hilft er uns, die Struktur für unsere Entscheidungsunterlage zu finden.

Musteraufbau einer guten Entscheidungsunterlage
1. Hauptteil
   a) Titelblatt/Deckblatt
   b) Management-Summary
   c) Inhaltsverzeichnis/Agenda
   d) Charts/Slides/Folien

> e) Entscheidungsbedarf
> f) Nächste Schritte
> 2. Back-up

1. Hauptteil

a) Titelblatt/Deckblatt

Die meisten Deckblätter enthalten Informationen, die wichtig sein mögen, die aber nicht dazu animieren weiterzulesen, schon gar nicht, wenn man wenig Zeit hat. Häufig findet sich hier das Thema (»57. Lenkungsausschuss Projekt Schlagmichtot«), der Name des Autors und aus welcher Abteilung und welchem Bereich sie oder er ist, das Datum von Erstellung oder Präsentation und die Vertraulichkeitsstufe, vielleicht noch die Dokumentenlenkung (wer bekommt die Unterlage zu sehen?). Nichts davon ist besonders spannend und lädt dazu ein, auf die nächste Seite zu blättern. Und nichts davon gibt dem Manager irgendeinen Hinweis darauf, was er zu einem späteren Zeitpunkt entscheiden soll. Blättert der Manager nicht weiter, dann wird er möglicherweise erst im Meeting, bei dem es um die Entscheidung geht, davon erfahren, was er entscheiden soll. Er hat dann keine Zeit mehr, das Thema im Hinterkopf arbeiten zu lassen oder sich an die Entscheidung zu gewöhnen.

Daher mein einfacher Rat an dieser Stelle: Schreiben Sie den konkreten Entscheidungs- oder Handlungsbedarf als Untertitel auf das Deckblatt. So einfach? Ja, so einfach! Indem Sie den Handlungsbedarf gleich aufs Deckblatt schreiben, passieren gleich mehrere Dinge. Erstens werden Sie entschiedener und klarer, was den Entscheidungsbedarf betrifft. Was in einer oder zwei Zeilen Platz finden muss, das muss auf den Punkt sein. Sie nehmen sich damit die Möglichkeit, eine Wischiwaschi-halb-Entscheidungs-halb-Informationsunterlage zu produzieren. Das bringt Sie Ihrem Ziel, eine Entscheidung zu bekommen, näher. Zweitens wird die Wahrscheinlichkeit steigen, dass der Entscheider weiterliest. Der konkrete Entscheidungs- oder Handlungsbedarf ist deutlich spannender als alles, was sich sonst noch auf dem Deckblatt findet. Drittens kennt der Entscheider ab sofort den Handlungsbedarf, auch wenn er keine Zeit und Lust hat weiterzublättern. Damit hat er das Thema wenigstens gestreift und kommt nicht vollkommen unvorbereitet zum Meeting.

b) Management-Summary

Im letzten Kapitel wurde zum Thema »Management-Summary« bereits alles gesagt, daher können wir uns hier auf den strukturellen Aspekt beschränken: Das Management-Summary sollte jedenfalls unmittelbar nach dem Deckblatt kommen. Tut es das nicht, dann reduziert sich die Wahrscheinlichkeit, dass es gelesen wird.

c) Inhaltsverzeichnis/Agenda

Ich persönlich verzichte bei kurzen Unterlagen auf ein Inhaltsverzeichnis. Es lenkt im Zweifel mehr ab, als es an Mehrwert bietet. In folgenden Fällen sollten Sie darüber nachdenken, ein Inhaltsverzeichnis nach dem Management-Summary aufzunehmen:

> Wenn Sie zwar eine kurze Unterlage, aber ein sehr ausführliches Back-up haben. Das Back-up bezeichnet üblicherweise den Anhang, den man nicht unbedingt lesen muss, um die Entscheidung treffen zu können, der aber für Interessierte weitere Informationen bereithält. Legen Sie eine 100-seitige Unterlage auf den Tisch, von der 90 Prozent Back-up sind, dann sollten Sie kommunizieren, dass es reicht, die ersten zehn Seiten zu lesen, und das geht sehr schön mit einem Inhaltsverzeichnis, das nur zwei Punkte hat: Hauptteil und Back up.

> Außerdem sollten Sie ein Inhaltsverzeichnis aufnehmen, wenn die Unterlage mehr als etwa 20 Seiten hat. In allen anderen Fällen können Sie darauf verzichten.

d) Charts/Slides/Folien

Präsentieren Sie Ihre Unterlage, dann starten Sie hier mit der Präsentation, denn ein Management-Summary zu präsentieren ist erstens »betreutes Lesen« und zweitens wäre mit dem Management- Summary bereits alles gesagt. In diesem Sinne eignet es sich wunderbar, um sich beim Vorabversand ein rasches Bild zu machen oder um sich rasch »aufzuschlauen«, wenn man die Unterlage im Meeting das erste Mal aufschlägt. Für die Präsentation mit dem Beamer ist ein Management-Summary aber denkbar ungeeignet. Für die Wahl der Reihenfolge Ihrer Charts, Slides oder Folien haben Sie zwei Möglichkeiten, wenn Sie den bisherigen Überlegungen in diesem Buch folgen.

Haben Sie keinen Pitch vorbereitet, dann sollten Sie die Seiten pyramidal aufbauen, das heißt, Sie beginnen mit der Kernaussage (»Wir empfehlen …!«) und beantworten mit den weiteren Slides die – zu erwartenden – Fragen Ihrer Zuhörer. Damit befolgen Sie das Prinzip »Perspektivwechsel«, weil Sie nicht darüber sprechen, was Sie sagen möchten, sondern auf die Fragen Ihrer Zuhörer eingehen. Diese Fragen kennen Sie nicht? Kein Problem, ich sage sie Ihnen gerne!

> »Sehr geehrte Damen und Herren, Sie hatten uns gebeten, eine Lösung für unseren Außendienstvertrieb zu finden. Wir erreichen dort trotz steigender Mitarbeiteranzahl nicht das Budget und auch nicht die Vorjahreszahlen. Wir haben uns dazu drei Optionen angesehen, und unser Vorschlag lautet, die Termine des Außendienstes beim Kunden besser vorzubereiten, sodass erstens die Termintreue steigt und zweitens die Abschlussrate verbessert wird.«

Welche Fragen ergeben sich daraus für Ihre Zuhörer?

▶ *Welche Optionen* gibt es noch?
Sie können diese Frage in der Moderation auch aktiv herbeiführen, indem Sie dem Statement von vorhin hinterherschieben: »Es interessiert Sie sicher, welche Optionen wir uns noch angesehen haben!?«

▶ *Warum* sollen wir uns ausgerechnet für diese Option entscheiden?
»Sie fragen sich vielleicht, warum wir gerade diese Option für die erfolgversprechendste halten.«

▶ *Was* sagt der Vertriebschef dazu und wie finden das die Außendienstmitarbeiter?
»Wahrscheinlich wollen Sie wissen, was die Betroffenen von dieser Idee halten.«

▶ *Wie* sieht die Umsetzung aus?
»Es interessiert Sie vielleicht, wie die ganz konkrete Umsetzung aussehen kann.«

Sie sehen, die zu erwartenden Fragen Ihrer Zuhörer sind kein großes Geheimnis und auch nicht überraschend. Sie brauchen nicht Gedanken lesen zu können, um auf diese Fragen zu kommen. Es reicht, wenn Sie die Perspektive des Managements einnehmen und sich überlegen, welche Fragen Ihnen als Erstes durch den Kopf gehen, wenn man Sie mit der Kernaussage bombardiert und Sie keine weiteren Informationen haben. Fällt Ihnen das schwer, dann können Sie auch eine Kollegin oder einen Kollegen bitten, in die Rolle des Managements zu schlüpfen. Für jede der Fragen bereiten Sie nun eines oder mehrere Charts vor, je nachdem, wie umfangreich das Thema ist und ob weitere, vertiefende Fragen zu erwarten sind. Sie sehen hier wieder einen der Vorteile des

Pyramidenprinzips: Der Entscheider entscheidet, wie weit es ins Detail geht …

> *Sie:* »Sie fragen sich vielleicht, warum wir gerade diese Option für die erfolgversprechendste halten.«
>
> *Manager:* »Nein, das ist schon ziemlich klar geworden. Da brauchen Sie nicht weiter in die Tiefe zu gehen!«

Der andere Fall ist, dass Sie vorab noch einen Pitch nutzen, um Ihre Kernaussage vorzubereiten. Das können Sie entweder nur mündlich machen, oder aber Sie erstellen auch für Situation und Komplikation ein oder mehrere Slides. Nur in diesem Fall – und für die meisten Projektmanagerinnen und Projektmanager ist das sehr schwierig zu schlucken, weil es allem widerspricht, was sie wissen und kennen – benötigen Sie ein Chart, auf dem der bisherige Projektfortschritt beleuchtet wird. Ansonsten können Sie diese Information auch weglassen. Beim bisherigen Fortschritt, bei dem Zeitplan und den erreichten Meilensteinen geht es nämlich erstens um die Vergangenheit und zweitens um Sie und Ihre bisherige Leistung. Beides – sorry! – interessiert die typische Topmanagerin nicht besonders.

e) Entscheidungsbedarf

Damit ist alles gesagt, und zwar schon zweimal; zum ersten Mal im Management-Summary und dann noch mal in den Folien, die Sie präsentiert haben. Dennoch macht es Sinn, wenn Sie jetzt nochmals darauf hinweisen, was Sie ganz konkret vorschlagen zu entscheiden. Tun Sie das nicht, dann kann es Ihnen passieren, dass man sich aus dem Termin mit einem »So machen wir das!« verabschiedet, ohne dass allen klar ist, was das konkret bedeutet. Denn Widerstände kommen bei konkreten Maßnahmen viel häufiger und stärker als bei vagen Absichtserklärungen. Riskieren Sie daher nicht, dass im Nachgang die getroffene Entscheidung zwar

Die Entscheidungsunterlage

im Großen als okay gilt, aber im Detail hinterfragt und angezweifelt wird. Stellen Sie sich dazu eine einzige Frage: »Was muss im Termin alles entschieden werden, damit mein Team und ich ohne weitere Abstimmungsrunden arbeiten können?« Alles, was Sie dafür benötigen, sollten Sie als konkreten Entscheidungsbedarf – in ganzen Sätzen – festhalten.

f) Nächste Schritte

Wollen Sie den Entscheidern ein gutes Gefühl geben? Wollen Sie sicherstellen, dass die getroffene Entscheidung nicht hinterfragt und revidiert wird? Das können Sie einerseits sicherstellen, indem Sie rechtzeitig vor der Entscheidung in Erfahrung gebracht haben, was dem oder den Entscheidern wichtig ist (siehe Kapitel »Entscheider-Ergründung«). Verstärken können Sie das Gefühl der Sicherheit und des Vertrauens noch, indem Sie am Ende Ihrer Unterlage ausführen, wie die nächsten Schritte auf der Basis der Entscheidung aussehen werden. Diese nächsten Schritte stellen Sie natürlich nur für Ihren Entscheidungsvorschlag dar.

2. Back-up

Schließlich ist auch noch Platz für all das, was Ihnen wichtig ist oder was Sie eventuell brauchen könnten, um auftauchende Detailfragen beantworten zu können. Man könnte etwas ketzerisch sagen, dass Sie ins Back-up all die Charts geben sollten, die die meisten anderen Vortragenden in ihrer Präsentation zeigen, etwa den Zeitplan, erreichte Meilensteine, das Projektumfeld, mit wem Sie gesprochen haben, technische Details und so weiter. Das Back-up dient damit als Fundus, auf den Sie bei Bedarf zurückgreifen können. Er bietet aber noch einen Vorteil. Manche Manager benötigen viele Details, um entscheiden zu können, andere hassen sie geradezu oder wollen nur genau jene Details sehen, nach denen sie ausdrücklich fragen. Mit einer Aufteilung der Unterlage in einen Hauptteil und ein Back-up adressieren Sie die Bedürfnisse beider

Typen. Für die einen kommen Sie zum Punkt, haben alles kurz und knackig aufbereitet. Für die anderen haben Sie darüber hinaus ein dickes Back-up zum Schmökern und Festhalten.

Der Griff in die Trickkiste: Die Psychologie des Überzeugens nutzen

Der Werkzeugkoffer, um schneller bessere Entscheidungen zu bekommen, ist damit gepackt. Sie kennen nun die wichtigsten Punkte, um Ihrer Vorgesetzten, Ihrem Projektauftraggeber oder Ihrer Vorstandsvorsitzenden das Entscheiden leichter zu machen. Es gibt allerdings noch mehr, und das hat vor allem mit dem weniger rationalen Teil des menschlichen Wesens zu tun. Dass es ein Themenfeld wie die Psychologie des Überzeugens gibt, hat mit Beobachtungen im Tierreich zu tun, die Verhaltensforscher schon vor langer Zeit gemacht haben. Tiere reagieren häufig auf sogenannte Auslösereize. Ein weiblicher Truthahn etwa bemuttert den Nachwuchs, wenn er die typischen Geräusche eines frisch geschlüpften Truthahns macht. Macht er diese Geräusche nicht, dann wird er ignoriert, erhält weder Fürsorge noch Nahrung und verendet. Gleichzeitig erhält sogar ein ausgestopfter Marder – ein Feind des Truthahns in der Natur – Zuwendung, wenn man ihn die typischen Laute eines frisch geschlüpften Truthahns machen lässt.[73] Es handelt sich somit um ein Verhalten, das automatisch abgerufen wird, wenn nur der richtige Auslösereiz gesetzt wird. Kaum wird ein Knopf gedrückt, läuft das automatische Verhalten wie ein Tonband ab. Vielleicht denken Sie an dieser Stelle: »Gut, dass es so etwas nur bei Tieren gibt.«

Leider ist dem nicht so, denn automatisches Verhalten gibt es auch beim Menschen. Beispiel gefällig? Eine Bitte wird uns eher gewährt, wenn wir sie begründen, und zwar unabhängig davon, ob es sich um eine echte Begründung handelt. Wollen Sie etwa am Kopierer vorgelassen werden, dann steigern Sie Ihre

Chancen, indem Sie statt »Würden Sie mich bitte vorlassen?« sagen: »Würden Sie mich bitte vorlassen, weil ich ein paar Kopien machen muss?«[74]. Eigentlich dürfte das nicht passieren, denn diese Begründung ist bereits Teil der Bitte, liefert also keine zusätzlichen Gründe, Sie vorzulassen. Warum sonst sollten Sie auch am Kopierer stehen und warten? Und doch, das Wörtchen »weil« löst ein automatisches Verhalten in uns aus, und es ist egal, ob Sie sagen: »weil ich es eilig habe« (was eine echte Begründung wäre), oder: »weil ich ein paar Kopien machen muss«. Wenn Sie Lust haben, dann können Sie diesen Effekt recht einfach empirisch überprüfen. Am besten beginnen Sie gleich morgen an der Supermarktkasse!

Der Erforschung solcher Handlungsmuster hat sich der Wissenschaftszweig der Verhaltensökonomik verschrieben. Eine besondere Rolle kommt hier Robert Cialdini, einem inzwischen emeritierten Professor der Arizona State University zu, der wichtige Erkenntnisse zusammengefasst, aufbereitet und sie auch einem Laienpublikum zugänglich gemacht hat. Bevor wir uns ansehen, wie Sie die Psychologie des Überzeugens nutzen können, um schneller und verlässlicher die Entscheidungen zu bekommen, die Sie benötigen, gestatten Sie mir ein Wort der Warnung. Die vorgestellten Methoden sind mächtig, und sie können auch missbraucht werden. Sie können sie dazu verwenden, um Entscheidungen zu erhalten, die zwar in Ihrem Sinne, aber nicht im Sinne des Entscheiders und auch nicht im Sinne Ihres Arbeitgebers oder Kunden sind. Mein ausdrücklicher Appell an Sie lautet daher: Sollten Sie diese Methoden nutzen, dann bleiben Sie immer bei der Wahrheit. Alles andere wird über kurz oder lang ans Licht kommen und Ihrer Karriere massiv schaden. Nützen Sie die vorgestellten Prinzipien hingegen ehrlich und im Sinne Ihrer Vorgesetzten und Kunden, dann steigt auch der Nutzen für alle Beteiligten. Denn eine getroffene Entscheidung ist besser als eine aufgeschobene Entscheidung, und eine stabile Entscheidung ist besser als eine, die gleich wieder hinterfragt und revidiert wird.

Alles steht kopf

Kontrastprinzip

Mein Lieblingsmagazin (es geht ums Kitesurfen, eh klar!) hat eine Abo-Aktion. Das Print-Jahresabo kostet nur 37 Euro, das Online-Abo nur 19 Euro. Aber halt, es gibt noch ein drittes Angebot! Die Kombination aus Print- und Online-Abo kostet auch nur 37 Euro. Ich brauche nicht lange zu überlegen und entscheide mich für die Kombination aus Print- und Online-Abo. So zahle ich nicht mehr als beim Print-Abo und habe noch das Online-Abo dazu. Darüber brauche ich gar nicht lange nachzudenken. Sie finden, das ist eine gute Entscheidung? Der gleichen Meinung waren auch 84 Prozent der Studentinnen und Studenten des MIT, denen eine ähnliche Frage vorgelegt wurde.[75] Das reine Print-Abo hat natürlich niemand gewählt, es wäre auch nicht logisch, etwas zu wählen, das zum gleichen Preis weniger als ein anderes Produkt bietet. Wenn es keiner wählt, so möchte man meinen, dann könnte man das Print-Jahresabo eigentlich gleich weglassen. Es dürfte keinen Unterschied machen. Doch weit gefehlt! Legte man den Studierenden nur die beiden Angebote »Online« und »Print & Online« vor, dann entschieden sich plötzlich 68 Prozent für das Online-Abo. Das bedeutet: Mit dem Hinzufügen oder Weglassen eines Angebots, das sowieso niemand je nehmen würde, lässt sich das Auswahlverhalten komplett drehen! Wie kann das sein?

Der Grund dafür ist, dass wir Menschen kein inneres Messinstrument dafür haben, was eine Sache wert ist. Vielmehr vergleichen wir eine Sache mit einer anderen und urteilen dann auf der Basis des relativen Preises und des relativen Vor- oder Nachteils.[76] Das heißt, wir orientieren uns weniger an den absoluten Werten als vielmehr am Kontrast. Wie Sie dieses Kontrastprinzip in Ihrem Sinne (und im Sinne Ihres Unternehmens) nutzen können, zeige ich Ihnen anhand eines Beispiels aus der Praxis. Vor mehreren Jahren standen wir vor der Aufgabe, für ein großes Projekt ein Projektmanagement-Tool zu beschaffen. Das Projekt war schlicht zu groß und hatte zu viele Stakeholder, als dass wir das mit unseren

Excel-Listen noch hätten abbilden können. Also sprachen wir mit den Experten im Haus und hatten bald folgende Optionen:

- Wir konnten uns von der IT eine kleine Lösung bauen lassen. Das wäre recht günstig, allerdings hätten wir nur »handgeschnitzte« Schnittstellen zu anderen Systemen. Für den Moment wäre alles okay, aber bei einer größeren Wartung würden wir die Schnittstellen neu programmieren müssen. Die Lösung war der absolute Horror für jeden, der eine saubere IT-Systemlandschaft will, dafür aber vergleichsweise günstig: 15 000 Euro.

- Wir konnten eine Softwarelösung für Projektmanagement einkaufen, die hätte sauber ausprogrammierte Schnittstellen, kostete aber auch ein Stück mehr: 70 000 Euro.

- Schließlich konnten wir das ERP, also das System, in dem die gesamte Buchhaltung, die Kostenrechnung, alle Warenflüsse und die Planung abgebildet waren, auch für unsere Zwecke nutzen. Dazu mussten wir vom Hersteller ein weiteres Modul erwerben und ein paar Anpassungen durchführen. Das System wäre hochintegriert, der Traum aus Sicht der IT-Architekten (wurde uns gesagt). Kosten: 300 000 Euro.

Unser erster Impuls war, die teure Lösung wegzulassen und dem Management erst gar nicht zu zeigen. 300 000 Euro für so ein System, damit würden wir uns lächerlich machen! Davor wollte ich mich aber noch schlaumachen. In einem informellen Gespräch stellte ich die Situation einem befreundeten Topmanager vor. Er grinste, als ich ihm von unserer Idee, die teure Variante gar nicht zu zeigen, erzählte, und gab mir einen Rat: Stell alle Optionen dar. Du brauchst die teure Variante, um einen Rahmen zu setzen und um einen Kontrast zu haben. Wenn du die verschweigst, wird wahrscheinlich die billige Variante gewählt, die auf lange Sicht die schlechteste von allen ist. Und so kam es dann auch. Wir stellten alle drei Varianten vor und bekamen die Entscheidung für die mittlere. Das Tool ist heute noch in Verwendung und war – über die Jahre gerechnet – wirtschaftlich die günstigste Variante. Heute bin ich mir sicher: Hätten wir die teure Option nicht erwähnt, in der Erwartung, dass sie ohnehin nicht gewählt wird, dann hätten wir die Entscheidung für die billigste Variante erhalten, zum Nachteil für unser Projekt, die IT und das Unternehmen.

Reziprozität

»Wie du mir, so ich dir«, den Satz hat mein achtjähriger Sohn kürzlich aus der Schule mitgebracht. Im ersten Moment klingt das wie ein einfacher Kinderspruch. Erwachsene haben das doch nicht mehr nötig, oder? Die Wissenschaft kommt zu einem anderen Ergebnis. Der Mensch revanchiert sich gerne bei anderen Menschen, positiv wie auch negativ. Das Prinzip hinter diesem Verhalten nennt sich »Reziprozität«.[77] Sie kennen das sicher auch. Wenn man Freunde besucht, dann muss man nicht unbedingt ein Geschenk mitbringen. Schließlich kennt man sich, sieht sich öfter. Wenn aber eine Seite damit anfängt, beim Besuch ein Geschenk mitzubringen, dann hört es nicht mehr auf. Die Müllers haben uns etwas mitgebracht, da müssen auch wir ihnen etwas mitbringen. Oft schaukelt sich das gegenseitige Beschenken richtiggehend hoch. Plötzlich gehen Besuche bei Freunden ins Geld, weil die Mitbringsel solche Dimensionen angenommen haben. Die Ursache ist das Prinzip der Reziprozität. Einen Gefallen lässt man nicht unerwidert. Wir fühlen uns erst wieder wohl, wenn wir den Gefallen erwidert, die Schuld getilgt haben. Zur Sicherheit erwidern wir den Gefallen oft etwas größer, als der ursprüngliche Gefallen war, um auf der sicheren Seite zu sein. Die anderen machen das auch, und nach und nach werden die Weine, die wir Freunden zum Abendessen mitbringen, so teuer, dass wir sie für uns selbst nicht mehr kaufen würden. Verrückt, nicht?

Der Griff in die Trickkiste: Die Psychologie des Überzeugens nutzen

Jede Warenprobe im Supermarkt funktioniert nach diesem Prinzip, genauso wie die Bettelbriefe zu Weihnachten. Jedes Jahr pünktlich im Dezember erhalten Sie ungefragt Weihnachtskarten oder Geschenkanhänger von Organisationen, mit denen Sie noch nie etwas zu tun hatten. Die schenken Ihnen Geschenkanhänger und tun Ihnen damit einen kleinen Gefallen, denn Geschenkanhänger brauchen Sie ohnehin. Diesen Gefallen wollen Sie erwidern und spenden, wo Sie bisher nichts gespendet haben. Und wo Sie schon bisher gespendet haben, darf es diesmal eben etwas mehr sein. Das Prinzip funktioniert.

Auch Sie können das Prinzip der Reziprozität nutzen, indem Sie dem Entscheider einen Gefallen tun. Damit meine ich übrigens keine Geschenke oder kleinen Zuwendungen. Davon rate ich aus Gründen der Professionalität sogar ausdrücklich ab. Allerdings können Sie einem Manager ganz einfach einen Gefallen tun, indem Sie Berichte und Unterlagen, Präsentationen und Erklärungen entscheidergerecht aufbauen. Damit helfen Sie Ihrem Vorgesetzten, seine wertvollste Ressource zu sparen, nämlich Zeit. Und diesen Gefallen erwidern viele Entscheider sehr gerne.

Commitment und Konsistenz

Kennen Sie den Film Die zwölf Geschworenen mit Henry Fonda? Im Anschluss an einen Mordprozess müssen zwölf Geschworene darüber entscheiden, ob der 18-jährige Angeklagte tatsächlich seinen Vater mit mehreren Messerstichen brutal getötet hat oder ob der Junge unschuldig ist. Die Beweislast ist erdrückend, und elf der zwölf plädieren auf schuldig. Nur einer von ihnen, der von Henry Ford gespielte »Geschworene Nr. 8«, hat Zweifel. Uns soll hier nicht so sehr interessieren, wie der Film ausgeht, sondern vielmehr, wie Sie es als Verteidiger schaffen könnten, einen Geschworenen wie diesen in der Jury zu platzieren. Genau solche Geschworenen wollen Sie nämlich in der Jury, wenn Sie verhindern wollen, dass Ihr Mandant verurteilt wird. Wie aber könnten Sie einen Geschworenen identifizieren, der unter dem Druck der anderen bei seiner Meinung bleibt und Ihren Mandanten entschlossen verteidigt? Genau auf diese Frage sind manche Anwälte in den Vereinigten Staaten spezialisiert. Jo-Ellen Demetrius, die auch die Geschworenenauswahl im Prozess gegen den ehemaligen Footballstar O. J. Simpson unterstützte, ist eine solche Spezialistin. Sie hat eine Frage an die potenziellen Geschworenen im Gepäck, die es in sich hat:

»Wenn Sie der Einzige wären, der an die Unschuld meines Mandanten glaubt, könnten Sie dem Druck der übrigen Geschworenen widerstehen, Ihre Meinung zu ändern?«[78]

Wie würden Sie in der Rolle eines Geschworenen antworten? Würden Sie die Frage verneinen oder zweifeln, ob Sie dem Druck standhalten könnten? »Geschworener abgelehnt« wäre die sofortige Reaktion. Was aber, wenn Sie die Frage bejahen und Teil der Jury würden? Müsste man Sie später daran erinnern, was Sie freiwillig vor dem gesamten Gericht gesagt haben, oder würden Sie, auch ohne aufgefordert zu werden, standhaft bei dem bleiben, was Sie gesagt haben? Die Anwältin hat Ihnen nämlich nicht einfach nur eine Frage gestellt, um entscheiden zu können, ob Sie die oder der Richtige sind. Sie hat auch das Prinzip »Commitment und Konsistenz« genutzt und Sie damit geradezu dazu verpflichtet, ihren Mandanten zu verteidigen, wenn Sie auch nur den geringsten Zweifel an seiner Schuld haben.

Den meisten Menschen ist es sehr wichtig, in Übereinstimmung mit ihrem Selbstbild zu handeln.[79] Ihr Selbstbild prägen Menschen durch freiwillige Handlungen oder Aussagen über sich selbst. Wenn jemand heute laut zu seinen Freunden sagt: »Umweltschutz ist mir wichtig«, dann wird er morgen eher den Müll trennen oder für eine Organisation spenden, die den Umweltschutz unterstützt, als wenn er das nicht gesagt hätte. Wollen Sie das Prinzip »Commitment und

Konsistenz« in Ihrem Sinne nutzen, dann sollten Sie von Ihrem Gegenüber eine Aussage erhalten, also ein Commitment, demgemäß er sich später konsistent verhält. Dieses konsistente Verhalten wiederum kann die Entscheidung sein, die sie benötigen. Wichtig dabei ist, dass dieses Commitment freiwillig erfolgt. Im Entscheidungsprozess können Sie das Prinzip auf unterschiedliche Weisen nutzen, die wir schon kennengelernt haben.

Sie können die verantwortliche Managerin etwa fragen: »Was benötigen Sie ganz konkret, um das Thema final entscheiden zu können?« Die Antwort hilft Ihnen einerseits, weil Sie nun wissen, was Sie alles tun müssen, damit die Bedingungen der Managerin erfüllt sind, damit sie also entscheiden will und kann. Andererseits stellt die Antwort auch ein freiwilliges Commitment dar. Das bedeutet für Sie, dass Sie mit sehr großer Wahrscheinlichkeit eine Entscheidung bekommen, wenn Sie liefern, was Ihnen die Managerin genannt hat. Ganz ähnlich funktioniert die Entscheider-Ergründung (siehe dazu das gleichnamige Kapitel). Fragen Sie den Entscheider, was ihm in Bezug auf Ihr Thema, Ihr Projekt oder Ihr Vorhaben wichtig ist, dann macht er damit auch eine freiwillige Aussage über sich selbst und prägt damit ein klein wenig sein Selbstbild. Daher dürfen sie darauf vertrauen, dass er zu seiner Aussage auch später noch stehen wird, nämlich zum Zeitpunkt der Entscheidung. Das ist übrigens nicht nur in Ihrem Sinn, sondern auch im Sinn des Entscheiders, weil er mithilfe dieser Methode rechtzeitig über die Entscheidung nachdenkt, weil die Punkte, die ihm wichtig sind, in die Entscheidungsvorbereitung einfließen können und weil eine rasche Entscheidung, bei der er ein gutes Gefühl hat, auch gut für ihn ist.

Social Proof

Nach der Schule zog ich zum Studium vom kleinen Dorf in die große Stadt. Die Stadt war zwar nur Innsbruck, das es in Deutschland nicht einmal unter die größten 50 Städte schaffen würde, aber wenn das Dorf klein genug ist, dann sind auch 100 000 Einwohner bedrohlich viel. Da stand ich also in Innsbruck und hatte im Ohr, was ich über Städte gehört hatte. Sie sind kalt, anonym und asozial. Die Menschen kennen nicht mal ihren nächsten Nachbarn, und gegenseitig helfen und unterstützen würde man sich auch nicht. Wie würde es mir wohl ergehen? Heute weiß ich, dass das ein Vorurteil gegenüber Städten ist, und heute weiß ich auch, woher dieses Vorurteil kommt.

Im März 1964 wurde Catherine Genovese Opfer eines blutigen Verbrechens.[80] Sie wurde spätabends auf dem Nachhauseweg von der Arbeit im New Yorker Stadtteil Queens auf offener Straße überfallen und erstochen. Aufsehen erregte dieser Fall aber erst dadurch, dass bei den Ermittlungen ersichtlich wurde, dass insgesamt 38 Zeugen den Mord von ihren Wohnungen aus beobachtet hatten, aber weder eingeschritten waren noch die Polizei gerufen hatten. 38 Zeugen, und keiner machte auch nur einen Finger krumm! In den Wochen und Monaten nach dem Mord malten die Zeitungen Horrorbilder vom fehlenden sozialen Zusammenhalt in den Städten und davon, wie anonym, kalt und unmenschlich diese ihre Einwohner machten. Die Chronisten der schrecklichen Tat konnten schlicht keinen anderen Grund finden, warum so viele Menschen bei einer solchen Tat zusahen und nichts unternahmen. Die Mär von den entmenschlichten Städten hielt sich so lange und so hartnäckig, dass auch ich, 35 Jahre später, als junger Student davon hörte und erschauderte angesichts dessen, was mich wohl erwarten würde.

Woran 1964 in New York niemand dachte, war, dass der Grund, dass niemand Hilfe rief, genau darin liegen könnte, *dass* so viele Menschen zusahen. Die beiden Forscher Bibb Latané und John Darley nahmen sich in der Folge der Frage an, wie Menschen in Notsituationen reagieren, abhängig davon, wie viele andere Personen anwesend sind.[81] So erhielt ein Schauspieler, der einen epileptischen Anfall vorspielte, in 85 Prozent der Fälle Hilfe, wenn nur eine Person anwesend war, aber nur in 31 Prozent der Fälle, wenn fünf Personen in der Nähe waren. Die Erklärung für dieses Phänomen ist denkbar einfach: In Situationen, die wir nicht gut einschätzen können und in denen wir Unsicherheit spüren, sehen wir uns an, was andere Menschen in unserer Umgebung machen, und orientieren uns an deren Verhalten. Das Prinzip dahinter nennt sich »Social Proof« oder »soziale Bewährtheit«.[82] Heute lernen wir daher in jedem Erste-Hilfe-Kurs, wie wir uns verhalten sollten, wenn wir von vielen Menschen umgeben sind und dringend Hilfe brauchen. Wir müssen die Unsicherheit der Zuseher beseitigen, und das machen wir am besten durch konkrete Ansprache einer Person, auf die wir mit dem Finger zeigen. »Hallo, Sie, die Dame mit den kurzen roten Hosen, bitte rufen Sie die Rettung, ich brauche Hilfe!« Bei einem solchen Verhalten ist die Wahrscheinlichkeit, dass Ihnen geholfen wird, viel größer, als wenn Sie laut um Hilfe rufen.

Wie aber können Sie das Prinzip der sozialen Bewährtheit in einer Entscheidungssituation nutzen? Nun, in der Situation vor einer Entscheidung herrscht oft Unsicherheit. Und bei Unsicherheit orientieren wir uns gerne daran, was andere in einer vergleichbaren Situation tun oder getan haben. Seit ich das weiß, versuche ich bei jeder größeren Entscheidung im Unternehmen herauszufinden, ob und welche anderen Unternehmen, Bereiche, Abteilungen oder Projekte es gibt, die eine vergleichbare Entscheidung getroffen haben. Geht es um die Frage, ob und welches Wissensmanagementsystem eine Versicherung einführen könnte, dann sehe ich mich im Markt um und telefoniere mein Netzwerk durch, um zu verstehen, welche Versicherung ähnlicher Größer dazu bereits eine Entscheidung getroffen hat. Geht es um ein Projektmanagement-Tool in der Automobilzuliefererindustrie, dann mache ich das Gleiche in dieser Branche und achte wieder darauf, dass die Unternehmen, mit denen ich spreche, der Größe und der Struktur nach möglichst ähnlich sind. Das Ergebnis mit diesem Zugang war immer wieder erstaunlich. Die Aufstellung aller vergleichbaren Unternehmen, die eine Entscheidung bereits getroffen hatten, war oft der entscheidende Punkt für ein »Ja« im Entscheidungsprozess.

Die Tricks der Populisten nutzen

Ein Ehepaar im Schlafzimmer. Es ist Nacht. Er trägt eine altmodische Schlafbrille und schnarcht. Seine Frau schreckt hoch, dreht das Licht an und versucht, ihren Mann zu wecken. »Hasi, hast du das gehört?!« Ihr Mann will weiterschlafen und versucht, sie abzuwimmeln. »Nein, nichts habe ich gehört.« Seine Frau: »Da ist wer im Haus!« Er reagiert noch immer nicht. Sie wieder: »Geh! Hast du eh zugesperrt?!« – »Ja, ich habe zugesperrt«, kommt die schlaftrunkene Antwort ihres Gatten, noch immer mit Schlafbrille. Seiner Frau reicht es, sie schlägt ihn mit einem Polster. Schließlich stehen sie auf.

Beide gehen über eine Treppe nach unten, er vorne, sie dahinter mit einem Plüschpantoffel als Waffe. Sie bleiben stehen und sehen sich an. Das Wohnzimmer ist voll mit Menschen, die an Tischen und auf Bänken sitzen oder durch den Raum gehen und sich unterhalten. Einer trägt ein aufblasbares Krokodil durchs Zimmer, in der Küche öffnet eine ältere Dame das Backrohr und schaut, ob das Essen schon fertig ist, im Wohnzimmer spielen zwei Männer in Bademänteln Schach. Als das Ehepaar den Raum betritt, verstummen alle. Der Ehemann lächelt in die Runde und winkt. Sie, ziemlich aufgebracht: »Jetzt schau dir das an! Ich habe dir gesagt, du sollst zusperren! Jetzt tu was!« Er macht einen eher entspannten Eindruck, tut seiner Frau aber den Gefallen und erwidert: »Ich mach was!« Er geht langsam zur Haustür, die bisher nur angelehnt war, und zieht sie zu. Er geht ein paar Schritte in den Raum, da scheint ihm die Erleuchtung zu kommen. Er geht nochmals zur Tür, versperrt sie und schiebt einen Riegel vor. Er geht wieder in Richtung seiner Frau, lächelt und seufzt erleichtert.

Seine Frau ist mit dem Ergebnis offensichtlich nicht einverstanden: »Und was ist mit denen da?!« Er denkt kurz nach, nickt und erwidert: »Okay!« Dann wendet er sich laut an alle im Raum. »Leute!« Seine Frau lächelt siegessicher. Er zeigt in Richtung der geschlossenen Tür. »Schön zulassen!« Seiner Frau entgleisen die Gesichtszüge. Er wendet sich ab Richtung Treppe: »Gute Nacht!« Seine Frau, drängend: »Hasi!!!«

Das ist der Beginn eines Videos über »Die Hubers« aus dem Wahlkampf der FPÖ, der Freiheitlichen Partei Österreichs, zur österreichischen Nationalratswahl 2017. Zu den Hubers wurden mehrere Videoclips[83] erstellt, die im Wahlkampf selbst vor allem in Form von YouTube- und Kinowerbung eingesetzt wurden und die es inzwischen auf YouTube auf insgesamt mehr als drei Millionen Views gebracht haben. Die FPÖ setzt thematisch einen ähnlichen Schwerpunkt wie die AfD in Deutschland und hat die Flüchtlingskrise ab 2015 zum zentralen Thema ihrer politischen Arbeit gemacht.

Warum ich Ihnen das erzähle? Weil dieses Video – völlig unabhängig von politischen oder weltanschaulichen Differenzen – handwerklich exzellent gemacht und ein Paradebeispiel dafür ist, wie eine Botschaft so aufbereitet werden kann, dass sie dem Empfänger im Gedächtnis bleibt. Die Botschaft des Videos ist klar: Die Türen (Grenzen) standen offen, es sind zu viele Fremde (Flüchtlinge) in unser Haus (Land) gekommen. Was aber macht der Hausherr (die Regierung)? Er schließt nur die Tür (Grenze) und begnügt sich damit, dass keine weiteren Fremden hereinkommen. Man kann diese Meinung teilen oder nicht, allerdings soll es hier gar nicht um Politik im Allgemeinen oder diese Kampagne im Speziellen gehen. Es soll darum gehen, was wir tun können, damit auch unsere Botschaften bei unseren Entscheidern besser haften und im Gedächtnis bleiben. Denn die meisten Entscheider haben täglich mit vielen Nachrichten und Meetings zu tun, in denen die unterschiedlichsten Botschaften auf sie einprasseln. Ihre Botschaften sollten aus dieser Masse hervorstechen, vor allem aber sollte der Entscheider sie sich merken. Denn nur Botschaften, die sich der Entscheider merkt, können später in der Entscheidung eine Rolle spielen.

Was genau passieren muss, damit uns Botschaften im Gedächtnis bleiben, das hat das Autoren-Brüderpaar Chip Heath und Dan Heath untersucht.[84] Ihre zentrale Erkenntnis: Was funktioniert, hat weniger mit Genialität, Kreativität oder Zufall zu tun, sondern folgt einem Muster. Gute und erfolgreiche Werbung weist identifizierbare Muster auf,[85] und das gilt auch für merkbare Botschaften. Sind diese Muster vorhanden, dann behalten die Empfänger die Botschaften besser im Gedächtnis. Sind diese Muster nicht vorhanden, dann nehmen die Empfänger die Botschaften gar nicht wahr oder vergessen sie rasch wieder. Insgesamt gibt es sechs Hebel, anhand derer sich eine Botschaft auf ihre Merkbarkeit untersuchen lässt oder mit denen sich eine Botschaft merkbarer machen lässt.

› **Z**uverlässig/glaubwürdig

› **U**nerwartet/überraschend

› **S**impel/einfach/klar

› **A**nschaulich/konkret

› **G**eschichte/Story

› **E**motion/Gefühle

Die Anfangsbuchstaben der sechs Hebel bilden das Wort ZUSAGE, denn Botschaften, die wir uns merken, sagen uns häufig auch zu.

Im Clip »Die Hubers« finden sich alle sechs Elemente:

- **Zuverlässig/glaubwürdig**
  Die Glaubwürdigkeit kommt hier vor allem aus der Wahrnehmung der Zuschauer. Wenn Sie die Flüchtlingsströme im Jahr 2015 als Bedrohung wahrnehmen und damit der Zielgruppe der FPÖ angehören, dann ist der Clip für Sie glaubwürdig. Glaubwürdigkeit ist hier nicht gleichbedeutend mit Wahrheit oder Wirklichkeit. Die Zielgruppe der FPÖ glaubt, dass Mitteleuropa im Jahr 2015 von Flüchtlingshorden überrannt wurde. Der Glaube und die laufende Bestätigung des eigenen Glaubens durch die öffentliche Berichterstattung, soziale Medien und das soziale Umfeld lassen den Glauben zur eigenen Erfahrung werden. Und eigene Erfahrung ist eine deutlich stärkere und gleichzeitig subtilere Quelle für Glaubwürdigkeit als etwa die Meinung von Experten.

- **Unerwartet/überraschend**
  Der Film arbeitet einerseits mit einem unerwarteten Setting und andererseits mit überraschenden Wendungen. Ein Haus als Sinnbild für ein Land, die Haustür als Sinnbild für Grenzen, das ist nachvollziehbar, aber auch überraschend, weil man es nicht gewohnt ist. Damit ist bereits das Setting unerwartet. Überraschungen finden sich auch in der Handlung. Das Ehepaar kommt nach unten und erwartet Einbrecher, findet aber nur viele fremde Menschen vor. Der Ehegatte sagt: »Ich mach was«, und beschränkt sich darauf, die angelehnte Tür zu schließen. Derartige Wendungen kennen wir auch aus anderen Filmen, und sie sind ein Element, das dafür sorgt, dass sie Eindruck hinterlassen und uns im Gedächtnis bleiben. Ein Musterbeispiel dafür ist etwa die amerikanische Serie *Breaking Bad* über einen College-Lehrer, der zum Drogenbaron mutiert. Die Wendungen und Überraschungen sind bereits zu Beginn radikal und steigern sich mit jeder Episode immer weiter. Dabei ist der Handlungsstrang so meisterhaft gewoben, dass

dennoch nie die Glaubwürdigkeit verloren geht. Die Zuschauer wussten das zu schätzen. Noch heute ist *Breaking Bad* die am besten bewertete Serienproduktion.[86]

> **S**impel/einfach/klar
> Die Botschaft wird nie explizit ausgesprochen und ist dennoch einfach und klar: Fremde kommen in unser Land, aber die Politiker der etablierten Parteien nehmen uns und unsere Anliegen nicht ernst. Vielmehr behandeln sie die Neuankömmlinge besser als uns. Diese setzen sich ins gemachte Nest, die Zeche bezahlen aber wir.

> **A**nschaulich/konkret
> All das, was in dem Clip zum Ausdruck kommt, hätte man auch sagen können, indem man Zahlen, Daten und Fakten, Bilder oder Geschichten aus der tatsächlichen Flüchtlingskrise zeigt. Allerdings sind Zahlen, Daten und Fakten abstrakt, und auch Tausende Menschen sind abstrakt. Einzelne Menschen hingegen wie die Hubers in ihrem eigenen Haus sind anschaulich und konkret. Jeder kann sich das vorstellen, wohingegen sich kaum jemand eine »Flüchtlingskrise«, eine Mission »Mare Nostrum« oder Tausende Menschen vorstellen kann. Hinzu kommt, dass sich natürlich auch aus der Perspektive der Geflüchteten sehr konkrete Geschichten erzählen ließen. Allerdings ist eine Geschichte wie die des zweijährigen Alan Kurdi, der mit seinen Eltern aus Syrien floh und im September 2015 tot an der Küste von Bodrum angespült wurde[87], keine nach dem Geschmack der FPÖ.

> **G**eschichte/Story
> »Show, don't tell«, zeig es, anstatt es zu erzählen, diesen Rat an Romanautoren und Regisseure nimmt sich auch der Clip zu Herzen. Es wird nichts erklärt, die Geschichte transportiert die Botschaft. Denn Geschichten bleiben deutlich besser haften als Erklärungen.

> Emotion/Gefühle
> Emotionen lassen sich am besten über emotional besetzte Dinge ansprechen. Genau das macht der Clip, indem er das Haus ins Zentrum der Geschichte stellt. Für viele Menschen ist das eigene Haus ein Lebenstraum, an dem viele Emotionen hängen. Der Clip nutzt das geschickt und lädt das emotional besetzte Thema »Flüchtlinge« noch weiter auf.

Es handelt sich also um handwerklich ausgezeichnete Arbeit. Heißt das nun, dass Sie ab sofort Werbefilmchen mit ausländerfeindlichem Subtext produzieren sollten? Natürlich nicht, sondern ganz im Gegenteil! Allerdings hoffe ich darauf, dass dieser Film auch Sie nicht ganz kaltgelassen hat (nicht nur positive Emotionen tragen dazu bei, dass wir uns etwas merken) und dass Sie auf dieser Basis die Hebel aus Z-U-S-A-G-E noch besser im Gedächtnis behalten. Ihre eigenen Botschaften können Sie ab sofort danach überprüfen, wie gut sie bei jedem einzelnen Kriterium abschneiden. Damit sehen Sie sehr rasch, ob und wo Sie noch nachbessern können.

Für die praktische Umsetzung im Unternehmen gebe ich Ihnen ein paar Tipps und Beispiele:

Zuverlässig/glaubwürdig
Ihre Botschaften sollten glaubwürdig sein, das versteht sich fast von selbst. Wenn Sie etwa einen Pitch machen, und der Entscheider denkt sich zwischendurch: »Kann das stimmen?«, oder noch schlimmer, er denkt sich: »Das kann ich mir nicht vorstellen!«, und unterbricht Sie sogar, dann ist der Pitch gelaufen, dann ist es mit der Überzeugungskraft Essig. Dabei ist es relativ egal, an welcher Stelle Ihre Botschaft unglaubwürdig ist. Einmal unglaubwürdig, und es ist vorbei. Daher lassen Sie uns rasch die wichtigsten Quellen für zuverlässige und glaubwürdige Botschaften durchgehen: Die einfachste Quelle ist Autorität. Finden Sie einen anerkannten Experten, der bestätigt, was Sie sagen, dann erwähnen Sie

das. Wie gut das wirkt, erkennen Sie auch daran, wie viele Menschen in den sozialen Medien sich heute auf den armen Albert Einstein stützen, wenn sie ihre Meinung unters Volk bringen wollen. Dem Herrn wird mehr angedichtet, als er in fünf Leben gesagt haben könnte. Im Unterschied zu all den Fake-Einstein-Zitaten sollten Sie natürlich bei der Wahrheit bleiben. Wenn Sie die gleiche Auffassung vertreten wie ein berühmter CEO, ein Universitätsprofessor oder Niki Lauda, dann freuen Sie sich nicht nur darüber, sondern erwähnen Sie es auch. Die zweite Quelle der Glaubwürdigkeit ist Antiautorität. Das bedeutet: Menschen, die von einer Sache betroffen sind, glaubt man mehr als Menschen, die über eine Sache sprechen. Gibt es einen Prozess bei Ihnen im Unternehmen, den alle für unzumutbar halten, etwa die Reisekostenabrechnung? Dann können Sie natürlich die Experten ranlassen. Für das Management noch glaubwürdiger könnte aber der Bericht einer Kollegin sein, die den Großteil ihrer Arbeitszeit mit Reisekostenabrechnungen verbringt. Lassen Sie die Kollegin am besten persönlich zu Wort kommen und sie ihre Arbeit in all ihrer Sinnlosigkeit schildern! Dem kann sich auch das abgebrühteste Management nicht entziehen. Wenn doch, dann bleibt Ihnen noch eine weitere Möglichkeit. Die Spitze der Glaubwürdigkeit erreichen Ihre Botschaften, wenn sie an die eigenen Erfahrungen Ihrer Zuhörer anknüpfen. Sobald die Manager die Reisekostenabrechnung einmal selbst gemacht haben, sind sie für die Botschaft, dass sie unpraktikabel und aufwendig ist, deutlich empfänglicher. Zustimmung wäre Ihnen sicher.

Unerwartet/überraschend
Unerwartete Botschaften im Business-Kontext sind ein wenig heikel, weil man sie ganz und gar an der falschen Stelle anbringen kann. Denken Sie dazu an einen spannenden Krimi. Wirklich gut ist er dann, wenn die größte Überraschung, die am wenigsten erwartete Wendung, ganz zum Schluss kommt, und der Film Sie sprachlos zurücklässt. Wenn Sie das in der Hoffnung auf eine Entscheidung beim Topmanagement auch so machen, dann

verspreche ich Ihnen, dass es nicht funktionieren wird. Denn eine Entscheidung braucht Gewöhnung, Vertrauen und Sicherheit. Und Überraschungen am Ende erzeugen das genaue Gegenteil. In diesem Sinne sind Überraschungen nur dann okay, wenn sie relativ am Anfang kommen. Im Pitch etwa eignet sich die Komplikation sehr gut, um eine unerwartete Wendung einzubauen.

Simpel/einfach/klar
Ganz offen und ehrlich und vor allem an die Fachspezialisten unter Ihnen gerichtet, die es mit komplizierten und komplexen Themen zu tun haben: Sollten Sie komplexe Sachverhalte bis zur Unwahrheit vereinfachen, dabei Ihr Gewissen opfern und Ihren guten Ruf aufs Spiel setzen? Nein, das sollten Sie selbstverständlich nicht. Es reicht vollkommen, wenn Sie sagen, was Sache ist. Dazu kann es nicht schaden, wenn Sie sprachliche Weichspüler wie »an und für sich« oder »vielleicht« sowie diverse Konjunktive und Passiva aus Ihrem Wortschatz verbannen. Das rate ich Ihnen grundsätzlich, ganz besonders aber, wenn Sie eine Bewertung oder eine Empfehlung aussprechen. »An und für sich wäre die Entscheidung zu begrüßen« ist schwer zu verstehen, dabei heißt es nichts anderes als »Ich unterstütze die Entscheidung«. Es sei denn, Sie wollen mit einem solchen Un-Satz zum Ausdruck bringen, dass Sie die Entscheidung eben *nicht* unterstützen. Seien Sie im einen wie im anderen Fall klar. Wenn Sie eine Meinung haben, dann stehen Sie dazu! Das schätzen Entscheider. Und wenn Sie keine Meinung haben, dann stehen Sie auch dazu, denn auch damit lässt sich arbeiten. Vor allem: Wann immer Sie vor der Wahl stehen, etwas ausführlich und kompliziert oder auf den Punkt und einfach zu sagen, dann sagen Sie es einfach, klar und deutlich!

Anschaulich/konkret
Wodurch zeichnen sich viele Experten aus? Durch ihre Erfahrung und ihr tiefes Wissen schaffen sie es, konkrete Probleme zu abstrahieren und in den größeren Zusammenhang setzen. Das erzeugt einen außerordentlichen Mehrwert, da nicht mehr nur für den

konkreten Fall eine Lösung gesucht und gefunden werden kann, sondern übergreifende Lösungen möglich werden. Experten sind nicht im Konkreten gefangen, sondern können sich durch Abstraktion daraus befreien und Herausforderungen eine oder mehrere Ebenen höher lösen. Was sie als Experten ausmacht, das kann ihnen aber zum Problem werden, wenn es darum geht, bei anderen Menschen etwas auszulösen. Hier funktioniert nämlich das Konkrete und das Anschauliche erheblich besser als das Übergreifende und Abstrakte. Expertensprache ist häufig professoral, arbeitet mit Sammelbegriffen und komplizierten Ausdrücken. Genau das bleibt beim Gegenüber aber nicht hängen. Ein Beispiel: Berichten Sie einer Managerin von Verbesserungspotenzialen bei der Kundenorientierung und dass wir dadurch unsere mediale Außenwirkung verbessern können, dann löst das nichts aus, und die Managerin wird es sich auch kaum merken. Berichten Sie ihr allerdings davon, dass Lieschen Müller gestern mit ihren beiden Kindern an der Hand dringend zum Arzt musste, dass ihr vierjähriger Sohn auf dem Weg zur Straßenbahn aber gestürzt ist und dass ihr deshalb die Straßenbahn davonfuhr, obwohl der Fahrer das gesehen hat, ihr aber weder geholfen noch gewartet hat, dann wird sie sich das merken. Mit dieser sehr konkreten Erzählung weiß sie sofort, worin die mangelnde Kundenorientierung des Straßenbahnfahrers besteht, und sie kann handeln.

Geschichte/Story
Verwenden Sie Geschichten, dann können Sie den Punkt »Anschaulich/konkret« fast automatisch abhaken, denn Geschichten sind immer anschaulich und konkret. Eine sehr gute Stelle, um eine kurze Geschichte im Pitch einzubauen, ist die Komplikation. Dort können Sie aufzählen, was alles an der Situation schlecht ist, um dann überzuleiten: »Gerade letzte Woche ...«, und in einer kurzen Geschichte zu erzählen, was genau letzte Woche passiert ist.

Emotion/Gefühl
Dem Vorstand des Multimilliarden-Dollar-Konzerns mit Gefühlen kommen ... kann das gut gehen?! Denken wir an Emotionen, dann haben wir häufig intime, private Erlebnisse im Kopf, uns fallen erschütternde Szenen in Filmen oder der Edeka-Weihnachtsclip[88] ein. Und wenn Sie zweifeln, ob man all das dem Vorstand vorlegen soll und kann, dann unterstütze ich Sie in Ihrem Zweifel und empfehle Zurückhaltung. Wird es zu privat oder zu gefühlsduselig, dann stoßen Sie häufig eher auf Verwunderung oder Ablehnung. Das bedeutet allerdings nicht, dass Emotionen keinen Platz haben, wenn es darum geht, Entscheidungen vorzubereiten. In der Komplikation und der Lösung eines Pitchs können Sie mit dem Satz »Für Sie bedeutet das ...« wunderbar Gefühle auslösen, ohne diese aussprechen zu müssen. Emotionen müssen nicht gezeigt werden, es genügt vollauf, wenn sie im Kopf Ihres Gegenübers entstehen.

Sie kennen nun die einzelnen Kriterien. Wie aber integrieren Sie diese in Ihre Argumentation oder Ihren Pitch? Gehen Sie dazu einfach die einzelnen Punkte durch und fragen Sie sich:

➤ Will ich dieses Kriterium erfüllen?

➤ Erfülle ich dieses Kriterium bereits und wenn ja, wie?

➤ Wie kann ich dieses Kriterium noch besser erfüllen?

Sie sehen sehr schnell, wo Sie gut aufgestellt sind und wo es noch hapert. Haben Sie noch Lücken, dann können Sie sich nun sehr gezielt auf die Suche machen, um diese Lücken zu füllen.

Ihr ganz persönlicher Weg

Dieses Buch enthält in gewisser Weise eine Anleitung, wie Sie schneller die Entscheidungen von anderen Menschen erhalten, die Sie für sich, Ihr Team, Ihr Thema oder Ihr Projekt benötigen. In gewisser Weise, denn ein Kochrezept, das Sie unreflektiert eins zu eins umsetzen können, gibt es dafür leider nicht. Denn Entscheider sind Menschen, und Menschen entziehen sich besonders dann unserem Griff, wenn wir sie schablonenhaft einsortieren und nach einem bestimmten Schema behandeln wollen. Ich denke, das ist auch gut so, denn alles andere würde bedeuten, dass man auch uns selbst wie Roboter steuern könnte.

Über die Strategien und Methoden hinaus braucht es daher etwas Kreativität, um die Methoden situativ anzupassen. Es braucht eine Portion Mut, damit Sie all das, was ich Ihnen im Buch gezeigt habe, auch ausprobieren. Es braucht ein wenig Durchhaltevermögen, denn nicht immer führt gleich der erste Versuch zum Ziel. Im Fall von Rückschlägen ist die Versuchung groß, in alte und vertraute Muster zurückzufallen. Schließlich braucht es eine Portion Reflexion und Selbstkritik, um den Handlungsbedarf bei sich selbst anzuerkennen. Etwa in der Unternehmensberatung erlebe ich immer wieder Kolleginnen und Kollegen, die davon überzeugt sind, alles richtig zu machen, und den Rat und die Unterstützung anderer ablehnen, schließlich sind *sie* die Berater. Klappt etwas nicht, dann suchen und finden sie den Fehler gerne bei anderen. Für die Methoden aus diesem Buch gibt es aber keine »anderen«. Es gibt nur Sie als Leser. Wenn Sie nicht in die Gänge kommen und die Strategien und Methoden, die ich Ihnen gezeigt habe, umsetzen, dann wird nichts passieren. Niemand sonst wird es für Sie tun. Die Voraussetzung dafür ist, dass Sie Ihr bisheriges Denken und Handeln hinterfragen und Ansatzpunkte für eine Veränderung bei sich

Ihr ganz persönlicher Weg

selbst suchen. Und wenn Sie erst mal suchen, dann werden Sie auch fündig, glauben Sie mir.

In diesem Sinne: Wenn Sie ein wenig kreativ und mutig sind, etwas Beharrlichkeit mitbringen und Ihr eigenes Verhalten hinterfragen, dann können Sie mit diesem Buch einen großen Schritt machen. Sie können gleich morgen loslegen und es so ähnlich machen, wie Julia es an ein paar Stellen vorgezeigt hat, immer im Hinterkopf, dass Ihr bisheriges Verhalten vielleicht eher dem von Max ähnelt. Wenn Sie konsequent an sich selbst und mit den dargestellten Strategien und Methoden arbeiten, dann werden Sie zu Ergebnissen kommen. Das ist so ähnlich wie bei jedem anderen Buch, das eine Methode vorstellt. Mit Büchern kann man das Jonglieren lernen, das Tango-Tanzen und auch das Führen von Mitarbeitern. Bei nur kleinen Herausforderungen in Ihrem beruflichen Umfeld ist das auch vollkommen ausreichend.

Allerdings: Mit Unterstützung werden Sie dramatisch schnellere und bessere Ergebnisse erzielen. Außerdem macht das in einem Umfeld von Kolleginnen und Kollegen, die ein ähnliches Ziel verfolgen, deutlich mehr Spaß. Sie befruchten sich gegenseitig. Für all diese Menschen habe ich nicht nur dieses Buch geschrieben, ich biete ihnen auch eine Plattform zum regelmäßigen Austausch. Denn der Austausch, einerseits mit anderen Menschen, die schneller Entscheidungen bekommen wollen, andererseits mit Topentscheidern, macht nicht nur Spaß, er schafft echten Nutzen in der Praxis. Der Community *Schneller Entscheidungen bekommen* gehören daher Mitarbeiter aus den unterschiedlichsten Hierarchiestufen an. Vom Berufseinsteiger bis zum Silberrücken, vom einfachen Mitarbeiter bis zur Vorstandsvorsitzenden sind die unterschiedlichsten Menschen mit an Bord. Es sind Kolleginnen aus Konzernen und Mittelständlern wie auch Kollegen aus kleinen Unternehmen und Start-ups vertreten. Sie alle eint, dass sie über meinen Podcast, über die Teilnahme an einem meiner Seminare oder über dieses Buch Teil der Community geworden sind. Die Teilnahme ist kostenlos, hier der Link: www.schnellerentscheidungenbekommen.de.

Über den Autor

Georg Jocham ist Managementtrainer, Berater und Speaker mit dem Schwerpunkt Executive Communication (»Wie spreche ich mit Topmanagern? Wie bekomme ich vom Management die Entscheidungen, die ich für meine Arbeit brauche?«). Die Basis für seine heutige Arbeit legte er in der Strategieberatung und später als Projektmanager und als Führungskraft im Konzernumfeld. Er leitete mehrere Jahre lang das Group Controlling eines Konzerns mit mehr als 40 000 Mitarbeitern und berichtete an einige der bekanntesten und anspruchsvollsten CEOs.

Heute setzt er dort an, wo der Schmerz und daher die Bereitschaft zur Veränderung am größten ist: bei Projektmanagern und Führungskräften bis zum mittleren Management. Diese schult er darin, wie sie Entscheidungen so vor- und aufbereiten, dass Vorgesetzte bis hinauf zum Topmanagement rasch und verlässlich entscheiden. Davon haben alle etwas: Die einen bekommen die Entscheidungen, die sie brauchen, damit sie ihre Themen voranbringen und ihre Projekte *in time* abwickeln können. Darüber hinaus erhalten sie Anerkennung und Wertschätzung. Die Entscheider sind happy, weil ihre Zeit und damit ihre wertvollste Ressource respektiert und geschont wird und weil die Themen vorankommen, statt sich immer nur im Kreis zu drehen. Und den Unternehmen insgesamt hilft es, weil in dynamischen Zeiten wie heute nicht nur gute, sondern vor allem rasche Entscheidungen ein Erfolgsfaktor sind. Weitere Infos finden Sie hier: www.georgjocham.com.

Literaturverzeichnis

Hier finden Sie eine Auswahl von Büchern und Artikeln, die mich inspiriert haben. Direkte oder sinngemäße Zitate sind mit ihren Quellen jeweils mit Endnoten ausgewiesen.

Anerkennung und Wertschätzung: »Erfolgskriterien für Performance und Produktivität« (2018), https://www.onpulson.de/29104/anerkennung-und-wertschaetzung-erfolgskriterien-fuer-performance-und-produktivitaet/

Aron, Arthur et al (1997): »The Experimental Generation of Interpersonal Closeness: A Procedure and Some Preliminary Findings«, in: *Personality and Social Psychology Bulletin*, Volume 23, Issue 4, S. 363–377

Ariely, Dan (2009): *Denken hilft zwar, nützt aber nichts: Warum wir immer wieder unvernünftige Entscheidungen treffen* (E-Book), Droemer eBook

Barwise, Patrick (2018): »Nine reasons why tech markets are winner-take-all«, *London Business School Review*, https://www.london.edu/lbsr/nine-reasons-why-tech-markets-are-winner-take-all

Beck, Henning (2013): *Biologie des Geistesblitzes. Speed up your mind!* (E-Book), Springer Spektrum

Bellman, Geoffrey M. (2001): *Getting Things Done When You Are Not In Charge*, Berrett-Koehler Publishers, 2. Auflage

Berinato, Scott (2016): Good Charts. *The HBR Guide to Making Smarter, More Persuasive Data Visualizations*, Harvard Business Review Press, 10. Auflage

Bowden, John (2011): *Writing A Report. How To Prepare, Write, And Present Really Effective Reports*, How To Books, 9. Auflage

Brandt-Biesler, Franziska (2017): *Verkaufen und überzeugen mit Fragen: Die besten Fragen für erfolgreiche Verkaufsgespräche*, Gabal Verlag

Buhr, Andreas; Feltes, Florian (2018): Revolution? *Ja, bitte! Wenn Old-School-Führung auf New-Work-Leadership trifft* (E-Book), Gabal Verlag

Chamorro-Premuzic, Tomas (2015): »Why Group Brainstorming Is a Waste of Time«, *Harvard Business Review*, March Issue 2015, https://hbr.org/2015/03/why-group-brainstorming-is-a-waste-of-time

Literaturverzeichnis

Cialdini, Robert B. (2016): *Pre-Suasion: A Revolutionary Way to Influence and Persuade* (E-Book), Cornerstone Digital

Cialdini, Robert B. (2017): *Die Psychologie des Überzeugens: Wie Sie sich selbst und Ihren Mitmenschen auf die Schliche kommen* (E-Book), Hogrefe, 8. Auflage

Corssen, Jens (2004): *Der Selbst-Entwickler: Das Corssen Seminar*, marix Verlag

Curtiss, Paul R.; Warren, Phillip W. (1973): *The Dynamics of Life Skills Coaching*, Training Research and Development Station, Dept. of Manpower and Immigration (1973)

Dauth, Georg (2015): *Professionell verhandeln mit DiSG®: Mit dem Persönlichkeitsprofil zum Top-Verhandler*, Wiley

»Decision making in the age of urgency« (2019), McKinsey, https://www.mckinsey.com/business-functions/organization/our-insights/decision-making-in-the-age-of-urgency?cid=other-eml-alt-mip-mck&hlkid=b5dd122b38de4c628e16973dc0a52870&hctky=10703762&hdpid=c01f9389-729c-4296-ac13-5a058954441a

»Die 8 Sekunden Aufmerksamkeitsspanne – Gibt es sie wirklich?« (2017), Webcampus, https://www.webcampus.de/blog/104/die-8-sekunden-aufmerksamkeitsspanne-gibt-es-sie-wirklich

Dobelli, Rolf (2011): *Klar denken, klug handeln. 104 Denkfehler und Irrwege, die Sie besser anderen überlassen*, Carl Hanser Verlag

Duarte, Nancy (2009): *Slide:ology. Oder die Kunst brillante Präsentationen zu entwickeln*, O'Reilly Verlag

Duarte, Nancy (2010): *resonate: oder wie Sie mit packenden Storys und einer fesselnden Inszenierung Ihr Publikum verändern*, Wiley-VCH

Ericsson, Anders; Pool, Roberts (2017): *Peak. How all of us can achieve extraordinary things*, Vintage Digital

Fisher, Roger; Ury, William; Patton, Bruce (1984/2004): *Das Harvard-Konzept. Der Klassiker der Verhandlungstechnik*, Campus, 22. Auflage

Friedrich, Kerstin; Malik, Fredmund; Seiwert, Lothar (2002): *Das große 1x1 der Erfolgsstrategie: EKS® – Die Strategie für die neue Wirtschaft*, Gabal, 22. Auflage

Friga, Paul N.; Rasiel, Ethan M. (2001): *The McKinsey Mind: Understanding and Implementing the Problemsolving Tools and Management Techniques of the World's Top Strategic Consulting Firm* (E-Book), McGraw-Hill Education

Galinsky, Adam D. et al (2016): »Power and Perspectives Not Taken«, *Psychological Science*, Volume 17, Number 12

Gause, Donald C.; Weinberg, Gerald M. (1990): *Are Your Lights On? How to Figure Out What the Problem Really Is*, Dorset House Publishing

Gigerenzer, Gerd; Gaissmaier, Wolfgang (2012): *Intuition und Führung. Wie gute Entscheidungen entstehen*, Bertelsmann Stiftung

Goldenberg, Jacob; Mazursky, David; Solomon, Sorin (1999): »Fundamental Templates of Quality Ads«, *Marketing Science*, Vol. 18, No. 3

Goldstein, Noah J.; Martin, Steve J.; Cialdini, Robert B. (2009): *Yes! 50 Secrets From the Science of Persuasion* (E-Book), Profile Books

Greene, Robert (2012), *Mastery*, Profile Books

Grundl, Boris (2014): *Mach mich glücklich. Wie Sie das bekommen, was jeder will*, Econ, 2. Auflage

Guwak, Barbara; Strolz, Matthias (2012): *Die vierte Kränkung. Wie wir uns in einer chaotischen Welt zurechtfinden*, Goldegg Verlag

Hackenberg, Wolfgang; Leminsky, Carsten; Schulz-Wolfram, Eibo (2017): *Key Message Delivered. Business-Präsentationen mit Struktur*, Haufe, 3. Auflage

Hammond, John S.; Keeney, Ralph L.; Raiffa, Howard (2015): *Smart Choices: A Practical Guide to Making Better Decisions* (E-Book), Harvard Business Review Press

Herzinger, Richard (2009): »John Maynard Keynes war kein Keynesianer«, https://www.welt.de/debatte/kommentare/article6073825/John-Maynard-Keynes-war-kein-Keynesianer.html

Häusling, André (2018): *Agile Organisationen: Transformationen erfolgreich gestalten – Beispiele agiler Pioniere*, Freiburg: Haufe

Happich, Gudrun (2011): *Ärmel hoch! – Die 20 schwierigsten Führungsthemen und wie Top-Führungskräfte sie anpacken* (E-Book), Orell Füssli Verlag

Heath, Chip; Heath, Dan (2010): *Made to Stick: Why Some Ideas Survive and Others Die*, Random House Trade Paperbacks

Heath, Chip; Heath, Dan (2013): *Decisive: How to Make Better Decisions* (E-Book), Cornerstone Digital

Heath, Chip; Heath, Dan (2006): »The Curse of Knowledge«, *Harvard Business Review*, December Issue 2006, https://hbr.org/2006/12/the-curse-of-knowledge

Hinnen, Andri; Hinnen, Gieri (2017): *Reframe it! 42 Werkzeuge und ein Modell, mit denen Sie Komplexität meistern*, Murmann Publishers

Hochgeschurtz, Thomas (2009): *Konsequent. Das Buch zum Nicht-Technischen-Training* (E-Book), ikotes Verlag

Literaturverzeichnis

Hufnagl, Bernd (2017): *Besser fix als fertig: Hirngerecht arbeiten in der Welt des Multitasking*, Wien: Molden Verlag, 4. Auflage

Iyengar, Sheena S.; Lepper, Mark R. (2000): »When Choice is Demotivating: Can One Desire Too Much of a Good Thing?« *Journal of Personality and Social Psychology*, 79(6), 995-1006

Joyner, Mark (2007): *The Irresistible Offer. How to sell your Product or Service in 3 Seconds or Less* (E-Book), Wiley

Kahneman, Daniel; Deaton, Angus (2010): »High income improves evaluation of life but not emotional well-being«, https://www.pnas.org/content/pnas/107/38/16489.full.pdf

Kahneman, Daniel (2014): *Schnelles Denken, langsames Denken*. Pantheon, 7. Auflage

Kelly, Kevin (2016): *The Inevitable. Understanding the 12 Technological Forces That Will Shape Our Future*, Penguin Books

Kirchner, Steffen (2015): *Totmotiviert? Das Ende der Motivationslügen und was Menschen wirklich bewegt* (E-Book), Gabal Verlag

Kochs, Johannes (2018): *Pyramidales Strukturieren und Visualisieren. Präsentationen auf den Punkt bringen*, Beltz

Kolenda, Nick (2013): *Methods of Persuasion: How to Use Psychology to Influence Human Behavior*, Kolenda Entertainment

Komus, Ayelt (2018): »Ökosystem Projekt, Projekt Magazin«, https://www.projektmagazin.de/artikel/was-sind-die-stellschrauben-fuer-ihren-projekterfolg_1129625

Kreuter, Dirk (2018): *Umsatz extrem: Verkaufen im Grenzbereich. 10 radikale Prinzipien*, Linde

Krogerus, Mikael; Tschäppeler, Roman (2008): *50 Erfolgsmodelle. Kleines Handbuch für strategische Entscheidungen*, Kein & Aber, 19. Auflage

Krogerus, Mikael; Tschäppeler, Roman (2017): *Das Kommunikationsbuch. Wie man sich besser verständigt*, Kein & Aber, 3. Auflage

Krogerus, Mikael; Tschäppeler, Roman (2011): *Die Welt erklärt in drei Strichen: Das kleine Buch der großen Veränderungen*, Kein & Aber, 3. Auflage

Laloux, Frederic (2015): *Reinventing Organizations: Ein Leitfaden zur Gestaltung sinnstiftender Formen der Zusammenarbeit* (E-Book), Vahlen

Langer, Ellen; Blank, Arthur; Chanowitz, Benzion (1978): »The mindlessness of ostensibly thoughtful action: The role of ›placebic‹ information in interpersonal interaction«, *Journal of Personality and Social Psychology*, 36, S. 635–642

Latané, Bibb; Darley, John M. (1968): »Group inhibition of bystander intervention in emergencies«, *Journal of Personality and Social Psychology*, 10 (3), S. 215–221

Levesque, Ryan (2019): *Ask: The Counterintuitive Online Method to Discover Exactly What Your Customers Want to Buy ... Create a Mass of Raving Fans ... and Take Any Business to the Next Level* (E-Book), Hay House Business

»Losing Touch. Power diminishes perception and perspective«, abgerufen am 04.04.2019 von https://insight.kellogg.northwestern.edu/article/losing_touch

Malhotra, Deepak; Bazerman, Max (2007): *Negotiation Genius: How to Overcome Obstacles and Achieve Brilliant Results at the Bargaining Table and Beyond* (E-Book), Bantam

Malik, Fredmund (2000): *Führen Leisten Leben: Wirksames Management für eine neue Welt*, Deutsche Verlags-Anstalt, 6. Auflage

March, James G. (1994): *A Primer on Decision Making. How Decisions Happen*, The Free Press

Meindel, Claudia (2018): *Executive Summary. Überzeugende Entscheidungsvorlagen für das Management*, C. H. Beck

Meissner, Philip (2019): *Entscheiden ist einfach. Wenn man weiß, wie es geht*, Frankfurt: Campus Verlag

Merath, Stefan (2011): *Die Kunst, seine Kunden zu lieben: Neurostrategie® für Unternehmer*, Gabal Verlag

Miller, George A. (1956): »The magical number seven, plus or minus two: some limits on our capacity for processing information«, *Psychological Review*, 63 (2), 81–97.

Minto, Barbara (1987): *The Pyramid Principle. The International Bestseller on Logic in Writing and Thinking*, Pearson Education Limited

Munroe, Randall (2014): *What if? What If? Serious Scientific Answers to Absurd Hypothetical Questions* (E-Book), Houghton Mifflin Harcourt

Nasher, Jack (2017): *Überzeugt! Wie Sie Kompetenz zeigen und Menschen für sich gewinnen*, Campus

Nussbaumer Knaflic, Cole (2017): *Storytelling mit Daten. Die Grundlage der effektiven Kommunikation und Visualisierung mit Daten*, Vahlen

Nutt, Paul C. (1993): »The Identification of Solution Ideas During Organizational Decision Making«, *Management Science* 39, S. 1071–1085

Nutt, Paul C. (2002): *Why Decisions Fail: Avoiding the Blunders and Traps That Lead to Debacles*, Berrett-Koehler Publishers

Literaturverzeichnis

Oppenheimer, Daniel M. (2005): *Consequences of Erudite Vernacular Utilized Irrespective of Necessity: Problems with Using Long Words Needlessly*, Applied Cognitive Psychology, Wiley InterScience

Pantalon, Michael (2011): *Instant Influence: How to Get Anyone to do Anything in Less Than 7 Minutes* (E-Book), Headline

Parrish, Shane (o. D.): »Defensive Decision Making: What IS Best v. What LOOKS Best«, abgerufen am 04.04.2019 von https://fs.blog/2018/11/defensive-decision-making/

Parrish, Shane (o. D.): »The Decision Matrix: How to Prioritize What Matters«, abgerufen am 04.04.2019 von https://fs.blog/2018/09/decision-matrix/

Peters, Tanja (2018): *Mutmuskeltraining. Jeden Tag ein bisschen mutiger*, dtv

Pink, Daniel H. (2010): *Drive. The Surprising Truth about What Motivates Us* (E-Book), Canongate Books

Pink, Daniel H. (2013): *To Sell Is Human. The Surprising Truth about Persuading, Convincing, and Influencing Others* (E-Book), Canongate Books

Präsentation zum Engagement Index 2016, Gallup, https://www.gallup.de/183104/engagement-index-deutschland.aspx

Preußig, Jörg (2018): *Agiles Projektmanagement: Agilität und Scrum im klassischen Projektumfeld*, Haufe

Pyczak, Thomas (2018): *Tell me! Wie Sie mit Storytelling überzeugen*, Rheinwerk Computing, 2. Auflage

Rackham, Neil (1988): *Spin Selling*, Mc Graw-Hill

Ranadive, Ameet (2013): »The Rule of 3«, https://medium.com/lessons-from-mckinsey/the-rule-of-3-c1cd82dbc96e

Rasiel, Ethan M. (1999): *The McKinsey Way: Using the Techniques of the World's Top Strategic Consultants to Help You and Your Business* (E-Book), McGraw-Hill Education

Reynolds, Garr (2013): *Zen oder die Kunst der Präsentation: Mit einfachen Ideen gestalten und präsentieren*, dpunkt.verlag, 2. Auflage

Roam, Dan (2009): *The Back of the Napkin (Expanded Edition): Solving Problems and Selling Ideas with Pictures*, Penguin

Robertson, Brian J. (2016): *Holacracy: Ein revolutionäres Management-System für eine volatile Welt*, München: Verlag Vahlen

Rosenthal, A. M. (2015): *Thirty-Eight Witnesses: The Kitty Genovese Case* (E-Book), Open Road Media

»Rückfragen im Vorstellungsgespräch« (2018), https://www.stepstone.at/Karriere-Bewerbungstipps/ruckfragen-im-vorstellungsgesprach/

Rustler, Florian (2016): *Denkwerkzeuge der Kreativität und Innovation. Das kleine Handbuch der Innovationsmethoden*, Midas Management, 3. Auflage

Sassenrath, Marcus (2017): *New Management: Erfolgsfaktoren für die digitale Transformation*, Haufe

Schmitt, Tom; Esser, Michael (2009): *Status-Spiele: Wie ich in jeder Situation die Oberhand behalte*, Fischer Taschenbuch Verlag, 2. Auflage

Schneider, Wolf (1994): *Deutsch fürs Leben: Was die Schule zu lehren vergaß*, Rowohlt

Seiwert, Lothar; Gay, Friedbert (2016): *Das 1x1 der Persönlichkeit: Mehr Menschenkenntnis und Erfolg mit dem persolog®-Modell*, Gräfe und Unzer Verlag GmbH

Schönwandt, Walter et al. (2013): *Komplexe Probleme Lösen: Ein Handbuch*, Jovis Berlin

Schoof, Axel; Binder, Karin (2013): *Auf den Punkt: Präsentationen pyramidal strukturieren: Erfolgreicher kommunizieren mit klaren Botschaften und ergebnisorientierter Struktur* (E-Book), Springer Gabler

Schramm, Stefanie; Wüstenhagen, Claudia (2015): *Das Alphabet des Denkens: Wie Sprache unsere Gedanken und Gefühle prägt*, Rowohlt, 4. Auflage

Setzer, Patrick (2018): »Mit Standgas in die Zukunft«, *Manager Magazin*, https://www.manager-magazin.de/unternehmen/autoindustrie/wie-google-co-deutschlands-autobauer-ueberholen-a-1178492-2.html

Simon, Hermann (2012): *Hidden Champions – Aufbruch nach Globalia: Die Erfolgsstrategien unbekannter Weltmarktführer*, Campus

Schültken, Lydia (2017): *workhacks. Sechs Angriffe auf eingefahrene Arbeitsabläufe*, Freiburg: Haufe

Schulz von Thun, Friedemann (2013): *Miteinander reden 1: Störungen und Klärungen: Allgemeine Psychologie der Kommunikation* (E-Book), Rowohlt E-Book

Seligman, Martin E. P. et al. (2005): »Positive Psychology Progress: Empirical Validation of Interventions«, *American Psychologist*, 60 (5), S. 410–421

Shu, Suzanne B., Carlson, Kurt A. (2014): »When Three Charms but Four Alarms: Identifying the Optimal Number of Claims in Persuasion Settings«, *Journal of Marketing*, June 10, 2013

Silver, Nate (2012): *The Signal and the Noise. The Art and Science of Prediction* (E-Book), Penguin

Sinek, Simon (2011): *Start with Why: How Great Leaders Inspire Everyone to Take Action* (E-Book), Penguin

Spitzer, Manfred (2012): *Digitale Demenz. Wie wir uns und unsere Kinder um den Verstand bringen* (E-Book), Droemer eBook

Sprenger, Reinhard K. (2015): *Die Entscheidung liegt bei dir. Wege aus der alltäglichen Unzufriedenheit*, Campus

Storch, Maja (2011): *Das Geheimnis kluger Entscheidungen: Von Bauchgefühl und Körpersignalen*, Piper, 2. Auflage

Strategic decisions: »When can you trust your gut?« (2010), *McKinsey Quarterly*, https://www.mckinsey.com/business-functions/strategy-and-corporate-finance/our-insights/strategic-decisions-when-can-you-trust-your-gut

Taxis, Tim (2018): *Heiß auf Kaltakquise. So vervielfachen Sie Ihre Erfolgsquote am Telefon*, Freiburg: Haufe, 4. Auflage

Tetlock, Philip; Gardner, Dan (2015): *Super-Forecasting. The Art and Science of Prediction* (E-Book), Cornerstone Digital

Thaler, Richard H.; Sunstein, Cass R. (2009): *Nudge. Wie man kluge Entscheidungen anstößt*, Ullstein, 13. Auflage

Voss, Chris; Raz, Tahl (2017): *Kompromisslos verhandeln: Die Strategien und Methoden des Verhandlungsführers des FBI*, Redline

Walz, Hartmut (2015): *Einfach genial entscheiden: Die 55 wichtigsten Erkenntnisse für Ihren Erfolg*, Haufe Lexware, 2. Auflage

Watanabe, Ken (2010): *Problem Solving 101: A simple book for smart people* (E-Book), Ebury Digital

Wedell-Wedellsborg, Thomas (2017): »Are You Solving the Right Problems?«, *Harvard Business Review*, January-February Issue 2017, https://hbr.org/2017/01/are-you-solving-the-right-problems

Welch, Suzy (2009): *10-10-10: A Life-Transforming Idea* (E-Book), Scribner

»What is the future of work?« (2017), *McKinsey Global Institute*, https://www.mckinsey.com/featured-insights/future-of-work/what-is-the-future-of-work

Worchel, Stephen, Brehm, Jack W. (1971): »Direct and implied social restoration of freedom«, *Journal of Personality and Social Psychology*, 18 (3), S. 294–304

Zelazny, Gene (2009): *Das Präsentationsbuch*, Campus, 3. Auflage

Zelazny, Gene (2015): *Wie aus Zahlen Bilder werden: Der Weg zur visuellen Kommunikation – Daten überzeugend präsentieren*, Springer Gabler, 7. Auflage

Anmerkungen

1 Siehe etwa Heath, Chip; Heath, Dan (2013) oder Hammond, John S.; Keeney, Ralph L.; Raiffa, Howard (2015).
2 Siehe etwa Ariely, Dan (2009), Dobelli, Rolf (2011), Kahneman, Daniel (2014) oder Thaler, Richard H.; Sunstein, Cass R. (2009).
3 Vgl. Präsentation zum Engagement Index 2016, S. 10ff.
4 Vgl. Pink Daniel H. (2011), S. 6–11.
5 Vgl. Anerkennung und Wertschätzung: Erfolgskriterien für Performance und Produktivität (2018).
6 Vgl. Hochgeschurtz, Thomas (2009), Kapitel »Mitarbeiter«.
7 Curtiss, Paul R.; Warren, Phillip W. (1973).
8 Vgl. Simon, Hermann (2012), S. 149ff.
9 Vgl. Friedrich, Kerstin; Malik, Fredmund; Seiwert, Lothar (2002), S. 130f.
10 Vgl. Spitzer, Manfred (2014), Kapitel »Stress ist fehlende Selbstkontrolle«.
11 Vgl. Hufnagl, Bernd (2017), S. 50.
12 Vgl. Hufnagl, Bernd (2017), S. 51ff.
13 Vgl. Decision making in the age of urgency (2019).
14 Vgl. Setzer, Patrick (2018).
15 Vgl. Barwise, Patrick (2018).
16 Vgl. Die 8 Sekunden Aufmerksamkeitsspanne – Gibt es sie wirklich? (2017).
17 Vgl. Robertson, Brian J. (2016).
18 The Matrix (1999) – The Pill scene, https://www.youtube.com/watch?v=zQ1_IbFFbzA.
19 Vgl. Kahneman, Daniel; Deaton, Angus (2010), S. 16, 489.
20 Vgl. Cialdini, Robert B. (2017), S. 93–162.
21 Vgl. Cialdini, Robert B. (2017), S. 107f.
22 Vgl. Corssen, Jens (2004), S. 71ff.
23 Merath, Stefan (2011), Kap. 5.1.

24 Vgl. What is the future of work? (2017).
25 Kahneman, Daniel (2014), S. 105ff.
26 Vgl. Gigerenzer, Gerd; Gaissmaier, Wolfgang (2012), S. 5.
27 Vgl. Gigerenzer, Gerd; Gaissmaier, Wolfgang (2012), S. 16f.
28 Vgl. Cialdini, Robert A. (2017), S. 227ff.
29 Vgl. Nasher, Jack (2017), S. 16ff.
30 Vgl. Gause, Donald C.; Weinberg, Gerald M. (1990), S. 5.
31 Vgl. Gause, Donald C.; Weinberg, Gerald M. (1990), S. 18f.
32 Vgl. Heath, Chip; Heath, Dan (2006).
33 Vgl. Wedell-Wedellsborg, Thomas (2017).
34 Vgl. Kahneman, Daniel (2014), S. 112f.
35 Vgl. Nutt, Paul C. (1993), S. 1079.
36 Vgl. Rustler, Florian (2016), S. 152f.
37 Vgl. Chamorro-Premuzic, Tomas (2015).
38 Vgl. Kahneman, Daniel (2014), S. 112f.
39 Vgl. Heath, Chip; Heath, Dan (2013), S. Kapitel »Introduction«.
40 Vgl. Herzinger, Richard (2009).
41 Vgl. Dobelli, Rolf (2011): S. 29–36.
42 Vgl. Pantalon, Michael (2011), Kapitel »Three guiding principles«.
43 Vgl. Pantalon, Michael (2011), Kapitel »The law of psychological reactance«.
44 Vgl. Worchel, Stephen, Brehm, Jack W. (1971).
45 Vgl. Seligman, Martin E. P. et al (2005).
46 Vgl. Kirchner, Steffen (2015), Kapitel »Motivationskunst – was Menschen wirklich antreibt«.
47 Vgl. Galinsky, Adam D. et al (2016), S. 1068–1074.
48 Alice im Wunderland – Zu spät, https://www.youtube.com/watch?v=RgDCaHTZlJw.
49 Vgl. Schmitt, Tom; Esser, Michael (2009), S. 134ff.
50 Homer Simpson hört Wortschatzerweiterungskassetten – https://www.youtube.com/watch?v=9moGjBfHwos.
51 Vgl. Oppenheimer, Daniel M. (2005), S. 139–156.
52 Vgl. Oppenheimer, Daniel M. (2005), S. 142.
53 Vgl. Heath, Chip; Heath, Dan (2006).
54 Vgl. Brandt-Biesler, Franziska (2017), S. 9–15.

Anmerkungen

55 Vgl. Taxis, Tim (2018), S. 111.
56 Vgl. Rückfragen im Vorstellungsgespräch (2018).
57 Vgl. Komus, Ayelt (2018).
58 Vgl. Taxis, Tim (2018).
59 Vgl. Iyengar, Sheena S.; Lepper, Mark R. (2000).
60 Vgl. Parrish, Shane (o.D.).
61 Vgl. Ranadive, Ameet (2013).
62 Vgl. Shu, Suzanne B., Carlson, Kurt A. (2010).
63 Vgl. Minto, Barbara (1987).
64 Vgl. Miller, George A. (1956).
65 Vgl. Taxis, Tim (2018), S. 129f.
66 Vgl. Pyczak, Thomas (2018), S. 73.
67 Vgl. Guwak, Barbara; Strolz, Matthias (2012), S. 39ff.
68 Vgl. Guwak, Barbara; Strolz, Matthias (2012), S. 45.
69 Vgl. Tetlock, Philip; Gardner, Dan (2016), Kapitel »Keeping score«.
70 Vgl. Zelazny, Gene (2009).
71 Vgl. Zelazny, Gene (2015).
72 Vgl. Meindel, Claudia (2018), S. 17f.
73 Vgl. Cialdini, Robert A. (2017), S. 20ff.
74 Vgl. Langer, Ellen; Blank, Arthur; Chanowitz, Benzion (1978).
75 Vgl. Ariely, Dan (2009), Kapitel »Die Wahrheit über die Relativität«.
76 Vgl. Ariely, Dan (2009), Kapitel »Die Wahrheit über die Relativität«.
77 Vgl. Cialdini, Robert A. (2017), S. 43–92.
78 Vgl. Cialdini, Robert B. (2017), S. 107.
79 Vgl. Cialdini, Robert B. (2017), S. 106.
80 Vgl. Rosenthal, A. M. (2015).
81 Vgl. Latané, Bibb; Darley, John M. (1968).
82 Vgl. Cialdini, Robert B. (2017), S. 163–226.
83 Vgl. https://www.youtube.com/watch?v=Lf1T81djCd0&t=18s.
84 Vgl. Heath, Chip; Heath, Dan (2010).
85 Vgl. Goldenberg, Jacob; Mazursky, David; Solomon, Sorin (1999).
86 Vgl. TV Series, Rating Count at least 100,000 (https://www.imdb.com/search/title?num_votes=100000,&sort=user_rating,desc&title_type=tv_series&).

87 Vgl. https://www.zeit.de/politik/ausland/2015-09/mittelmeer-foto-symbol-fluechtlingskrise.

88 Vgl. Edeka-Weihnachtsclip #heimkommen: https://www.youtube.com/watch?v=V6-0kYhqoRo.

Stichwortverzeichnis

A
Ablehnungsknöpfe 105f.
Advocatus Dei 94
Advocatus Diaboli 93f.
Alice im Wunderland 36, 120, 250
analysis paralysis 155
Anerkennung 16, 19f., 22, 28, 34, 144, 185, 207, 239, 241, 249
Antiautorität 232
Arbeitsbelastung 31, 121
Arbeitseinsatz 21
Arbeitsleistung 121
Aufmerksamkeit 28, 34, 92, 138, 174, 180, 205f.
Aufmerksamkeitsspanne 168, 242, 249
Ausgrenzung 95
Außenwirkung 234

B
Backup 135, 206, 210f., 215
Berufseinsteiger 238
Bevormundung 100, 104
Bibb, Latané 224
Brainstorming 82–85, 241
Brainwriting 83ff., 87f.
Brehm, Jack 99
Broadwell, Martin M. 24
Business-Entscheidungen 61, 155

C
Carlson, Kurt 161
Change-Kultur 143
Check-in 88
Cialdini, Robert 65, 217
Commitment 40f., 221ff.
Confirmation Bias 91

Customer-Relationship-Management-System (CRM- System) 153f.

D
Darley, John 224
Demetrius, Jo-Ellen 222
Denkprozess 150f., 171
Disruption 199

E
Einstein, Albert 232
Engagement 19, 139, 246, 249
Engpasskonzentrierte Strategie 25
Entscheiderbedürfnis 180
Entscheider-Ergründung 70, 146, 151, 156, 184, 189f., 195, 215, 223
Entscheidergruppen 73
Entscheidersprache 123
Entscheidungsbedarf 206, 208, 210, 214f.
Entscheidungsfreiheit 106
Entscheidungsfreudigkeit 143
Entscheidungsgremium 187, 190
Entscheidungsgrundlage 153
Entscheidungsoptionen 37, 60f., 153, 155, 187, 201
Entscheidungsprozess 60, 74, 151, 153, 190, 223, 226
Entscheidungsqualität 32, 93
Entscheidungssituation 46, 135, 192, 225
Entscheidungsumfeld 73, 186, 197
Entscheidungsunterlage 201f., 204, 209
Entscheidungsvorbereitung 37, 56, 59, 62, 64, 91, 137, 157, 172, 190, 199, 223

Stichwortverzeichnis

Entscheidungsvorschlag 151, 165, 172, 193, 215
Experten 15, 27, 50, 52, 60, 67, 78, 131, 133ff., 145, 190, 199, 219, 229, 231, 233
Expertenkauderwelsch 116, 126
Expertensicht 46, 156
Expertensprache 123, 126, 234

F
Fehler- und Scheiterkultur 200
Fischer, Helene 22
fishing for compliments 21
Flipchart 82, 84, 86, 132
Fonda, Henry 221
Ford, Henry 146, 221
Führungskraft 15f., 31, 52f., 71f., 100, 121, 140, 144, 167, 239

G
Galinsky, Adam 113
Gedankenexperiment 53, 116, 120
Genovese, Catherine 224
Geschäftsführung 35, 115 f., 122, 154, 187

H
Handlungsempfehlung 137
Heath, Chip 228
Heath, Dan 91, 228
Hidden Agendas 193

I
Instant Influence 97f., 246
Iyengar, Sheena 155

J
Joyce, James 127

K
Kernaussage 165, 170f., 174, 176, 178ff., 182, 186, 212ff.
Kommunikation 27, 69, 116, 122, 129, 142, 147, 163, 166, 171f., 174, 176, 245, 247f.

Kommunikationsexperten 146
Kompetenzstufenmodell 24
Komplikation 180–186, 194f., 205, 207, 214, 233ff.
Kompromiss 190
Komus, Ayelt 143
Konsens 189
Konsistenz 40f., 221 ff.
Kontrastprinzip 218
Kundenorientierung 154, 234

L
Lauda, Niki 232
Leichtigkeit 116
Leistungsfähigkeit 121
Lepper, Mark 155
Lösungsexperte 141f., 144ff.

M
Machtlosigkeit 114
Management 13f., 18, 38, 46, 52f., 86, 113, 123, 140, 142, 146, 154, 193, 200, 203–209, 211f., 214, 219, 232, 239, 242, 245ff.
Management-Summary 203–209, 211f., 214
Mann, Thomas 127
Maynard Keynes, John 91, 243
McKinsey 32, 159, 171, 242, 246, 248
Mehrarbeit 18
Miller, George 174
Minto, Barbara 171
Motivation 19, 34, 71, 98, 100

N
Nutt, Paul 80

O
Oppenheimer, Daniel 128
Osborn, Alex 82

P
Pantalon, Michael 97, 101f., 104
Pitch 38, 72, 179–187, 191, 194f., 205, 212, 214, 231, 233ff.

Stichwortverzeichnis

Präsentationstraining 166
Priorisierungsvorschlag 209
Problemexperte 140f., 144, 146
Produktmanager 63, 110
Projektfortschritt 105, 108, 172, 214
Projektzeitplan 104
Pyramidal 172, 177
Pyramidenprinzip 38, 169, 171, 174, 176

Q
Qualifikation 119

R
Reflexion 237
Reframing 77
Reziprozität 220f.

S
Selbstkritik 237
Seligman, Martin 100
Shu, Suzanne 161
Social Proof 223, 225
soziale Bewährtheit 225
Spotlight-Effekt 91f.
Stabilität 198
Sutherland, Rory 157

T
The Rule of Three 159
Topmanager 14, 21, 23, 26, 28, 47, 52, 66, 68, 81, 106, 114f., 134, 140, 177, 193, 204, 219

U
Unternehmenspolitik 197

V
Verständlichkeit 116, 126
VUKA 74, 197ff., 201

W
walk fast, look worried 121
Wedell-Wedellsborg, Thomas 77
Wertschätzung 16, 19f., 22, 28, 185, 239, 241, 249
Wettbewerbsvorteil 22, 25, 27
Whiteboard 86
WYSIATI 80f., 158

Z
Zeitverschwendung 122
Zelazny, Gene 202
ZUSAGE 228

Wenn Sie **Interesse** an **unseren Büchern** haben,

z. B. als Geschenk für Ihre Kundenbindungsprojekte, fordern Sie unsere attraktiven Sonderkonditionen an.

Weitere Informationen erhalten Sie von unserem Vertriebsteam unter +49 89 651285-154

oder schreiben Sie uns per E-Mail an:
vertrieb@redline-verlag.de

REDLINE | VERLAG